科学出版社"十三五"普通高等教育本科规划教材

动物寄生虫病防控技术

（修订版）

王秋悦　李　媛　主编

科 学 出 版 社

北 京

内 容 简 介

本书共分为十个单元，包括粪便检查技术、蠕虫剖检检查技术、体表寄生虫检查技术、肌肉寄生虫检查技术、肠道原虫检查技术、血液原虫检查技术、寄生虫标本制作技术、寄生虫病综合防控技术、寄生虫免疫学检查技术和寄生虫分子生物学诊断技术。每个单元分解为若干个任务，每项任务由若干个项目组成。本书图文并茂、格式新颖、通俗易懂、内容详实，并遵从职业教育特点，设计了全新的编写体例，包括概述、任务分析、知识点、器材准备、操作程序、注意事项、结果可靠性确认等，将职业教育教学方法与专业课教学高度融合在一起，具有很强的实用性和可操作性。

本书可作为农业院校畜牧兽医等专业学生的教材，也可作为从事畜牧兽医及医学寄生虫学工作人员的参考书。

图书在版编目（CIP）数据

动物寄生虫病防控技术 / 王秋悦，李媛主编. —北京：科学出版社，2016
科学出版社"十三五"普通高等教育本科规划教材
ISBN 978-7-03-048963-0

Ⅰ.①动… Ⅱ.①王… ②李… Ⅲ.①动物疾病－寄生虫病－防治－高等学校－教材 Ⅳ.① S855.9

中国版本图书馆 CIP 数据核字（2016）第 139206 号

责任编辑：丛 楠 刘 丹 / 责任校对：王 瑞
责任印制：张 伟 / 封面设计：黄华斌

科 学 出 版 社 出版
北京东黄城根北街 16 号
邮政编码：100717
http://www.sciencep.com

北京凌奇印刷有限责任公司 印刷
科学出版社发行 各地新华书店经销

*

2016 年 6 月第 一 版 开本：787×1092 1/16
2023 年 11 月第七次印刷 印张：15 1/2
字数：350 000

定价：68.00 元
（如有印装质量问题，我社负责调换）

教育部动物医学本科专业职教师资培养核心课程
系列教材编写委员会

顾　　　问　汤生玲　房　海　曹　晔　王同坤　武士勋

主任委员　杨宗泽

副主任委员　（以姓氏笔画为序）

马增军　付志新　李佩国　沈　萍　陈翠珍

赵宝柱　崔　勇

委　　　员　（以姓氏笔画为序）

王秋悦　史秋梅　刘　朗　刘玉芹　刘谢荣

芮　萍　杨彩然　张香斋　张艳英　陈　娟

贾杏林　贾青辉　高光平　潘素敏

总 策 划　汤生玲

《动物寄生虫病防控技术》（修订版）编委会

主　编　王秋悦（河北科技师范学院）

　　　　李　媛（石家庄四药有限公司）

副主编　王　好（吉林农业大学）

　　　　刘成武（中国刑事警察学院）

　　　　李文超（安徽科技学院）

　　　　殷光文（福建农林大学）

编　委　（以姓氏笔画为序）

　　　　王　璞（浙江农林大学）

　　　　石团员（浙江农业科学院畜牧兽医研究所）

　　　　田鹏美（石家庄四药有限公司）

　　　　曲继广（石家庄四药有限公司）

　　　　刘永波（河北科技师范学院）

　　　　刘欣超（安徽科技学院）

　　　　孙　靖（广州医科大学）

　　　　孙立杰（石家庄四药有限公司）

　　　　张华英（河北省沙河市第一中学）

　　　　张媛媛（吉林大学）

　　　　郝力力（西南民族大学）

　　　　宫鹏涛（吉林大学）

　　　　袁　晨（河北农业大学）

　　　　曹利利（吉林省畜牧兽医科学研究院）

主　审　陈丽凤（河北科技师范学院）

丛 书 序

为贯彻落实全国教育工作会议精神和《国家中长期教育改革和发展规划纲要（2010—2020年）》提出的完成培训一大批"双师型"教师、聘任（聘用）一大批有实践经验和技能的专兼职教师的工作要求，进一步推动和加强职业院校教师队伍建设，促进职业教育科学发展，教育部、财政部决定于2011～2015年实施职业院校教师素质提高计划，以提升教师专业素质、优化教师队伍结构、完善教师培养培训体系。同时制定了《教育部、财政部关于实施职业院校教师素质提高计划的意见》，把开发100个职教师资本科专业的培养标准、培养方案、核心课程和特色教材等培养资源作为该计划的主要建设目标。作为传统而现代的动物医学专业被遴选为培养资源建设开发项目。经申报、遴选和组织专家论证，河北科技师范学院承担了动物医学本科专业职教师资培养资源开发项目（项目编号VTNE062）。

河北科技师范学院（原河北农业技术师范学院）于1985年在全国率先开展农业职教师资培养工作，并把兽医（动物医学）专业作为首批开展职业师范教育的专业进行建设，连续举办了30年兽医专业师范类教育，探索出了新型的教学模式，编写了兽医师范教育核心教材，在全国同类教育中起到了引领作用，得到了社会的广泛认可和教育主管部门的肯定。但是职业师范教育在我国起步较晚，一直在摸索中前行。受时代的限制和经验的缺乏等影响，专业教育和师范教育的融合深度还远远不够，专业职教师资培养的效果还不够理想，培养标准、培养方案、核心课程和特色教材等培养资源的开发还不够系统和完善。开发一套具有国际理念、适合我国国情的动物医学专业职教师资培养资源实乃职教师资培养之当务之急。

在我国，由于历史的原因和社会经济发展的客观因素限制，兽医行业的准入门槛较低，职业分工不够明确，导致了兽医教育的结构单一。随着动物在人类文明中扮演的角色日益重要、兽医职能的不断增加和兽医在人类生存发展过程中的制衡作用的体现，原有的兽医教育体系和管理制度都已不适合现代社会。2008年，我国开始实行新的兽医管理制度，明确提出了执业兽医的准入条件，意味着中等职业学校的兽医毕业生的职业定位应为兽医技术员或兽医护士，而我国尚无这一层次的学历教育。要开办这一层次的学历教育，急需能胜任这一岗位的既有相应专业背景，又有职业教育能力的师资队伍。要培养这样一支队伍，必须要为其专门设计包括教师标准、培养标准、核心教材、配套数字资源和培养质量评价体系在内的完整的教学资源。

我们在开发本套教学资源时，首先进行了充分的政策调研、行业现状调研、中等职业教育兽医专业师资现状调研和职教师资培养现状调研。然后通过出国考察和网络调研学习，借鉴了国际上发达国家兽医分类教育和职教师资培养的先进经验，在我校30年开展兽医师范教育的基础上，在教育部《中等职业学校教师专业标准（试行）》的框架内，设计出了《中等职业学校动物医学类专业教师标准》，然后在专业教师标准的基础上又开发出了《动物医学本科专业职教师资培养标准》，明确了培养目标、培养条件、培养过程和质量评价标准。根据培养标准中设计的课程，制定了每门课程的教学目标、实现方法和考核标准。在课程体系的框架内设计了一套覆盖兽医技术员和兽医护士层级职业教育的主干教材，并有相应的配套数字资源支撑。

　　教材开发是整个培养资源开发的重要成果体现，因此本套教材开发时始终贯彻专业教育与职业师范教育深度融合的理念，编写人员的组成既有动物医学职教师资培养单位的人员，又有行业专家，还有中高职学校的教师，有效保证了教材的系统性、实用性、针对性。本套教材的特点有：①系统性。本套教材是一套覆盖了动物医学本科职教师资培养的系列教材，自成完整体系，不是在动物医学本科专业教材的基础上的简单修补，而是为培养兽医技术员和兽医护士层级职教师资而设计的成套教材。②实用性。本套教材的编写内容经过行业问卷调查和专家研讨，逐一进行认真筛选，参照世界动物卫生组织制定的《兽医毕业生首日技能》的要求，根据四年制的学制安排和职教师资培养的基本要求而确定，保证了内容选取的实用性。③针对性。本套教材融入了现代职业教育理念和方法，把职业师范教育和动物医学专业教育有机融合为一体，把职业师范教育贯穿到动物医学专业教育的全过程，把教材教法融入到各门课程的教材编写过程，使学生在学习任何一门主干课程时都时刻再现动物医学职业教育情境。对于兽医临床操作技术、护理技术、医嘱知识等兽医技术员和兽医护士需要掌握的技术及知识进行了重点安排。④前瞻性。为保证教材在今后一个时期内的领先地位，除了对现阶段常用的技术和知识进行重点介绍外，还对今后随着科技进步可能会普及的技术和知识也进行了必要的遴选。⑤配套性。除了注重课程间内容的衔接与互补以外，还考虑到了中职、高职和本科课程的衔接。此外，数字教学资源库的内容与教材相互配套，弥补了纸质版教材在音频、视频和动画等素材处理上的缺憾。⑥国际性。注重引进国际上先进的兽医技术和理念，将"同一个世界同一个健康"、动物福利、终生学习等理念引入教材编写中来，缩小了与发达国家兽医教育的差距，加快了追赶世界兽医教育先进国家的步伐。

　　本套教材的编写，始终是在教育部教师工作司和职业教育与成人教育司的宏观指导下和项目管理办公室，以及专家指导委员会的直接指导下进行的。农林项目专家组的汤生玲教授既有动物医学专业背景，又是职业教育专家，对本套教材的整体设计给予了宏观而具体的指导。张建荣教授、徐流教授、曹晔教授和卢双盈教授分别从教材与课程、课程与培养标准、培养标准与专业教师标准的统一，职教理论和方法，教材教法等方面给予了具体指导，使本套教材得以顺利完成。河北科技师范学院王同坤校长、主管教学的房海副校长、继续教育学院赵宝柱院长、教务处武士勋处长、动物科技学院吴建华院长在人力调配、教材整体策划、项目成果应用方面给予大力支持和技术指导。在此项目组全体成员向关心指导本项目的专家、领导一并致以衷心的感谢！

　　本套教材的编写虽然考虑到了编写人员组成的区域性、行业性、层次性，共有近200人参加了教材的编写，但在内容的选取、编写的风格、专业内容与职教理论和方法的结合等方面，很难完全做到南北适用、东西贯通。编写本科专业职教师资培养核心课程系列教材，既是创举，更是尝试。尽管我们在编写内容和体例设计等方面做了很多努力，但很难完全适合我国不同地域的教学需要。各个职教师资培养单位在使用本教材时，要结合当地、当时的实际需要灵活进行取舍。在使用过程中发现有不当和错误的地方，请提出批评意见，我们将在教材再版时予以更正和改进，共同推进我国动物医学职业教育向前发展。

动物医学本科专业职教师资培养资源开发项目组

2015 年 12 月

前　言

　　发展职业教育关键要有一支高素质的职业教育师资队伍。教育部、财政部为破解这一限制职业教育发展的瓶颈问题，启动了职业学校教师素质提高计划。此计划的任务之一是开发出一套培养骨干专业本科职教师资的教学资源。动物医学本科专业职教师资培养资源开发则属于本套培养资源开发项目的组成部分，计划开发出包括中职学校动物医学专业教师标准、动物医学本科专业职教师资培养标准、动物医学本科专业职教师资培养质量评价体系、动物医学本科专业职教师资培养专用教材和数字教学资源库在内的系列教学资源。

　　本套培养资源开发正值我国兽医管理制度改革，对中职学校兽医毕业生的岗位定位进行了明确界定。为此，中等职业学校兽医专业的办学定位也要大幅度进行调整，与之配套的职教师资职业素质也应进行重新设定。为适应这一新形势变化，动物医学专业职教师资培养资源开发项目组彻底打破了原有的课程体系，参考发达国家兽医技术员和兽医护士层面的教育标准，结合我国新形势下中职学校兽医毕业生的岗位定位和能力要求，设计了一套全新的课程体系，并为16门骨干课程编制配套教材。本教材属于动物医学本科专业职教师资培养配套教材之一。

　　本教材在内容设计上考虑到了动物医学职教师资培养的基本要求和中职兽医毕业生的最低专业能力要求。全书共设十个单元，分别讲述粪便检查技术、蠕虫剖检检查技术、体表寄生虫检查技术、肌肉寄生虫检查技术、肠道原虫检查技术、血液原虫检查技术、寄生虫标本制作技术、寄生虫病综合防控技术、寄生虫免疫学检查技术和寄生虫分子生物学诊断技术。每个单元分解为若干个任务，每项任务由若干个项目组成。本教材遵从职业教育特点，设计了全新的编写体例，包括概述、任务分析、知识点、器材准备、操作程序、注意事项、结果可靠性确认等，将职业教育教学方法与专业课教学高度融合在一起，力求新颖、简练、实用和图文并茂，具有很强的实用性和可操作性。

　　本教材的编写人员分别来自全国动物医学专业职教师资培养单位、本科院校、高等职业专科学校、中等职业学校、动物医学企事业单位和相关科研院所。初稿完成后分发到上述各单位广泛征求意见，也发给兽医临床资深专家进行审阅，经反复修改，形成定稿。

　　本教材编写过程中，得到了项目主持单位领导的大力支持，也得到了各个编写单位的大力支持和通力合作，在此一并致以衷心的感谢。

　　由于编者水平有限，加之对职业教育的特点把握不准，书中难免出现错误和缺陷，恳请读者将使用过程中发现的问题及时反馈给我们，以便再版时予以修订。

编　者

2016 年 6 月 1 日

目　　录

粪便检查技术

任务一　粪便采集及保存

【概述】

寄生虫学粪便检查是寄生虫病诊断的重要方法，具有非常重要的意义。因为大多数的寄生性蠕虫是寄生在消化道，它们的虫卵、节片、幼虫或者成虫会随着宿主粪便排到体外，另外，对于寄生在肝脏、胰脏的寄生虫，它们的虫卵也会进入宿主的肠道；寄生于呼吸系统的寄生虫，它们的虫卵或者幼虫会随痰液被咽入宿主的消化道。而且在禽类，还能从粪便中发现输卵管和泌尿系统寄生虫的虫卵。

【任务分析】

学会收集粪便，并对其保存以便进行虫体和虫卵的检查。

【知识点】

粪便检查是蠕虫病生前诊断的重要方法之一。因为绝大多数的寄生性蠕虫都是寄生在消化道内的，所以它们产生的卵、幼虫或节片也都是随着宿主的粪便排出体外的。粪便检查不仅对寄生在消化道的蠕虫有诊断价值，而且对寄生在肝脏、胰脏和寄生在呼吸道的蠕虫也有着重要的诊断价值，因为它们产生的卵会随着胆汁、痰液进入消化道。

粪便检查所使用的粪便应是新鲜的。因为在室温时，粪便中的虫卵会发育，并且有些蠕虫卵中的幼虫还会从卵中孵化出来。如不能即刻检查，应把待检粪便放在冷处（不超过 5℃）。如需转寄至别处检查时，可浸于等量的 5%～10% 甲醛溶液或石炭酸中。但是，这仅能阻止大多数蠕虫卵的发育及幼虫自卵内孵出，而不能阻止少数几种蠕虫卵的发育。为了完全阻止虫卵的发育，可把浸于 5% 甲醛溶液中的粪便加热到 50～60℃，此时，卵即丧失生命力（将粪便固定于 25% 的甲醛溶液中也可以取得同样的效果）。

另外，根据临床症状，怀疑家畜肠道中寄生着某种尚未达到产卵期的蠕虫时，则可选几头可疑病畜，令其服用驱除该蠕虫的药（治疗量），然后，搜集驱虫后两天内所排出的粪便，找出驱下的虫体，加以鉴定并进行计数，这就是诊断性驱虫。此外，这还可以与寄生虫学剖检技术合用，以判断某种驱虫药的治疗效果。

粪检当然不是寄生虫病诊断的唯一方法，因为还可以采用血清学和免疫学等方法来诊断寄生虫病。

【器材准备】

烧杯或青霉素小瓶（视粪便量多少）、放大镜或解剖镜、解剖针、玻璃棒或棉签、5%～10% 甲醛溶液、清水。

【操作程序】

1）采用各种镜检方法之前，必须观察粪便的颜色、稠度、气味、黏液多少、有无血液、饲料消化程度，特别应仔细观察有无虫体、幼虫、绦虫的体节等。

2）先检查粪便的表面，然后轻轻拨开粪便检查。对于较小的虫体或节片，可将粪便置于较大的容器中（如烧杯），加入 5～10 倍水，彻底搅拌后静置 10min，然后倾去上层透明液，重新加入清水搅拌静置，如此反复数次，直到上层液体透明为止。最后倾去上层透明液，将少量沉淀物放在黑色浅盘（或衬以黑色背景的培养皿）中检查，必要时可用放大镜或解剖镜检查，发现虫体后用解剖针或毛笔挑出，以便进行鉴定。

3）粪便如不能即刻检查，应把待检粪便放在冷处（不超过 5℃）。如需转寄至别处检查时，可浸于等量的 5%～10% 甲醛溶液中。

【注意事项】

最好由直肠直接采取粪便，供粪检的粪便必须是新鲜而未被污染的。

【结果可靠性确认】

因为很多寄生于动物消化道的绦虫会不断随宿主粪便排出呈断续面条状（白色）的孕卵节片，见到这些可疑物体时，可把它们捡出来，用水洗净后观察，判明其属于什么寄生虫。检查时，用肉眼虽能将大多数的蠕虫检出，但可能会将一些小型蠕虫遗漏。因此，还应该将用肉眼检查过的粪便沉渣放于平皿内，在放大镜下观察。

任务二　粪 便 检 查

项目一　直 接 涂 片

【概述】

直接涂片法对粪便中虫卵进行检查最为简单易行，但检出率低。在虫卵数量不多时，每份粪便必须检查 3～5 片，才可收到比较好的效果。

【任务分析】

学会用直接涂片法对动物粪便进行检查。

【器材准备】

显微镜、载玻片、盖玻片、牙签或铁丝圈、滴管、5% 甘油水溶液或清水。

【操作程序】

滴水（在载玻片上滴上 1～2 滴甘油水或清水）→取样（用牙签或铁丝圈挑取少量粪便）→与水混合→搅拌均匀→将粗的粪渣拨去→摊匀（厚薄程度以能透视下面的字体为宜）→加盖玻片镜检（重复 3 片以上）（图 1-1）。

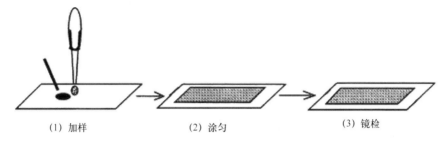

(1) 加样　　　　　　(2) 涂匀　　　　　　(3) 镜检

图 1-1　直接涂片法操作程序

【注意事项】

操作直接涂片法时，所制的片子不能太干燥，否则视野不清晰；取另一个粪样时不能用同一根牙签，以免交叉污染。同样道理，在用铁丝圈取另一个粪样时，要将铁丝圈放在酒精灯上灼烧消毒。

项目二　集　卵　法

【概述】

集卵法是利用虫卵和粪渣中的其他成分的相对密度的差别，将较多粪便中的虫卵集聚于小范围内，易于检查，因此检出的阳性率比直接涂片法高，集卵法又分为沉淀法和漂浮法。

【任务分析】

1）学会用集卵法检查粪便中的虫卵。

2）在光学显微镜下辨别虫卵和粪便杂质。

【知识点】

沉淀法是利用虫卵密度比水大的特点，使虫卵在重力的作用下，自然沉淀于容器底部，然后进行检查。通常采用离心机进行离心，使虫卵加速沉淀在离心管底，然后镜检沉淀物，亦可采用自然沉淀过程，在大的容器内进行，每次沉淀时间为半小时以上。该法可用于相对密度较大的吸虫卵和棘头虫卵的检查。

漂浮法是应用密度大于虫卵的漂浮液，使粪便中的虫卵和粪便残渣分开浮于液体表面，以便收集进行检查的方法。本方法对大多数线虫卵、绦虫卵及球虫卵囊均有效，但对相对密度较大的吸虫卵和棘头虫卵效果较差。漂浮法通常采用饱和食盐水作为漂浮液，方法简单易行。除饱和食盐水以外，其他漂浮液也可用于一些特殊虫卵的检查，如饱和硫酸锌、饱和硫酸镁、饱和蔗糖、饱和硫代硫酸钠等溶液。常见虫卵及漂浮液的相对密度见表 1-1。漂浮法可使虫卵高度密集，但除特殊需要外，采用相对密度过大的溶液是不适宜的，随溶液密度增大，粪渣浮起量增多，影响虫卵的检出，而且由于漂浮液黏度的增加，虫卵浮起速度也会相应减慢。

表 1-1　常见虫卵及漂浮液密度

虫卵类型	相对密度	漂浮液	相对密度	漂浮液制备方法100ml水中加入量/g
猪蛔虫卵	1.145	饱和食盐水	1.18	38
钩虫卵	1.09	硫酸锌	1.14	33
猪后圆线虫虫卵	1.20以上	氯化钙	1.25	44
肝片吸虫虫卵	1.20以上	硫代硫酸钠	1.37～1.39	175
姜片吸虫虫卵	1.20以上	饱和硫酸钠	1.294	92
歧腔吸虫虫卵	1.20以上	甘油	1.261	
华支睾吸虫	1.20以上	硝酸钠溶液	1.20～1.40	100

另外,可以将沉淀法和漂浮法结合起来应用,如可先用漂浮法将虫卵和比虫卵轻的物质漂起来,再用沉淀法将虫卵沉下去;或者先选用沉淀法使虫卵及比虫卵重的物质沉下去,再用漂浮法使虫卵浮起来,以获得更高的检出率。

【器材准备】

烧杯、玻璃棒、取粪环、胶头滴管、显微镜、载玻片、盖玻片、漂浮液、离心机、离心管、粪筛或双层纱布、青霉素小瓶或试管。

【操作程序】

一、沉淀法

1)取 5～10g 粪便于烧杯内,加入 5 倍量的水,充分搅拌均匀。

2)经粪筛或双层纱布过滤到离心管内,置离心机中离心 2～3min(转速为 500r/min),弃上层液体。

3)离心管内加入清水,搅拌均匀,再离心。反复 2～3 次,直至上清液清澈为止。

4)倒去上清液,用胶头滴管吸取 2 滴粪汁置载玻片上,加盖玻片镜检。

步骤 2)后,也可以采用自然沉淀的方法,操作过程如图 1-2 所示。

二、漂浮法

以临床常用饱和食盐水作为漂浮液为例。

1)配制饱和食盐水。100ml 沸水中加入食盐约 38g,冷却后,如有食盐晶体析出即成饱和溶液,其相对密度为 1.18。

2)取少量粪便将其置于青霉素小瓶或试管内,加入 10 倍量饱和食盐水,搅拌均匀。

3)将满时,改用胶头滴管,加至略高于瓶口但不溢出为止。

4)取一洁净载玻片,盖在瓶口上,静置 15～20min。

5)取下载玻片翻转,加上盖玻片后镜检,也可以直接用盖玻片盖在管口(图 1-3)。

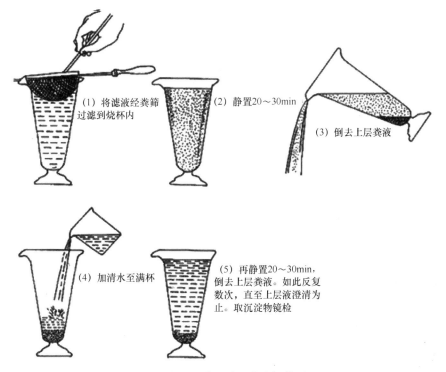

(1) 将滤液经粪筛过滤到烧杯内

(2) 静置20～30min

(3) 倒去上层粪液

(4) 加清水至满杯

(5) 再静置20～30min，倒去上层粪液。如此反复数次，直至上层液澄清为止。取沉淀物镜检

图 1-2 自然沉淀法检查虫卵操作过程

【注意事项】

1）也可用直径 5mm 以内的取粪环蘸取漂浮液，或用盖玻片蘸取漂浮液后放于载玻片上镜检。

2）利用漂浮法时，漂浮时间为 15～20min，时间过短（小于 10 min）漂浮不完全；时间过长（大于 30min）易造成虫卵变形、破裂，难以识别。

3）检查时，速度要快，以防虫卵变形，必要时可在制片时加上一滴清水，以防标本干燥和盐结晶析出，影响镜检。

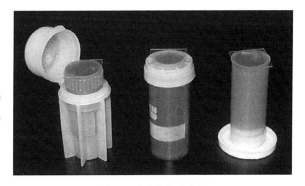

图 1-3 漂浮法示意图

4）漂浮液必须饱和，且保存在不低于 13℃的情况下，才能保证较高的密度，否则效果难以保证。

5）镜检时，所看的视野要有一定顺序的移动，以免漏检视野，造成诊断失误。

6）在使用饱和食盐水漂浮虫卵时，只能把大多数线虫卵、绦虫卵及球虫卵囊漂浮上来，而吸虫卵和棘头虫卵却不能浮上来，所以，在漂浮法进行完之后，可将杯中的上层液倒掉，再取沉渣镜检。

7）漂浮法所选容器要求口小而深，容积不可过大。取粪量视容器大小而定，漂浮液约为粪量的 10 倍为宜。

【结果可靠性确认】

粪便中有很多杂质易与寄生虫卵相混淆，如花粉颗粒、淀粉粒、肌肉纤维、脂肪等（图1-4），这就要求对寄生虫卵的基本特征加以掌握，识别出吸虫卵、绦虫卵、线虫卵和棘头虫卵，再根据各种虫卵的特征鉴别出具体虫种（参照第一单元任务四虫卵形态学观察）。另外，可用解剖针轻轻推动盖玻片，使盖玻片上的物体转动，这样常常可以把虫卵和其他物体区分开来。易与虫卵混淆的物质及其特征见表1-2。

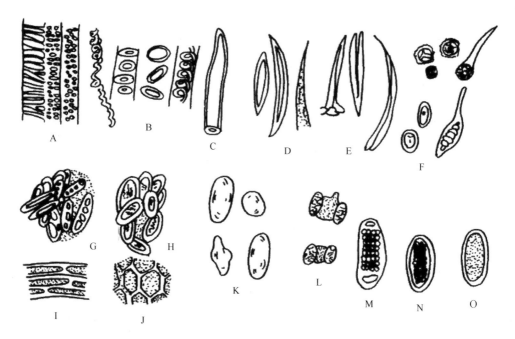

图 1-4　粪检中镜下常见杂质

A～J. 植物的细胞和孢子；K. 淀粉粒；L. 花粉粒；M. 植物线虫的一种虫卵；
N. 螨的卵（未发育）；O. 螨的卵（已发育）

表 1-2　易与虫卵混淆物质及其特征

易与虫卵混淆物质	特征
气泡	圆形无色、大小不一，折光性强，内部无胚胎结构
花粉颗粒	无卵壳构造，表面常呈网状，内部无胚胎结构
植物细胞	螺旋形或双层环状物，有的为铺石状上皮，有明显的细胞壁
结晶	粪便中常见草酸钙、磷酸盐、碳酸钙的结晶，多呈方形、针形或斜方形等
霉菌	霉菌孢子易误认为蛔虫或鞭虫卵，霉菌内部无明显胚胎构造，折光性强
淀粉粒	似绦虫卵，可滴加鲁戈氏碘液染色加以区分，未消化呈蓝色，消化后呈红色

虫卵特征：①多数虫卵轮廓清楚、光滑；②卵内有一定明确而规则的构造；③通常

是多个形状和结构相同或相似的虫卵同时出现在一张标本中，只有一个虫卵出现的情况很少，若仅有一个虫卵，说明轻度感染，临床意义不大。

项目三 毛蚴孵化法

【概述】

毛蚴孵化法为诊断分体吸虫病特用的方法。在诊断日本分体吸虫病时，诊断工作应在春、夏、秋三季进行，为了提高诊断的可靠性，应采用三粪六检（即每只动物采粪3次，每次粪样检查2次）。

【任务分析】

学会用毛蚴孵化法诊断血吸虫病。

【知识点】

毛蚴孵化法是专门用来诊断血吸虫病的，其原理是将含有血吸虫卵的粪便在适宜的温度条件下，进行孵化，等毛蚴从虫卵内孵出来后，借着蚴虫向上、向光、向清的特性，进行观察，作出诊断。

【器材准备】

500ml量杯、40～60目铜筛、500ml三角烧瓶、胶头滴管、显微镜、恒温培养箱。

【操作程序】

1）取新鲜粪便50g，置500ml量杯中，加水搅拌，通过40～60目铜筛过滤，收集滤液。

2）再加入清水至满杯，静置20～30min，倒去上层粪液，反复操作，直到滤液变清为止。

3）将粪渣倒入500ml三角烧瓶内，加入温水（不可用盐水）进行孵化。孵化时外界温度以22～26℃为宜，室温为20℃以上时，即无需加温。

4）孵化时应有一定光线。样品孵化后，经0.5h、1h、3h、5h各检查1次，看有无毛蚴在瓶内出现。任何一次发现毛蚴即可停止观察。

5）毛蚴呈灰白色，针尖大小，折光性较强，多在距水面4cm以内的水中作水平的或略斜向的直线运动。应在光线明亮处，衬以黑色背景用肉眼观察。可疑时，可用胶头滴管吸出在显微镜下观察。

【注意事项】

1）在工作前应准备用水。洗粪和孵化用水应选取未经工业污染或化肥、农药污染的，pH为6.8～7.2的水。

2）在没有铜筛时，可将滤液收集于500～1000ml的量杯中，加水静置20～30min。待虫卵下沉后，倾去上层液再换入清水；此后每隔20min换水一次，直到水清澈为止。

3）注意被检粪便务必新鲜，不可触地污染。

图 1-5　血吸虫毛蚴形态

4）洗粪容器不宜过小，免得增加换水次数，影响毛蚴早期孵出；换水时要一次倒完，避免沉淀物翻动。

5）多畜检查时，需做好登记，附好标签，以免混乱。

【结果可靠性确认】

观察时应与水虫相区别，毛蚴大小较一致，而水虫则大小不一，一般略大于毛蚴。显微镜下观察，毛蚴呈前宽后窄的三角形，前端有一突起（图 1-5），水虫多呈鞋底状。

任务三　虫卵计数技术

【概述】

虫卵计数法主要用于了解畜禽寄生虫的感染强度及判断驱虫的效果。常用方法有两种：麦克马斯特氏法和斯陶尔氏法。虫卵计数的结果常以每克粪便中的虫卵数（EPG）和每克粪便中的卵囊数（OPG）来表示。

【任务分析】

学习并掌握虫卵计数常用的两种方法。

【知识点】

一、麦克马斯特氏法

使用该方法时，首先要用两片载玻片制成麦克马斯特氏计数板，该计数板由两块载玻片组成，上面的盖玻片上刻上长宽各 1cm 的方格，每个方格内再刻平等线数条，两载玻片之间间隔距离为 1.5mm，用黏合剂黏合。

麦克马斯特氏计数法的原理是用饱和食盐溶液作为漂浮溶液，把卵囊与密度较大杂质分开，使卵囊漂浮至计数室表层，与计数室上层刻度部分处在同一层面上（或同一视野内）；计数板上每个计数室容积为 1cm×1cm×0.15cm＝0.15ml（图 1-6），镜检计数 0.15ml 计数室内虫卵数量，最后根据粪便克数和悬液稀释倍数计算 EPG/OPG 值或单位体积内虫卵浓度。

由于计数室内充满了用漂浮液制成的粪液，因此，在计数室内体积小、密度小的虫卵漂浮在上面，而粪渣则沉于下面。当视野感觉模糊时往往所看到的是该室的底部沉渣，当清晰见到上面的线条时，才能找到虫卵，由于有线条的规范，有效地防止了漏检或重检。该方法较为方便，但仅能用于线虫虫卵及球虫卵囊的计数。

二、斯陶尔氏法

该方法适用于吸虫卵、线虫卵、棘头虫卵和球虫卵囊的计数。

需要用一个标有两个刻度的特制三角烧瓶，下面为 56ml，上面为 60ml（图 1-7）。也可用大的试管代替，但须事先标好上述两个刻度。

　　为取得准确的虫卵计数结果，最好在每天的不同时间检查 3 次，并连续检查 3d，然后取平均值。这样就可以避免寄生虫在每昼夜间排卵不平衡的影响。将每克粪便中虫卵数乘以 24h 粪便总重量，即为全天排卵总数；若知道每种虫体每天排卵数（表 1-3）就可推算出动物体内雌虫寄生数量。如寄生虫是雌雄异体，将上述雌虫数乘以 2，便可得出雌雄成虫寄生总数。

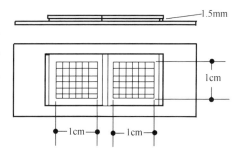

图 1-6　麦克马斯特氏计数板结构示意图

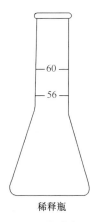

图 1-7　斯陶尔氏
法所用三角烧瓶

表 1-3　各种蠕虫每条雌虫每日排卵数

虫种	每条每日排卵数（平均数）
华支睾吸虫	1 600～4 000（2 400）
姜片吸虫	15 000～48 000（25 000）
卫氏并殖吸虫	10 000～20 000
日本血吸虫	1 000～3 500
猪带绦虫	30 000～50 000/孕节
牛带绦虫	97 000～124 000/孕节
十二指肠钩虫	10 000～30 000（24 000）
美洲钩虫	5 000～10 000（9 000）
蛔虫	234 000～245 000（240 000）
鞭虫	1 000～7 000（2 000）

　　由于粪便中虫卵的数量与宿主机体状况、寄生虫的成熟程度、雌虫的数量及排卵周期、粪便干湿性状、驱虫状况等多种因素有关，所以虫卵计数只是对寄生虫感染程度的一个大致推断。

【器材准备】

　　麦克马斯特氏计数板、小烧杯、饱和食盐水、玻璃棒、吸管、显微镜、三角烧瓶（有 56ml 和 60ml 两个刻度）、NaOH 溶液（0.1mol/L）、玻璃珠、载玻片、盖玻片。

【操作程序】

1. 麦克马斯特氏法

1）取 2g 粪便于小烧杯中，加入饱和食盐水 58ml，用玻璃棒充分搅拌均匀。

2）用吸管吸取少量粪液于麦克马斯特氏计数板的两个计数室内，静置 1～2min。

3）低倍镜下镜检计数两个计数室的虫卵。计数室容积为 1cm×1cm×0.15cm＝0.15ml，0.15ml 内含粪便 2÷60×0.15＝0.005（g），两个计数室则为 0.010g。故两个计数室数得的虫卵数乘以 100 即为每克粪便中虫卵数（EPG）。

2. 斯陶尔氏法

1）加入 NaOH 溶液（0.1mol/L）于烧瓶内至 56ml 处。

2）再慢慢地加入捣碎的粪便，使液面上升到 60ml 处为止（大约加入 4g 粪便）。

3）烧瓶内放进玻璃珠 10 余颗，充分摇动，使其成为十分均匀的混悬液。

4）吸取 0.15ml 粪液置于载玻片上，加盖玻片，在低倍镜下顺序统计全片的虫卵数。

5）检出的虫卵数乘以 100 即得每克粪便的虫卵数（EPG）。

【注意事项】

1）进行虫卵计数时，所取粪便应无其他杂物，尽量不掺杂沙土、草根等。

2）操作过程中，粪便必须混合均匀，用吸管吸取粪便时，必须摇匀粪便，在一定深度吸取。

3）采用麦克马斯特氏计数时，必须调整好显微镜焦距（计数室刻度线可清楚看见）。

4）计数虫卵时，不能有遗漏和重复。

【结果可靠性确认】

1）寄生虫排卵有一定的规律性，因此，宿主所排出的粪便中虫卵的含量就会有很大差异，而且虫卵在同一个粪样中，分布也是不均匀的。

2）粪便的浓稠程度不同，虫卵的含量也会不同。如果想获得较为准确的数据，要将被检宿主在 24h 内所排出的粪便全部收集起来，经充分混合均匀后，称量好总量，按一定的比例来称取粪样，通过换算后，得出的结果才是较为准确的数据。

3）虫卵计数的结果常作为诊断寄生虫病的参考。马体内线虫卵 EPG 为 500 时为轻度感染，800~1000 为中度感染，1500~2000 为重度感染。羔羊 EPG 达到 1000 时，即认为应予驱虫，2000~6000 为重度感染。牛 EPG 为 300~600 时，应予驱虫。

任务四　虫卵形态学观察

【概述】

多数寄生虫病的症状缺少特异性，仅依据临床症状很难作出诊断，剖检变化亦是如此，因此很大程度上需依赖于实验室检查，其中粪便中寄生虫卵的检查是尤为重要的一部分，根据其虫卵的形态特征可判断动物感染寄生虫的种类。

【任务分析】

认识吸虫卵、绦虫卵、线虫卵等寄生虫卵，并掌握其一般特征。

【知识点】

蠕虫卵的基本结构和特征。

1. 吸虫卵　　吸虫卵多数呈卵圆形或椭圆形，为黄色、黄褐色或灰褐色。卵壳厚而坚实。大部分吸虫卵的一端有卵盖，卵盖和卵壳之间有一条不明显的缝（新鲜虫卵在高倍镜下时可见）。当毛蚴发育成熟时，则顶盖而出；有的吸虫卵无卵盖，毛蚴则破壳而出。有的吸虫卵卵壳表面光滑；也有的有各种突出物（如结节、小刺、丝等）。新排出来的吸虫卵内，有的含有卵黄细胞所包围的胚细胞，有的则含有成形的毛蚴。

2. 绦虫卵　　圆叶目绦虫卵与假叶目绦虫卵构造不同。圆叶目绦虫卵中央有一椭圆形具有3对胚钩的六钩蚴。六钩蚴被包在一层紧贴着的膜里，该膜称为内胚膜；还有一层膜位于内胚膜之外，叫外胚膜。内外胚膜之间呈分离状态，中间含有或多或少的液体，并常含有颗粒状内容物。有的绦虫虫卵的内层胚膜上形成突起，称为梨形器（灯泡样结构）。各种绦虫卵卵壳的厚度和结构有所不同。绦虫卵大多数无色或灰色，少数呈黄色、黄褐色。假叶目绦虫卵则非常近似于吸虫卵。

3. 线虫卵　　一般的线虫卵有4层膜（光学显微镜下只能看见2层），壳内为卵细胞，但有的线虫卵随粪排至外界时，已经处于分裂前期；有的甚至已含有幼虫。各种线虫卵的大小和形状不同，常见椭圆形、卵形或近圆形。卵壳的表面也有所不同，有的完全光滑，有的有结节，有的有小凹陷等。各种线虫卵的色泽也不尽相同，从无色到黑褐色。不同线虫卵卵壳的薄厚不同，蛔虫卵卵壳最厚；其他壳多数较薄。

4. 棘头虫卵　　虫卵多为椭圆或长椭圆形。卵的中央有一长椭圆形的胚胎，在胚胎的一端具有3对胚钩。胚胎被3层卵膜包着；最里面的一层常是最柔软的；中间一层较厚，大多在两端有显著的压迹；最外一层的构造往往变化较大，有的薄而平，有的厚，并呈现凹凸不平的蜂窝状构造。

各种动物常见蠕虫卵形态特征见图1-8～图1-11。

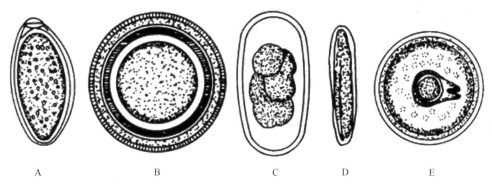

| A | B | C | D | E |

图 1-8　马体内寄生蠕虫卵

A. 尖尾线虫卵；B. 马副蛔虫卵；C. 圆线虫卵；D. 柔线虫卵；E. 裸头绦虫卵

【注意事项】

观察蠕虫虫卵的要点。

1. 卵的颜色和形状　　观察颜色是黄色还是灰白色、淡黑色、黑色或灰色；形状是圆形、椭圆形、卵圆形还是其他形状；两端是否具有同等的锐形或钝形；是否有卵盖；两侧是否对称；是否有附属物等。

2. 卵壳厚度　　一般在显微镜下可见层数、薄厚程度、表面是否光滑。

3. 卵内结构　　观察吸虫卵卵内卵黄细胞的充满程度；胚细胞的位置、大小、颜色；是否有毛蚴的形成。观察绦虫卵卵内六钩蚴的形态及有无梨形器。观察线虫卵卵内卵细胞的大小、多少、颜色深浅、是否排列规则、充盈程度；是否有幼虫胚胎。

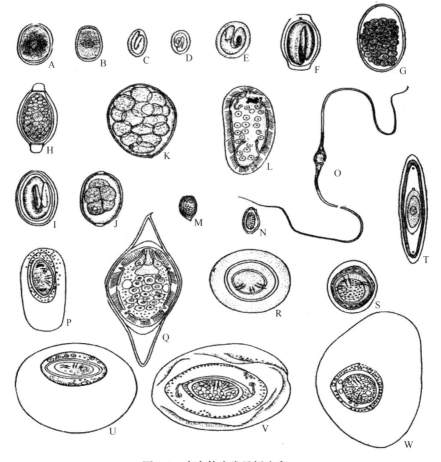

图 1-9 家禽体内常见蠕虫卵

A. 鸡蛔虫卵；B. 鸡异刺线虫卵；C. 类圆线虫卵；D. 孟氏眼线虫卵；E. 旋华首线虫卵；F. 四棱线虫卵；
G. 鹅裂口线虫卵；H. 毛细线虫卵；I. 鸭束首线虫卵；J. 比翼线虫卵；K. 卷棘口吸虫卵；L. 嗜眼吸虫卵；
M. 前殖吸虫卵；N. 次睾吸虫卵；O. 背孔吸虫卵；P. 鸭单睾绦虫卵；Q. 毛毕吸虫卵；R. 楔形变带绦虫卵；
S. 有轮瑞利绦虫卵；T. 鸭多型棘头虫卵；U. 膜壳绦虫卵；V. 矛形剑带绦虫卵；W. 片形皱褶绦虫卵

4. 观察虫卵   观察虫卵时要注意调节显微镜光圈的大小或灯的亮度，使视野的亮度适中。

【结果可靠性确认】

在进行粪便虫卵检查时，需注意某些动物常有食粪癖（如犬、猪），因此，在它们的粪便中，除寄生于其本身的寄生虫和虫卵外，还可能发现被吞食的其他寄生虫卵，慎误认为系由寄生于其本身的寄生虫所产生。粪便中有时还可以看见螨和它们的卵。有时还可以在粪便中找到纤毛虫，误认为吸虫卵。

在用显微镜检查粪便的过程中，如对某些物体和虫卵分辨不清，可用解剖针轻轻推动盖玻片，使盖玻片下的物体转动。利用这个简单的方法，常常可以把虫卵和其他物体区分开来。

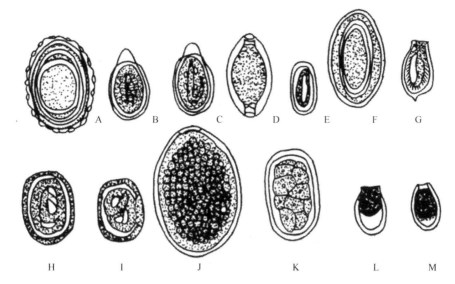

图 1-10　猪体内常见蠕虫卵

A. 猪蛔虫卵；B. 刚棘颚口线虫卵（新鲜虫卵）；C. 刚棘颚口线虫卵（已发育的虫卵）；D. 猪毛首线虫卵；

E. 六翼泡首线虫卵；F. 蛭形棘头虫卵；G. 华支睾吸虫卵；H. 野猪后圆线虫卵；I. 复阴后圆线虫卵；

J. 姜片吸虫卵；K. 食管口线虫卵；L, M. 猪球虫卵囊

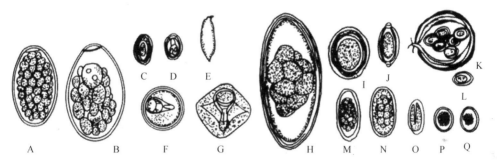

图 1-11　牛、羊体内常见蠕虫卵

A. 肝片吸虫卵；B. 前后盘吸虫卵；C. 胰阔盘吸虫卵；D. 歧腔吸虫卵；E. 东毕吸虫卵；

F, G. 莫尼茨绦虫卵；H. 钝刺细颈线虫卵；I. 牛弓首蛔虫卵；J. 毛首线虫卵；K. 曲子宫绦虫子宫周围器；

L. 曲子宫绦虫卵；M. 捻转血矛线虫卵；N. 仰口线虫卵；O. 乳突类圆线虫卵；

P, Q. 牛艾美耳球虫卵囊

蠕虫剖检检查技术

任务一 蠕虫学完全剖检术

【概述】

要想比较精确地诊断出动物的蠕虫病，单靠用粪便检查法来诊断，是不可能达到这一目的的，因为粪便检查法受到诸多因素的制约。蠕虫学完全剖检术可最大限度地发现动物器官和组织内的绝大多数蠕虫。通过蠕虫学完全剖检术采集家畜的全部寄生虫标本，并进行鉴定和计数，可为诊断和了解蠕虫病的流行情况、防治和研究寄生虫病提供科学依据。

【任务分析】

掌握蠕虫学完全剖检术的操作技术，对动物的蠕虫病作出初步诊断。

【知识点】

剖检前的准备包括以下几方面。

1）动物的选择。对于因寄生虫病感染而需作出诊断的动物及驱虫药物试验的动物可直接用于寄生虫学剖检。而为了查明某一地区的寄生虫区系时，动物必须选择确实在该地区生长的，并应尽可能包括不同的年龄和性别，同时，瘦弱或有临床症状的动物被视为主要的调查对象。也可以采用因病死亡的家畜进行剖解。死亡时间一般不能超过 24h（一般虫体在病畜死亡 24～48h 后崩解消失）。

2）对每头用于寄生虫学剖检的动物都应在登记表上详细填写动物种类、品种、年龄、性别、编号、营养状况、临床症状等。

3）选定做剖检的家畜在剖检前先绝食 1～2d，以减少胃肠内容物，便于寄生虫的检出。

4）在家畜死亡或捕杀后，首先制作血片，染色镜检，观察血液中有无寄生虫（具体操作参见第六单元血液原虫检查技术）。

5）对家畜进行剖解前，对其体表应作认真检查和寄生虫的采集工作。观察体表的被毛和皮肤有无瘢痕、结痂、出血、皲裂、肥厚等病变，并注意对体外寄生虫（虱、虱蝇、蜱、螨、皮蝇幼虫等）的采集，具体操作参见第三单元体表寄生虫检查技术。

6）在进行剖解前最好先取粪便进行虫卵检查、计数，初步确定该畜体内寄生虫的寄生情况，对以后寻找虫体时可能有所帮助。

【器材准备】

解剖刀、解剖剪、镊子、标本瓶、解剖镜、显微镜、贝尔曼法装置、瓷盆、量杯、胶头滴管、烧杯、载玻片、盖玻片、生理盐水、20% 甲醛溶液、10% 甲醛溶液、5% 甲醛溶液、70% 乙醇、1% 盐水等。

【操作程序】

一、家畜的完全剖检技术及寄生虫的采集

1. 淋巴结和皮下组织的检查及寄生虫的采集　　按照一般解剖方法进行剥皮，并随检观察身体各部淋巴结和皮下组织有无虫体寄生。发现虫体随即采集并作记录。

2. 头部各器官的检查及寄生虫的采集　　头部从枕骨后方切下，首先检查头部各个部位和感觉器官。然后沿鼻中隔左或右约 0.3cm 处的矢状面纵形锯开头骨，撬开鼻中隔，进行检查。

（1）检查鼻腔鼻窦　　检查鼻腔鼻窦，取出虫体，然后在水中冲洗，沉淀后检查沉淀物，看有无羊鼻蝇蛆、水蛭（水牛）、疥癣虫、锯齿状舌形虫寄生。

（2）检查脑部和脊髓　　打开脑腔和脊髓管后先用肉眼检查有无绦蚴（脑多头蚴或猪囊尾蚴）、羊鼻蝇蛆寄生。再切成薄片压薄镜检，检查有无微丝蚴寄生。

（3）检查眼部　　先眼观检查，再将眼睑结膜及球结膜在水中刮取表层，水洗沉淀后检查沉淀物，最后剖开眼球，将眼房水收集在平皿内，在放大镜下检查是否有丝虫的幼虫、囊尾蚴、吸吮线虫寄生。

（4）检查口腔　　检查唇、颊、牙齿间、舌肌、咽头，有无囊尾蚴、蝇蛆类寄生。

3. 腹腔各脏器的检查及寄生虫的采集　　按照一般解剖方法剖开腹腔，首先检查脏器表面的寄生虫和病变。再逐一对各个内脏器官进行检查。然后收集腹水，沉淀后观察其中有无寄生虫寄生。

（1）消化系统检查及寄生虫采集　　在结扎食道末端和直肠后，先切断食道、胃肠上相连的肝脏、胰脏、肠系膜、直肠末端，取出消化系统。消化系统所属的肝脏、脾脏、胰脏也一并取出。再将食道、胃（反刍动物的四个胃应分开）、小肠、大肠、盲肠分段作二重结扎后分离。胃肠内有大量的内容物，应在 1% 盐水中剖开，将内容物洗入液体中，然后对黏膜循序仔细检查，洗下的内容物则反复加 1% 盐水沉淀，待液体清澈无色为止，再取沉渣进行检查。为了检查沉渣中细小的虫体，可在沉渣中滴加碘液，使粪渣和虫体均染成棕黄色，继之以 5% 的硫代硫酸钠溶液脱色，但虫体着色后不脱色，仍然保持棕黄色，而粪渣和纤维均脱色，故棕黄色虫体易于辨认。

1）食道。先检查食道的浆膜面，观察食道肌肉内有无虫体，必要时可取肌肉压片镜检。再剖开或用筷子将食道反转，仔细检查食道黏膜面，观察有无寄生虫的寄生。用小刀或载玻片刮取黏膜表层，压在两块载玻片之间检查，当发现虫体时，揭开上面的载玻片，用挑虫针将虫体挑出。应注意黏膜面有无筒线虫、纹皮蝇（牛）、毛细线虫（鸽子等鸟类）、狼旋尾线虫（犬、猫），浆膜面有无肉孢子虫（牛、羊）寄生。

2）胃。应先检查胃壁外面。对于单胃动物，可沿胃大弯剪开，将内容物倒在指定的容器内，检出较大的虫体。然后用 1% 盐水将胃壁洗净，取出胃壁并刮取胃壁黏膜的表层，将刮下物放在两块玻片之间作压片镜检。洗下物应加 1% 盐水，反复多次洗涤、沉淀，等液体清澈透明后，分批取少量沉渣，洗入大培养皿中，先后放在白色或黑色的背景上，仔细观察并检出所有虫体。在胃内寄生的有胃线虫、胃蝇蛆、马蛔虫（马）、蛔虫（猪）、棘头虫（猪、鸡）、颚口虫和毛圆线虫等（多种动物）。如有肿瘤时可切开检查。

对反刍动物可以先把第一、二、三、四胃分开。检查第一胃时注意捡出胃黏膜上的虫体，然后注意观察与胃壁贴近的胃内容物中的虫体，发现虫体全部捡出来，胃内容物不必冲洗。第二、三胃的检查方法同第一胃，但对第三胃延伸到第四胃的相连处要仔细检查，必要时可以把部分切下，采取同第四胃的检查方法。第四胃的检查方法同单胃动物胃的检查方法。

3）肠系膜。分离前先以双手提起肠管，把肠系膜充分展开，然后对着光线从十二指肠起向后依次检查，看静脉中有无虫体（血吸虫）寄生，分离后剥开淋巴结，切成小块，压片镜检。

4）小肠。把小肠分为十二指肠、空肠、回肠 3 段，分别检查。先将每段内容物倒入指定的容器内，再将肠壁翻转（即将肠浆膜内翻入肠腔内，使其黏膜面翻到外面）。然后用 1% 盐水洗涤肠黏膜面，仔细捡出残留在上面的虫体，洗下物和沉淀物分别用反复沉淀法处理后，检查沉淀物中所有的虫体。看是否有毛圆线虫、钩虫、蛔虫、旋毛虫、同盘吸虫、华支睾吸虫、棘头虫，以及寄生于各种动物的相应的绦虫、胃蝇蛆和球虫。

5）大肠。大肠分为盲肠、结肠和直肠 3 段，分段进行检查。在分段以前先对肠系膜淋巴结进行检查。在肠系膜附着部的对侧沿纵轴剪开肠壁，倾出内容物，以反复沉淀法检查沉淀物内寄生虫，对叮咬在肠黏膜上的寄生虫可直接采取，然后把肠壁用 1% 盐水洗净，仍用反复沉淀法检出洗下物中所有的虫体，已洗净的肠黏膜面再做一次仔细检查，最后再取肠黏膜压片检查，以免遗漏虫体。

6）肝脏。首先观察肝脏表面有无寄生虫结节，如有可作压片检查。然后沿胆管剪开肝脏，检查有无寄生虫。其次把肝脏自胆管的横断面切成数块，放在水中用两手挤压，或将其撕成小块，置 37℃温水中，待虫体自行钻出。充分水洗后，取出肝组织碎块并用反复沉淀法检查沉淀物。对有胆囊的动物要注意检查胆囊，可以先把胆囊从肝上剥离，把胆汁倾入大平皿内，加生理盐水稀释，检出所有的虫体最后检查胆汁，检查黏膜上有无虫体附着时，可用水冲洗黏膜，把冲洗后的水沉淀，详细检查。

7）胰脏。用剪刀沿胰管将胰脏剪开，检查其中虫体，而后将其撕成小块，置于 37℃温水中，并用手挤压组织，最后在液体沉淀中寻找虫体。

8）脾脏。检查法同胰脏检查。

（2）泌尿系统检查及寄生虫采集　　骨盆腔脏器亦以与消化系统同样的方式全部取出。先行眼观检查肾周围组织有无寄生虫。注意肾周围脂肪和输尿管壁有无肿瘤及包囊，如发现需切开检查，取出虫体。随后切取腹腔大血管，采取肾脏。剖开肾脏，先对肾盂进行肉眼检查，再刮取肾盂黏膜检查，最后将肾实质切成薄片，压于两玻片间，在放大镜或解剖镜下检查。剪开输尿管、膀胱和尿道检查其黏膜，并注意黏膜下有无包囊。收集尿液，用反复沉淀法处理，检查有无肾虫的寄生。

（3）生殖器官的检查及寄生虫采集　　检查内腔，并刮取黏膜表面作压片及涂片镜检。怀疑为马媾疫或牛胎儿毛滴虫时，应涂片染色后油浸镜检查。

4. 胸腔各器官的检查及寄生虫的采集　　胸腔脏器的采取，按一般解剖方法切开胸壁，注意观察脏器表面有无寄生虫蚴及其自然位置与状态，然后连同食管及气管采取胸腔内的全部脏器，并收集潴留在胸腔内的液体，用水洗沉淀法进行寄生虫检查。

（1）呼吸系统检查及寄生虫检查（肺脏和气管）　　从喉头沿气管、支气管剪开，注意不要把管道内的虫体剪坏，发现虫体应直接采取。然后用载玻片刮取黏液加水稀释后镜检。再将肺组织在水中撕碎，按肝脏处理法检查沉淀物。对反刍动物肺脏的检查应特别注意小型肺线虫，可把寄生性结节取出放在盛有温生理盐水的平皿内，然后分离结节的结缔组织，仔细摘出虫体，洗净后，即行固定。

（2）心脏及大血管　　先观察心脏外面，检查心外膜及冠状动脉沟。然后剪开心脏仔细地观察内腔及内壁。将内容物洗入 1% 盐水中，用反复沉淀法检查。对大血管也应剪开，特别是肠系膜动脉和静脉要剪开检查，注意是否有吸虫、线虫及绦虫幼虫的存在（对血管内的分体吸虫的收集见后），如有虫体，小心取出。马匹应检查肠系膜动脉根部有无寄生性肿瘤。对血液应作涂片检查。

5. 其他部位的检查及寄生虫的采集

（1）膈肌及其他部位肌肉的检查　　从膈肌脚及其他部位的肌肉切取小块，仔细眼观检查，然后作压片镜检。取咬肌、腰肌及臀肌检查囊尾蚴，取膈肌检查旋毛虫及住肉孢子虫。

（2）腱与韧带的检查　　有可疑病变时检查相应部位的腱与韧带。

二、禽类的完全剖检技术及寄生虫的采集

1）先分别采集体表的寄生虫，然后杀死，检查皮肤表面的所有赘生物和结节。腹部向上置于解剖盘内，拔去颈、胸和腹部羽毛，剥开皮肤后，注意检查皮下组织。

2）用外科刀切断连接两个肩胛骨和肱骨背面的肌肉，然后用一手固定头的后部，以另一手提取切断的胸骨部，逐渐向脊部翻折，最后完全掀下带肌肉的胸骨，用解剖刀柄把整个腹部的皮肤和肌肉分离开，向两侧拉开皮肤，露出所有的器官。

3）检查时除应特别注意各脏器的采取外，还可以把消化道分为食管、嗉囊、肌胃、腺胃、小肠、盲肠、直肠等部位，每段进行两端结扎，分别进行寄生虫的检查。嗉囊的检查，剪开囊壁后，倒出内容物做一般眼观检查，然后把囊壁拉紧透光检查，肌胃的检查：切开胃壁，倒出内容物，做一般检查后，剥离角质膜再做眼观检查。仔细检查气囊和法氏囊。

4）其他各脏器的检查方法和家畜完全剖检术方法基本相同。

【注意事项】

各脏器的内容物如限于时间不能当日检查完毕，可在反复沉淀之后，将沉淀物加入4% 甲醛溶液保存，以待随后检查。在应用反复沉淀法时，应注意防止微小虫体随水倒掉。采取虫体时应避免将其损坏，捡出的虫体应随时放入预先盛有生理盐水和记有编号及脏器名标签的平皿内。禽类胃肠道的虫体应在尸体冷却前检出。

任务二　吸虫形态学观察

项目一　片形吸虫形态学观察

【概述】

片形吸虫病又名肝蛭病，是由片形科片形属的肝片吸虫和大片吸虫寄生于牛、羊等

反刍动物的肝脏胆管中引起的。为牛、羊等反刍动物主要的寄生虫病，人也可感染。多呈地方性流行。本病能引起急性或慢性肝炎和胆管炎，并伴发全身性的中毒现象和营养障碍。对幼畜和绵羊危害极为严重，可引起大批死亡。在其慢性病程中，可使动物瘦弱，发育障碍，耕牛使役能力下降，乳牛产奶量减少，毛、肉产量减少和质量下降，给畜牧业经济带来巨大损失。

【任务分析】

1）以片形吸虫为代表认识吸虫基本构造，重点是消化系统和生殖系统，在显微镜下进行全面细致的观察。

2）观察认识片形吸虫的封片标本及浸制标本。

3）掌握大片吸虫和肝片吸虫的鉴别要点，了解虫体所寄生的宿主及寄生部位。

【知识点】

一、吸虫的基本形态结构描述

吸虫属于扁形动物门吸虫纲，按形态特征和生活史形态不同分为三个亚纲：单殖亚纲、盾腹亚纲和复殖亚纲。寄生于畜禽的吸虫以复殖吸虫为主，可寄生在畜禽的肠道、结膜囊、肠系膜静脉、肾脏、输尿管、输卵管和皮下部位。兽医临床上常见的吸虫主要有片形吸虫、姜片吸虫、阔盘吸虫、前后盘吸虫、日本血吸虫、华支睾吸虫、前殖吸虫等。

1. 吸虫的形态构造　　吸虫多为雌雄同体，背腹扁平，呈叶状，少数为线状或圆柱状。大小不一，长度为 $0.1\sim75.0$mm。体表光滑或有小刺、小棘等。体色一般为乳白色、淡红色或棕色。虫体前端有口吸盘，腹面有腹吸盘，有的腹吸盘在后端，称为后吸盘，有的无腹吸盘。

2. 体壁　　吸虫无表皮，体表为角质层，里面为肌肉层，构成皮下肌肉囊，包囊着内部柔软组织，内脏器官埋在柔软组织中。

3. 消化系统　　一般包括口、前咽、咽、食道及肠管几部分。口位于虫体前端，口吸盘的中央。其下为咽、食道和左右分支的肠管，肠管末端为盲端，没有肛门，食物残渣经口孔排出体外。

4. 排泄系统　　由焰细胞、毛细管、集合管、排泄总管、排泄囊和排泄孔等部分组成。焰细胞布满虫体的各部分，位于毛细管的末端，为凹形细胞。焰细胞收集的排泄物，经过毛细管、前后集合管、排泄总管，汇集到位于虫体后部的排泄囊，最后由末端的排泄孔排出体外。焰细胞的数目与排列方式，在分类上具有重要意义。

5. 神经系统　　在咽两侧各有一个神经节，相当于神经中枢。从两个神经节各发出前后 3 对神经干，分布于背、腹和侧面。向后延伸的神经干，由多条横索相连。神经末梢分布在口吸盘、腹吸盘和咽等器官。

6. 生殖系统　　生殖系统发达，除分体科吸虫为雌雄异体外，皆雌雄同体。

（1）雄性生殖系统　　包括睾丸、输出管、输精管、贮精囊、射精管、前列腺、雄茎、雄茎囊和生殖孔等。通常有两个睾丸，圆形、椭圆形或分叶，左右排列或前后排列在腹吸盘下方或虫体的后半部。睾丸发出的输出管汇合为输精管，其远端可以膨大及弯曲成为贮精囊。贮精囊接射精管，其末端为雄茎，在这些结构周围围绕着由单细胞组成的前列腺。雄茎开口于生殖窦或向生殖孔开口。上述的贮精囊、射精管、前列腺和雄茎可以一起被包围在雄茎囊内。

（2）雌性生殖系统　包括卵巢、卵模、卵黄腺、子宫、受精囊、梅氏腺和雌性生殖孔。卵巢的位置常偏于虫体的一侧，卵巢发出输卵管，与受精囊及卵黄总管相接。劳氏管一端接着受精囊或输卵管，另一端向背面开口或成为盲管。卵黄总管是由左右两条卵黄管汇合而成，汇合处膨大形成卵黄囊。卵黄总管与输卵管汇合处的囊腔即卵模，其周围由一群单细胞腺——梅氏腺包围着。卵模即为子宫起

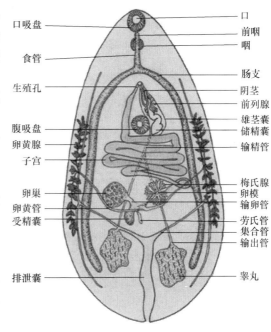

图 2-1　复殖吸虫成虫形态

点。子宫的长短与盘旋情况随虫种而异，接近生殖孔处多形成阴道，阴道与阴茎多数开口于一个共同的生殖窦或生殖腔，虫卵经生殖孔通向体外（图 2-1）。

二、吸虫各发育阶段形态特征

吸虫的发育过程经历虫卵、毛蚴、胞蚴、雷蚴、尾蚴和囊蚴各期。

（1）虫卵　　大多呈椭圆形或卵圆形，除分体科外都有卵盖，颜色为灰白、淡黄至棕色。卵在子宫内成熟后排出体外，多数卵需在宿主体外孵化。

（2）毛蚴　　毛蚴体形外观变化很大，运动时外形近于圆柱形，前部圆，后端尖。不大活动时，外观近似三角形，外被纤毛，前部宽，有头腺。头部中心有个向前突出的顶突，或称为头乳突（图 2-2）。毛蚴运动十分活泼，寿命取决于食物储存量，一般在水中能存活 1～2d。

（3）胞蚴　　胞蚴呈囊状，能钻入螺组织深部，通过体壁从宿主组织吸取营养，营无性繁殖，内含胚细胞、胚团及简单的排泄器（图 2-3）。胚团或发育为另一代胞蚴或合成第三期幼虫——雷蚴。

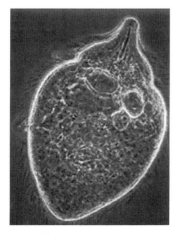
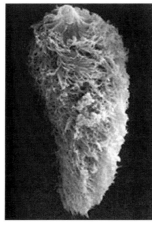

图 2-2　毛蚴形态

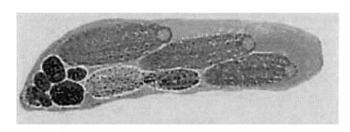

图 2-3　胞蚴形态

（4）雷蚴　雷蚴呈包囊状，有咽和一个袋状的盲肠，另有胚细胞和排泄器（图 2-4）。雷蚴本身的胚细胞或形成第二代雷蚴或形成第四期幼虫——尾蚴。

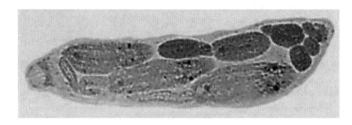

图 2-4　雷蚴形态

（5）尾蚴　尾蚴由体部和尾部构成。能在水中活跃地运动，体表常有小棘，有 1～2 个吸盘。消化道包括口、咽、食道和肠管，还有排泄器、神经元、分泌腺和尚未分化的原始生殖器官（图 2-5）。尾蚴从螺体内逸出，在水中游动并能在某些物体上结囊形成囊蚴，或进入第二中间宿主体内发育为囊蚴；或尾蚴直接钻入中宿主皮肤，脱去尾部，移行于寄生部位，发育为成虫。

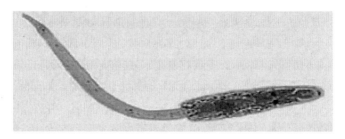

图 2-5　尾蚴形态

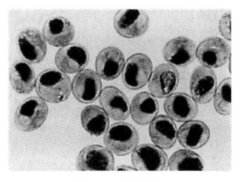

图 2-6　囊蚴形态

（6）囊蚴　囊蚴是由尾蚴脱去尾部形成包囊进而发育成的。圆形或卵圆形（图 2-6）。体表有小棘，有口、腹吸盘、咽、肠管和排泄囊等构造。生殖系统的发育有的只有简单的生殖原基细胞，有的有完整的雌雄性器官。囊蚴通过附着物或第二宿主进入终宿主体内，在消化道破囊而出，经过移行达到其寄生部位，发育为成虫。

三、片形吸虫形态特征

在我国有肝片吸虫和大片吸虫两种病原。

1. 肝片吸虫

（1）成虫形态特征　　雌雄同体。虫体大小为（20～35）mm×（5～13）mm，背腹扁平呈柳叶状，新鲜虫体呈淡红色，固定后为灰白色（图2-7）。前端呈锥状突出，叫做头锥。两边宽平的部分称为肩，口吸盘位于头锥顶端，腹吸盘位于口吸盘之后肩的水平线上。在两吸盘之间，有一较小的生殖孔。

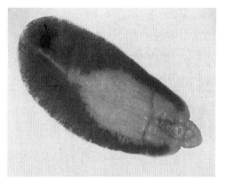

图2-7　肝片吸虫

虫体的角质皮上生有许多小刺，或叫棘刺（一般不易见到）。在口吸盘内有一口孔，后方接咽和食道，食道之后为盲肠，分左右两支，每支又分出许多侧支（肠支的方向主要是向外侧）。两个树枝状的睾丸，一前一后地排列在虫体中部稍后，各有一条输出管合为一条输精管，通向雄茎囊（雄茎囊内有贮精囊、射精管、前列腺及雄茎）。睾丸的右上方（或腹吸盘的右下方）为鹿角状分支的卵巢。卵巢左下方有卵模，其周围为梅氏腺；无受精囊。在腹吸盘的后方有弯曲管状的子宫，内含有许多黄色的虫卵；卵黄腺密布于虫体两侧，直达虫体后端，子宫末端与雄茎囊同开口于生殖孔（图2-8）。

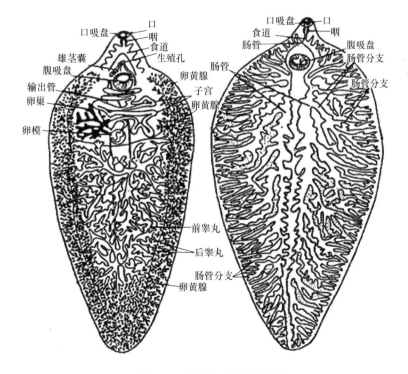

图2-8　肝片吸虫构造模式图

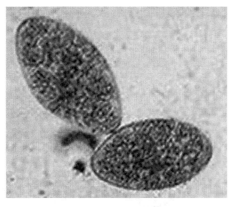

图 2-9 肝片吸虫虫卵形态

（2）虫卵形态特征　肝片吸虫卵很大，平均为（115～150）μm×（70～82）μm，呈卵圆形，淡黄或黄褐色。一端有卵盖，卵内含有一个胚细胞和许多卵黄细胞，充满整个卵腔（图 2-9）。

（3）各阶段幼虫特征

1）毛蚴：前端宽，后端比较尖细，体表具有许多细长的纤毛，游动迅速，体前端有一锥状的刺和特殊的腺体，借此可钻入软体动物体内。

2）胞蚴：呈纺锤形囊状或长椭圆形构造，内含有多数母雷蚴及球状的胚细胞。

3）雷蚴：可分为母雷蚴和子雷蚴两个阶段。母雷蚴与胞蚴不同点在于其囊的顶端有口和咽，接咽的有一简单的袋状肠管，囊内有许多雷蚴和胚细胞。子雷蚴与母雷蚴相似，而不同的是囊内含有多数尾蚴和球状的胚细胞，体后部有两个表皮膨大的突起称"动突"、"侧突"。

4）尾蚴：体呈椭圆形，内含吸盘和分支的肠管，具有单一长尾，尾部做左右旋转摆动，游动极为灵活，由呈囊细胞分泌黏液将虫体包被起来，尾部脱落，形成囊蚴。

5）囊蚴：对终宿主具有感染性，新鲜时为白色，后变成灰褐色，近似圆形，直径为0.25mm，不透明。蚴体有口、腹吸盘、咽、食道及2条盲肠，并有趋光性小颗粒。

2. 大片吸虫　大片吸虫同肝片吸虫的区别是：大片吸虫呈长叶状，长33～76mm，宽5～12mm，体的长度超过宽度两倍以上；肩部不明显，两侧近乎平行；虫体后端钝圆；腹吸盘比较大，肠管的内侧支比较多，并有明显的小支（图 2-10）；虫卵比肝片吸虫卵大些。

四、流行病学

肝片吸虫系世界性分布，是我国分布最广泛、危害最严重的寄生虫之一。遍及全国32个省（自治区、直辖市），但多呈地区性流行。大片吸虫主要分布于热带和亚热带地区，在我国多见于南方各省（自治区、直辖市）。

肝片吸虫的宿主范围较广，主要寄生于黄牛、水牛、牦牛、绵羊、山羊、鹿、骆驼等反刍动物，猪、马、驴、兔及一些野生动物也可感染，但较少见，人也有感染的报道。病畜和带虫者不断地向外界排出大量虫卵，污染环境，成为本病的感染源。动物长时间地停留在

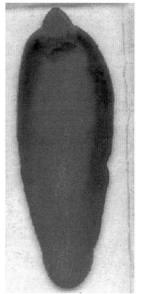

大片吸虫　　　　　肝片吸虫

图 2-10　片形吸虫染色标本

狭小而潮湿的牧地放牧时最易遭受严重的感染。

温度、水和淡水螺是片形吸虫病流行的重要因素。虫卵的发育、毛蚴和尾蚴的游动以及淡水螺的存活与繁殖，都与温度和水有直接的关系。因此，肝片吸虫病的发生和流行及其季节动态是与各地区的地理气候条件有密切关系的。在气候适宜和中间宿主存在（低洼地水稻田、缓流水渠、沼泽草地和湖滩地，均适于螺的生长繁殖）的情况下，在夏秋季节，牛、羊放牧中极易感染片形吸虫病。

在自然条件下，绵羊对肝片吸虫的再感染并不表现出明显的免疫反应。例如，当绵羊肝片吸虫病暴发时，通常也包括那些过去曾感染过肝片吸虫的成年羊；与此相反，在犊牛却能逐渐发展获得性免疫力。因此，在流行区里，成年牛因获得性免疫力，症状并不明显，而绵羊包括成年羊却大批死亡。

五、致病作用

在终末宿主小肠内逸出的后尾蚴，自钻入肠壁起至进入胆管寄生的过程中，随着寄生部位的变更和虫体的发育，对宿主可产生一系列的致病作用，而引起机体的种种病理性改变。

早期童虫在穿过肠壁各层进入腹腔，进而在肝脏中移行，破坏肝组织，破坏微血管，引起出血，发生创伤性出血性肝炎及肝实质梗塞。当感染强度很高，达数千个虫体时，往往在此时期发生急性死亡。

机械刺激：虫体多数寄生时能阻塞胆管，使胆汁淤滞引起黄疸。由于虫体体表的小棘及其排泄物具有毒素，刺激胆管壁，引起管壁及周围组织发炎，管壁增生，肥厚，乃至扩张。

毒素作用：一种是新陈代谢毒，一种是分泌毒，其内含有大量能分解蛋白质、脂肪和糖类的酶，可使宿主出现体温升高、白细胞增多、贫血，以及扰乱中枢神经系统的全身性中毒现象。胆汁淤滞后的分解物又能加剧中毒作用。毒素具有溶血作用，当侵害血管时，使管壁通透性增高，血液中的液体成分增多更易于渗出，从而发生稀血症和水肿。

带入细菌：幼虫自肠管移行到胆管时，可从肠道携带各种细菌，如大肠杆菌等，往往在肝脏及其他脏器中形成脓肿。当被带入的细菌在胆道中繁殖时，可加剧其中毒现象及其他疾病的病程，如使结核病牛的病情恶化，甚至引起死亡。

夺取营养：肝片吸虫以血液、胆汁和细胞为其营养，为慢性病例营养障碍、贫血、消瘦的原因之一。

六、症状

轻度感染往往不表现症状。感染数量大时（牛约250条成虫，羊约50条成虫）则表现症状，但幼畜即使轻度感染也可能表现症状。临床上一般可分为急性型和慢性型两种类型。

1）羊。绵羊最敏感，最常发生，死亡率也高。

急性型（童虫移行期）：在短时间内吞食大量（2000个以上）囊蚴后2～6周发病。病势猛，使病畜突然倒毙。一般病初表现体温升高，精神沉郁，食欲减退，衰弱易疲劳，离群落后，迅速发生贫血，叩诊肝区半浊音界扩大，压痛敏感，腹水，严重者在几天内死亡。

慢性型（成虫胆管寄生期）：吞食中等量（200～500个）囊蚴后4～5个月时发生，多见于冬末春初季节，此类型较多见，其特点是逐渐消瘦、贫血和低白蛋白血症，导致病畜高度消瘦，黏膜苍白，被毛粗乱，易脱落，眼睑、颌下及胸下水肿，腹水增多，母羊乳汁稀薄，妊娠羊往往流产，终因恶性病质而死亡。有的可拖延至次年天气转暖，饲料改善后逐步恢复。

2）牛。多呈慢性经过，犊牛症状明显，成年牛一般不明显。如果感染严重，营养状况欠佳，也可能引起死亡。病畜逐渐消瘦，被毛粗乱，易脱落，食欲减退，反刍异常，继而出现周期性瘤胃膨胀或前胃弛缓，下痢，贫血，水肿，母牛不孕或流产。乳牛产乳量下降，质量差，如不及时治疗，可因恶病质而死亡。

七、病理变化

病理解剖变化主要呈现在肝脏，其变化程度与感染虫体强度及病程长短有关。在原发性大量感染，取急性死亡经过的病例中，可见到急性肝炎和大出血后的贫血现象。肝肿大，包膜有纤维素沉积，有2～5mm长的暗红色虫道。虫道内有凝固的血液和很小的童虫。腹腔中有血色的液体，有腹膜炎病变。

慢性病例（病程2～3个月后），主要呈现慢性增生性肝炎，在被破坏的肝组织形成斑痕性的淡灰白色条索，肝实质萎缩、褪色、变硬，边缘钝圆，小叶间结缔组织增生，胆管肥厚，扩张呈绳索样突出于肝表面。胆管内壁粗糙而坚实，内含大量血性黏液和虫体及黑褐色或黄褐色的块状、粒状的磷酸盐结石（即俗称的牛黄）。

轻度寄生的病例，胆管变化不显著，但多呈慢性卡他性胆管炎和间质性肝炎，胆管内有虫体寄生。

八、诊断

对羊的急性型片形吸虫病的诊断应以解剖检查为主，把肝脏切碎，在水中挤压后淘洗，可找到大量童虫，以作出诊断。近年来使用免疫学诊断方法，如皮内变态反应，补反、对流电泳，间接血凝，酶标等进行实验性诊断。

【器材准备】

显微镜、载玻片、盖玻片、浸制标本、虫体染色封片、解剖针等。

【操作程序】

用低倍显微镜或肉眼观察片形吸虫（肝片吸虫、大片吸虫）标本，掌握其各部构造。

【结果可靠性确认】

根据临床症状、流行病学资料、粪便检查发现虫卵和死后剖检发现虫体等进行综合判定，不难确诊。但仅见少数虫卵而无症状出现，只能视为"带虫现象"。粪便检查虫卵，可用水洗沉淀法或锦纶筛集卵法，虫卵易于识别。

项目二　姜片吸虫形态学观察

【概述】

姜片吸虫病是由片形科姜片属的布氏姜片吸虫寄生于人和猪的小肠引起的寄生虫病，

以十二指肠为最多，偶见于犬和野兔。姜片吸虫病是长江流域以南地区常见的一种人兽共患的吸虫病，对人和猪的健康都有明显的损害，可以引起贫血、腹痛、腹泻等症状，甚至引起死亡。

【任务分析】

1）观察姜片吸虫浸润标本，掌握其形态特征。

2）解剖镜下观察姜片吸虫封片标本，掌握其内部结构特征。

3）观察姜片吸虫病理标本，了解其对宿主的危害。

【知识点】

1. 形态特征 姜片吸虫属于片形科姜片属，成虫寄生在猪和人的小肠内，中间宿主为淡水螺。

1）成虫形态特征：虫体大小为（30～50）mm×（12～15）mm，大而肥厚，呈长椭圆形，是吸虫类中最大的一种，形似斜切的姜片。身体的后半部较宽，新鲜的虫体呈鲜红色，固定后呈灰白色（图2-11）。口吸盘在虫体的前端，腹吸盘与口吸盘相距较近，腹吸盘大于口吸盘。盲肠两条，分布在虫体两侧，带有几个弯曲而不分支。睾丸两个，分支，前后排列在虫体的后半部内。雄茎囊呈长管状。生殖孔开口于腹吸盘的前方。卵巢分支，位于虫体中部而稍偏右侧。梅氏腺围绕在卵模的外围，构成一圆形轮廓，位于虫体的中部。梅氏腺上面有子宫，子宫内充满黄棕色的虫卵。卵黄腺分部在虫体的两侧（图2-12）。

图 2-11 姜片吸虫浸制标本

图 2-12 姜片吸虫成虫
（染色标本）

2）虫卵形态特征：呈椭圆形，黄褐色，卵壳薄，大小为（130～150）μm×（85～97）μm。有卵盖，内含一个卵细胞，呈灰色，卵黄细胞有30～50个，致密而互相重叠，每个卵黄细胞内含有 5～10 个小油脂颗粒（图 2-13）。

2. 流行病学　姜片吸虫病是地方性流行病，主要传染源是病猪和人。姜片吸虫需要中间宿主——扁卷螺（图 2-14），并以水生植物（图 2-15）为媒介完成其发育史。凡以猪、人粪便当作主要肥料给水生植物施肥；以水生植物直接饲喂猪；池塘内扁卷螺滋生并有带虫的猪和人之处，往往易引起流行。姜片吸虫病主要分布于我国长江流域和南方各省。

图 2-13　姜片吸虫虫卵

图 2-14　姜片吸虫的中间宿主扁卷螺

浮萍

茭白

荸荠

菱角

图 2-15　易吸附囊蚴的水生植物

在我国南方各省，多有将水生植物喂猪的习惯，另有儿童生食菱角和荸荠的习惯，因此该病流行极为普遍。在流行地区，猪饲喂生水也可感染，由于虫卵、幼虫的发育和中间宿主的活动、繁殖，一般需 27℃以上的气温，水生植物的生长、繁殖也是夏季最旺盛，所以人和猪遭到姜片吸虫大量感染多在夏季，而发病则多见于夏末和秋初。猪一般在秋季发病较多，也有延至冬季的。该病主要危害仔猪，以5~8月龄感染率最高，以后随年龄增长感染率下降。纯种猪较本地种和杂种猪的感染率要高。

3. 致病作用及症状 虫体以强大的吸盘吸附在宿主的肠黏膜上，使黏膜发生充血、肿胀，黏液分泌增加，引起肠黏膜炎症。由于虫体较大，感染强度高时可机械地堵塞肠道，影响消化和吸收，严重的可导致肠破裂而死亡。虫体吸取大量养料，使病畜生长发育迟缓，呈现贫血、消瘦和营养不良现象。饲养差的猪群，症状更为严重。虫体的代谢产物被动物吸收后，可使动物发生贫血、水肿，嗜酸性粒细胞增多，嗜中性粒细胞减少，动物抵抗力大大降低，常常引起虚脱或并发其他疾病而死亡。病猪表现贫血，眼结膜苍白，水肿，尤其眼睑和腹部较为明显；消瘦，生长发育缓慢，食欲减退，消化不良，腹痛，腹泻，皮毛干燥，无光泽；到后期体温微高，最后虚脱死亡。

4. 诊断 进行猪的粪便检查，可用直接涂片法或沉淀法，检获虫卵即可确诊。

项目三 前后盘吸虫形态学观察

【概述】

前后盘吸虫病是由前后盘科各属的吸虫寄生在牛、羊等反刍动物瘤胃及胆管壁上所引起的疾病总称，成虫一般危害较轻，幼虫移行期可引起家畜的严重疾病，甚至导致死亡。本病在我国南方流行较严重。

【任务分析】

1）观察前后盘吸虫浸润标本，掌握其形态结构特征。
2）解剖镜下观察前后盘吸虫封片标本，掌握其内部结构特征。
3）观察前后盘吸虫病理标本，了解其对宿主的危害。

【知识点】

前后盘吸虫种类繁多，其形态大小各异，有的仅几毫米长，有的竟长达20余毫米，虫体为淡红色、深红色、灰白色，虫体呈圆锥形或圆柱形，表皮光滑无棘。腹吸盘位于虫体的后端，明显的大于位于体前端的口吸盘。本科的代表种为鹿前后盘吸虫（图2-16）。

1. 病原形态特征

1）成虫形态特征：新鲜虫体为粉红色或淡红色，固定后为灰白色。呈圆锥形或纺锤形（图2-16）。大小为（8.8~9.6）mm×（4.0~4.4）mm，虫体稍向腹面弯曲。口吸盘位于虫体前端，腹吸盘位于虫体末端，一般比口吸盘大2.5~8倍。缺咽，肠支很长，伸达腹吸盘边缘。睾丸两个，呈横椭圆形，前后排列于虫体的中后部。卵巢为圆形，位于睾丸的后侧缘，子宫弯曲，内充满虫卵。卵黄腺呈颗粒状，分布于虫体的两侧，从食道末端直达腹吸盘。生殖孔开口于肠管分叉处（图2-17）。

2）虫卵形态特征：与肝片吸虫卵相似，但呈淡灰色，卵黄细胞不甚充满，卵内一端略有空隙。大小为（114~176）μm×（73~100）μm。

2. 流行病学 前后盘吸虫病多发于多雨的季节（夏、秋），特别是长期在湖滩地

图 2-16　鹿前后盘吸虫

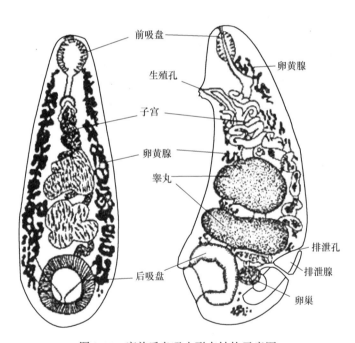

图 2-17　鹿前后盘吸虫形态结构示意图

采食水淹过的青草的壮龄牛羊最为易感。

3. 致病作用及症状　　成虫危害轻微，主要是童虫在移行期可引起小肠、真胃黏膜水肿、出血，发生出血性胃肠炎（图 2-18），或者导致肠黏膜发生坏死和纤维素性炎症。小肠内可能有大量童虫，肠道内充满腥臭的稀粪。胆管、胆囊膨胀，内含童虫。临床表现为顽固性拉稀，粪便恶臭呈粥样或水样，有时粪中带新血并有幼小的虫体；颌下水肿，逐渐消瘦，最后病畜极度衰竭死亡。

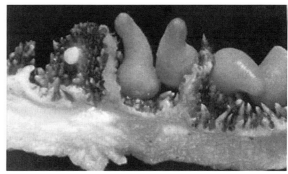

图 2-18 鹿前后盘吸虫在瘤胃寄生状态

项目四 日本血吸虫形态学观察

【概述】

日本血吸虫可寄生在人和牛、羊、猪、犬、啮齿类及一些野生哺乳动物的门静脉系统的小血管内，为我国重要的人兽共患寄生虫。分布于长江流域13个省（自治区、直辖市），严重影响人的健康和畜牧业生产。分体科血吸虫，除日本血吸虫外，还有东毕血吸虫。东毕血吸虫可以寄生在哺乳动物的门静脉血管（图2-19），在我国主要以内蒙古和西北地区较为严重，可引起动物死亡。

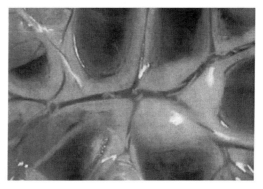

图 2-19 血吸虫在肠系膜静脉小血管寄生

【任务分析】

1）观察血吸虫的浸润标本，掌握其抱雌沟结构。

2）观察其中间宿主钉螺形态。

3）解剖镜下观察日本血吸虫封片标本，掌握其内部结构特征。

4）掌握日本血吸虫和东毕血吸虫的鉴别要点，了解虫体所寄生的宿主及寄生部位。

【知识点】

1. 病原形态特征

（1）日本血吸虫

1）成虫：雌雄异体，呈线状，雄虫粗短，乳白色，大小为（10～22）mm×（0.5～0.55）mm，向腹面弯曲呈镰刀状，体壁自腹吸盘后至尾部两侧向腹面卷起，形成抱雌沟（图2-20），将雌虫抱在沟内；雌虫细而长，呈灰褐色，大小（15～26）mm×（0.1～0.2）mm。肠管在腹吸盘前分成两支，向后延伸，约于体后1/3处再合为一条单管，伸达虫体末端。睾丸有7枚，呈椭圆形，串状排列于前部的背侧，每个睾丸有一个输出管，共同回合为输精管，向前扩大为贮精囊（图2-21）。雌虫有一个卵巢，呈椭圆形，位于中部偏后方两侧肠管之间，其后端发出一输卵管，并折向前方伸延，在卵巢前面和卵黄管并合，形成卵模，卵模周围为梅氏腺（图 2-22）。卵模前为管状子宫，其中含卵 50～300 个，雌性生殖孔开口于腹吸盘后方。卵黄腺呈较规则的分支状，位于虫体后 1/4 处。

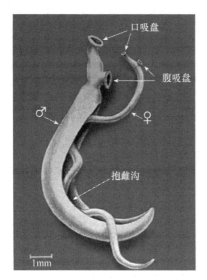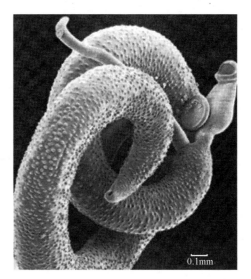

图 2-20　日本血吸虫雌雄合抱形成抱雌沟

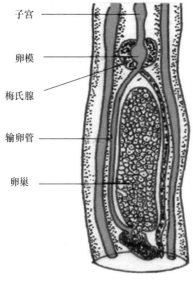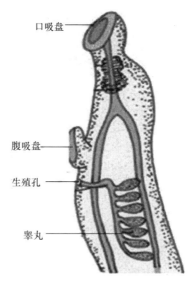

图 2-21　雌性生殖系统结构示意图　　图 2-22　雄性生殖系统结构示意图

2）虫卵：大小为（70～100）μm×（50～80）μm，呈卵圆形，淡黄色，无卵盖，在其侧方有一小刺（图 2-23），内含毛蚴。

（2）东毕血吸虫　　较常见的为土耳其斯坦东毕吸虫。

1）成虫：新鲜虫体白色短线状，呈新月形弯曲。雌雄异体，雄虫比雌虫粗大。

　　雄虫体长4.2～8.1mm，宽0.43～0.47mm，虫体前端扁平，由腹吸盘开始至虫体后端的两侧体壁向腹面卷曲形成"抱雌沟"。口腹吸盘相距较近。无咽。食道在腹吸盘前方分为两条肠支伸向虫体的后方，后两支肠管又合二为一，称为肠单干。土耳其坦东毕吸虫的睾丸为78～80个，呈椭圆形，不规则的双行或个别的按单行排列于腹吸盘后上方。生殖孔位于腹吸盘之后。

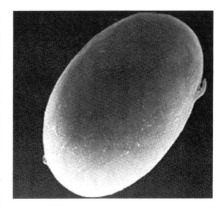

图2-23　日本血吸虫虫卵

　　雌虫一般均比雄虫细小，食道亦在腹吸盘前分为两条肠支而后又合为一支，其单支部分超过双支的两倍。卵巢位于肠支合二为一处前方，呈螺旋状扭曲。卵黄腺位于肠单干两侧，子宫位于卵巢之前的两肠支之间。子宫内通常只有一个虫卵。

　　2）虫卵：两端各有一附属物，一个为钝圆的结节，另一个呈小刺状。初排出时，卵内含毛蚴雏形。

　　日本血吸虫形态与东毕吸虫的区别是：雄虫睾丸椭圆形，较大，共有7枚，呈单行排列（图2-24），卵巢呈椭圆形不扭曲；子宫中含卵较多；虫卵椭圆或接近圆形，卵壳侧上方有一小刺；尾蚴的尾端部分分成两叉（图2-25）。

图2-24　日本血吸虫雄虫有7枚睾丸（箭头所指处）

图2-25　日本血吸虫尾端分叉

　　2. 流行病学　　日本血吸虫分布在中国、日本、菲律宾、印度尼西亚、马来西亚，在我国广泛分布于长江流域和江南的13个省（自治区、直辖市），主要危害人，以及牛、羊等家畜。目前我国已查明有31种野生哺乳动物和8种家畜可自然感染日本血吸虫，家畜以耕牛、野生动物以沟鼠的感染率为最高。

　　日本血吸虫的发育必须经过中间宿主——钉螺（图2-26），否则不能发育传播。钉螺体型小，多见于气候湿润、土壤肥沃、阴暗潮湿、杂草丛生的地方，在河、沟、湖的水边等均可滋生。人和动物的感染与他们在生产和生活活动过程中接触含有尾蚴的疫水有关，感染途径主要是经过皮肤感染，还可以通过吞食含有尾蚴的水、草经口腔黏膜感染，以及经胎盘感染。

　　日本血吸虫病的流行特点：一般在钉螺阳性率高的地区，人和畜的感染率也高。患

图 2-26 日本血吸虫中间宿主钉螺

者、病畜的分布与钉螺的分布是一致的，具有地区性特点。

东毕血吸虫在我国分布范围极其广泛，但以内蒙古和西北地区较为严重，常呈地方性流行，在青海和内蒙古的个别地区，感染强度往往高达 1 万~2 万条，引起不少羊只死亡。

东毕血吸虫的中间宿主为椎实螺，它们栖息在水中、池塘、水流缓慢及杂草丛生的河滩、死水洼、草塘和小溪等处。终末宿主有绵羊、山羊、黄牛、水牛、骆驼和马属动物及一些野生的哺乳动物，主要危害牛和羊。

东毕血吸虫病的流行具有一定的季节性，北方地区多于 6~9 月放牧，牛、羊在水中吃草或饮水时经皮肤感染。成年牛、羊的感染率往往比幼龄的高。

3. 致病作用 侵入动物的血吸虫尾蚴、移动的童虫、进入寄生部位的成虫以及沉着于机体的虫卵，对宿主均产生机械损伤，并引起复杂的免疫病理学反应。

尾蚴穿透皮肤时可引起皮炎。这种皮炎对曾感染过尾蚴的动物更为显著，故为一种变态反应性炎症。

童虫在体内移动时，其分泌物和代谢物及死亡崩解产物，可使经过的器官（特别是肺）引起血管炎，受损的毛细血管发生栓塞、破裂，产生局部的细胞浸润和点状出血。临床表现咳嗽、发热、肺炎病状。肝脏可出血、充血和肿胀。

成虫对寄生部位仅引起轻微的机械损伤，如静脉内膜炎及静脉周围炎。成虫死亡后被血流带到肝脏，可使血管栓塞、周围组织发生炎症反应。

虫卵沉着在宿主的肝脏及肠壁等组织，在其周围出现细胞浸润，形成虫卵肉芽肿（虫卵结节），这是发生慢性血吸虫病肝肠病变的根本原因（图 2-27）。故血吸虫病的肝硬化，既非成虫所引起，也非死亡虫体的分解产物所致，而是由虫卵肉芽肿所引起。而虫卵肉芽肿的形成则可能是在虫卵可溶性抗原的刺激下，宿主产生相应的抗体，然后在虫卵周围形成抗原–抗体复合物的结果。

4. 症状 日本血吸虫病以犊牛和犬的症状较重，羊和猪较轻。临床上有急性和慢性之分，以慢性为常见。黄牛或水牛犊大量感染时，常呈急性经过，表现为食欲缺乏、精神不佳，体温升高、行动呆缓、贫血严重，最后衰竭死亡。慢性型的病畜表现消化不良，发育迟缓往往成为侏儒牛，母牛流产或不孕，下痢，排出物多呈糊状，夹杂有血液和黏液团块，肝硬化，腹水。少量感染时，一般症状不明显。

东毕血吸虫病多为慢性经过，表现

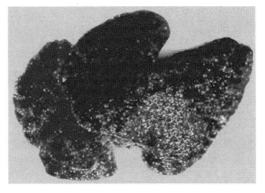

图 2-27 大量血吸虫虫卵沉积在肝脏
形成虫卵肉芽肿

为贫血，消瘦，发育不良，颌下、腹下水肿，食欲缺乏，精神不佳，体温升高（40℃以上），呼吸急促，严重者死亡。

项目五　歧腔吸虫形态学观察

【概述】

歧腔吸虫病是由歧腔科歧腔属的矛形歧腔吸虫和中华歧腔吸虫寄生于牛、羊等反刍动物的肝脏、胆囊、胆管内引起的疾病。在我国的西北、内蒙古、东北地区较为普遍，危害较严重。

【任务分析】

1）观察歧腔吸虫浸制标本，认识其形态特征。

2）解剖镜下区分中华歧腔吸虫和矛形歧腔吸虫形态构造。

【知识点】

1. 病原形态特征

（1）中华歧腔吸虫　　属于吸虫纲复殖目歧腔科歧腔属。成虫寄生于反刍动物（绵羊、山羊、牛、骆驼）的胆管中（图2-28）。

1）成虫形态特征：新鲜虫体为棕红色（图2-29），固定后变为灰色。体扁平、半透明，外形呈柳叶状，大小为（3.54～8.96）mm×（2.03～3.09）mm，雌雄同体。最宽部位为体前1/3处，腹吸盘大小相近或稍小于口吸盘，消化道有口、咽、食道和两根分支的盲肠，盲肠末端伸达近虫体后端。睾丸两个，近圆形，略有分叶，左右横列于腹吸盘后方，腹吸盘前方有圆锥形的雄茎囊，内含有前列腺、贮精囊、射精管和雄茎。生殖孔开口于肠的分叉处。在睾丸的后方有一个椭圆或分瓣的卵巢，一个卵圆形的受精囊，还有卵膜、梅氏腺、劳氏管。卵黄腺分布于虫体中部的两侧。虫体后半部充满子宫。

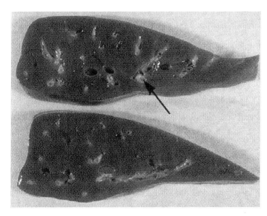

图2-28　歧腔吸虫在肝脏中寄生状态　　　　图2-29　歧腔吸虫成虫活体形态
　　　箭头所指为歧腔吸虫虫体

2）虫卵形态特征：椭圆形，成熟的卵为暗褐色，卵壳厚，两侧不对称，一端有卵盖，内含有成熟的毛蚴。

图 2-30　歧腔吸虫成虫

A. 矛形双腔吸虫；B. 东方双腔吸虫

（2）矛形歧腔吸虫　　形态构造大体同中华歧腔吸虫。主要区别是：该种虫体为前尖后钝窄长的矛形。大小为（5～15）mm×（1.5～2.5）mm，两个睾丸的位置不是左右横列，而是前后排列（图 2-30）。虫卵与中华歧腔吸虫卵类似。

2. 流行病学　　歧腔吸虫病遍及世界各地，多呈地方流行。我国主要分布于东北、华北、西北和西南。尤其以西北各省（自治区、直辖市）和内蒙古自治区较严重。歧腔吸虫发育过程中需要两个中间宿主，陆地蜗牛作第一中间宿主，蚂蚁作第二中间宿主，因此该病的宿主范围广，可感染 70 多种哺乳动物（牛、羊、鹿等）。南方地区动物几乎全年均可感染，北方动物感染具有春秋两季的特点。

3. 致病作用与症状　　歧腔吸虫寄生在肝脏胆管，可引起胆管炎和管壁增厚，肝肿大，肝被膜肥厚。严重感染的病畜，可见到黏膜黄疸，逐渐消瘦，颌下和胸下水肿，下痢，并可致死亡。

项目六　阔盘吸虫形态学观察

【概述】

阔盘吸虫病是由歧腔科阔盘属的多种吸虫寄生于牛、羊等反刍动物的胰脏胰管内所引起，也可寄生于人。阔盘吸虫引起的以营养障碍和贫血为主的吸虫病，严重时可导致宿主死亡。

在我国报道的阔盘吸虫有 3 种：胰阔盘吸虫、腔阔盘吸虫和支睾阔盘吸虫。其中胰阔盘吸虫分布最广，危害也较大。

【任务分析】

1）观察阔盘吸虫的浸润标本。
2）观察阔盘吸虫的病理组织标本。
3）解剖镜下观察 3 种阔盘吸虫封片标本，掌握其内部结构的鉴别要点。

【知识点】

1. 病原形态特征　　虫体呈棕红色，长椭圆形，扁平，稍透明，吸盘发达，其大小为（4.5～16）mm×（2.2～5.8）mm。几种阔盘吸虫区别如下（图 2-31）。

1）胰阔盘吸虫：呈长卵圆形，口吸盘大于腹吸盘，睾丸呈圆形或分叉；卵巢分叶 3～6 瓣。体长 8～16mm。

2）腔阔盘吸虫：比胰阔盘吸虫短小，体长 7～8mm，口吸盘与腹吸盘大小基本相等，尾部有一个明显的尾突。

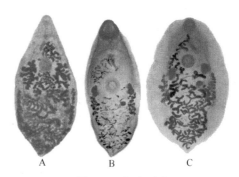

图 2-31　阔盘吸虫

A. 支睾阔盘吸虫；B. 胰阔盘吸虫；C. 腔阔盘吸虫

3）支睾阔盘吸虫：3种中最小，前端尖，后端钝，呈瓜子形，体长5～8mm。口吸盘明显小于腹吸盘。卵巢分叶5～6瓣；睾丸分支。

阔盘吸虫虫卵：大小为（34～52）μm×（26～34）μm，棕色椭圆形，两侧稍不对称，一端有卵盖。成熟的卵内含有毛蚴。

2．流行病学　　阔盘吸虫的发育需要两个中间宿主：第一中间宿主为陆地螺，第二中间宿主为草螽（图2-32）和针蟀（图2-33）。阔盘吸虫病在我国各地均有报道，但在东北、西北、内蒙古等地的广大草原上流行较广，危害严重。

图2-32　阔盘吸虫第二中间宿主草螽

图2-33　阔盘吸虫第二中间宿主针蟀

3．致病作用与症状　　阔盘吸虫在牛、羊的胰管中，由于虫体的机械性刺激和排出的毒素物质的作用，使胰管发生慢性增生性炎症，致使胰管增厚，管腔狭小，严重感染时，可导致管腔堵塞，胰液排出障碍，消化不良，动物表现消瘦，下痢，粪便中常有黏液，贫血，毛干，易脱落，颌下、胸前出现水肿，严重时可导致死亡。

项目七　并殖吸虫形态学观察

【概述】

并殖吸虫病的病原体是卫氏并殖吸虫，其成虫寄生于犬、猫、人及多种野生动物的肺组织内，是一种重要的人兽共患寄生虫。该虫主要分布于东亚及东南亚诸国。在我国的东北、华北、华南、中南及西南等地区均有报道。

【任务分析】

1）观察并殖吸虫浸制标本。
2）解剖镜下观察并殖吸虫内部结构特征。

【知识点】

1．病原形态特征　　并殖吸虫虫体肥厚，腹面扁平，背面隆起，长7.5～12mm，宽

6mm，厚 3.5～5.0mm。体表具有小棘，口吸盘大小等于腹吸盘大小。两盲肠支弯曲终于虫体末端。睾丸分支左右并列约在体后，卵巢与子宫并列，卵巢位于腹吸盘的右下侧，分 5～6 叶，形如指状，每叶可再分叶。卵黄腺为许多密集的卵黄泡所组成，在虫体的两侧。子宫的末端为阴道，射精管和阴道共同开口于生殖窦，再经小管而达腹吸盘后的生殖孔（图 2-34）。

并殖吸虫虫卵呈金黄色、椭圆形，形状常不太规则，大小为（80～118）μm×（48～60）μm。大多有卵盖；卵壳厚薄不均，卵内含 10 余个卵黄球，卵细胞尚未分裂，常位于正中央（图 2-35）。

图 2-34　卫氏并殖吸虫成虫形态结构示意图

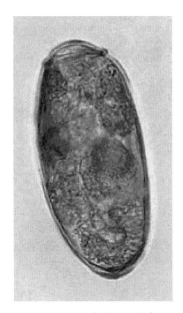

图 2-35　卫氏并殖吸虫虫卵

2. 流行病学　　并殖吸虫病广泛流行于我国 18 个省及自治区。本病的发生和流行与中间宿主分布有直接关系。

卫氏并殖吸虫的第一中间宿主为川卷螺，多滋生于山间小溪及溪底布满卵石或岩石的河流中。第二中间宿主为溪蟹类和蝲蛄（图 2-36）。溪蟹类广泛分布于华东、华南及西南等地区的小溪河流旁的洞穴及石块下，而蝲蛄只限于东北各省，喜居于水质清晰的河流的岩石缝内。另外，其终末宿主范围非常广泛，除寄生于猫、犬及人体外，还见于野生的犬科和猫科动物中，如狐狸、狼、貉、猞猁、狮、虎、豹、豹猫及云豹等，因此该病具有自然疫源性。

本病多流行在山区或丘陵地带，因山涧溪流适合第一和第二中间宿主繁殖生长与共居，肺吸虫患者的痰和粪便常污染溪水，造成中间宿主的感染；而流行区的居民又有生吃、腌吃、醉吃螃蟹和蝲蛄的习惯，故能引起肺吸虫病的流行。野生动物并不食溪蟹类和蝲蛄，它们的感染是由于捕食野猪及鼠类等转续宿主所致，在后者体内含有并殖吸虫的童虫。

3. 致病作用及症状　　童虫或成虫在组织与器官内移行、寄居可造成机械性损伤，其代谢物等可引起免疫病理反应。移行的童虫引起嗜酸性粒细胞性腹膜炎、胸膜炎和肌炎及胸膜出血。肺部移行引起慢性小支气管炎和肉芽肿性肺炎（图 2-37）。

图 2-36　蝲蛄

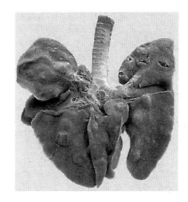

图 2-37　卫氏并殖吸虫感染动物的
肺脏病理标本

患病的猫、犬表现精神不振和阵发性咳嗽，因气胸而呼吸困难。窜扰于腹壁的虫体可引起腹泻、腹痛；寄生于脑部及脊椎时可导致神经症状。

项目八　华支睾吸虫形态学观察

【概述】

华支睾吸虫病是由后睾科支睾属的华支睾吸虫寄生于人、犬、猫、猪及其他一些野生动物的肝脏胆管和胆囊内所引起，虫体寄生可使肝肿大并导致其他肝病变，是一种重要的人兽共患吸虫病。主要分布于东亚诸国，在我国的流行也极为广泛。

【任务分析】

1）观察华支睾吸虫的浸润标本，了解其基本形态特征。

2）观察华支睾吸虫的病理组织标本，掌握其对宿主的危害。

3）解剖镜下仔细观察华支睾吸虫的内部结构特征。

【知识点】

1. 病原形态特征

1）成虫形态特征：虫体扁平叶状，前端稍锐，薄而透明。大小为（10～25）mm×（3～5）mm。口吸盘略大于腹吸盘，二者相距较远。两条盲肠达虫体后端，两个树枝状睾丸前后排列于虫体后部。卵巢呈分叶状，位于睾丸前方。二者之间为一大的受精囊。卵黄腺分布于虫体中部两侧。子宫盘曲于卵巢与腹吸盘之间，生殖孔位于腹吸盘前缘（图2-38）。

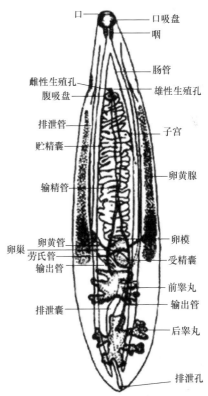

图 2-38　华支睾吸虫成虫结构示意图

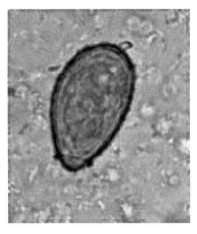
图 2-39 华支睾吸虫虫卵

2）虫卵形态特征：虫卵黄褐色，似芝麻状，微小，平均为 29μm×17μm。前端较窄有小盖，其周围的卵壳增厚形成肩峰，后端钝圆有小疣样突起。卵内含成熟毛蚴（图 2-39）。

2. 流行病学 华支睾吸虫的宿主范围较广，有人、猫、犬、猪、鼠类以及野生的哺乳动物，食鱼的动物如鼬、獾、貂、野猫、狐狸等均可感染。华支睾吸虫病是具有自然疫源性的疾病，是重要的人兽共患寄生虫病。

华支睾吸虫第一中间宿主为淡水螺蛳（图 2-40），生活于静水或缓流的坑塘、沟渠、沼泽中，活动于水底或水面下植物的茎叶上，对环境的适应能力很强，广泛存在于我国的南北各地。第二中间宿主为淡水鱼类和虾，以鲤科鱼感染率为最高。

猫、犬靠食生鱼类而感染，猪散养或以生鱼及其内脏等作饲料而受感染，人的感染多半是因食生的或未煮熟的鱼虾类而遭感染。

在流行区，粪便污染水源是影响淡水螺感染率高低的重要因素。如南方地区，厕所多建在鱼塘上，猪舍建在塘边，用新鲜的人、畜粪直接在农田上施肥，含大量虫卵的人、畜粪便直接进入水中，使螺、鱼受到感染，易促成该病的流行。

图 2-40 华支睾吸虫成虫及其第一中间宿主淡水螺蛳

3. 致病作用及病理变化 虫体寄生于动物的胆管和胆囊内，由于虫体的机械性刺激，引起胆管炎和胆囊炎；虫体分泌的毒素，可引起贫血；大量虫体寄生时，可造成胆管阻塞，使胆汁分泌障碍，并出现黄疸现象。寄生时间久之后，肝脏结缔组织增生，肝细胞变形萎缩，毛细血管栓塞形成，引起肝硬化。

项目九　前殖吸虫形态学观察

【概述】

前殖吸虫病是由前殖科前殖属的前殖吸虫寄生于家鸡、鸭、鹅、野鸭及其他鸟类的输卵管、法氏囊、泄殖腔及直肠，偶见于蛋内。常引起输卵管炎，病禽产畸形蛋，有的因继发腹膜炎而死亡。常见的虫种为卵圆前殖吸虫和透明前殖吸虫。本病在我国分布广泛，以华东、华南地区较为多见。多发生于春夏两季。

【任务分析】

1）观察前殖吸虫浸制标本和病理组织标本，了解其寄生部位及对宿主的危害。

2）解剖镜下观察两种前殖吸虫的内部形态结构并进行区分。

【知识点】

1. 病原形态特征

（1）卵圆前殖吸虫

1）成虫：新鲜虫体呈鲜红色，体扁平，前端狭小，后端钝圆，呈梨形，体表有小棘，大小为（3～6）mm×（1～2）mm。口吸盘呈椭圆形，腹吸盘位于虫体前1/3处。睾丸不分叶，椭圆形，并列于虫体中部之后，卵巢分叶，位于腹吸盘的背面。卵黄腺位于虫体的前中部两侧。

2）虫卵：棕褐色，大小为（22～24）μm×13μm，有卵盖，另一端有小刺，内含卵细胞。

（2）透明前殖吸虫　　成虫虫体椭圆形，前半部有小棘，口吸盘和腹吸盘大小相等，睾丸卵圆形，卵巢分叶位于腹吸盘与睾丸之间。卵黄腺起于腹吸盘后缘，终于睾丸之后（图2-41）。

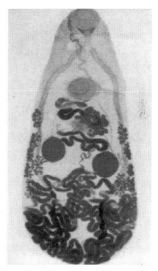

图2-41　透明前殖吸虫成虫染色标本

卵圆前殖吸虫与透明前殖吸虫的主要区别在于：①卵黄腺的位置。卵圆前殖吸虫的前界在腹吸盘中线之前，而透明前殖吸虫的卵黄腺在腹吸盘中线之后。②虫卵长宽之比。卵圆前殖吸虫虫卵长宽之比大于2，透明前殖吸虫虫卵长宽之比小于2。③第二中间宿主种类不同。

2. 流行病学
前殖吸虫病多呈地方性流行，其流行季节与蜻蜓的出现季节相一致，家禽的感染多因到水池岸边，捕食蜻蜓所引起。

3. 致病作用及症状
吸虫寄生于家禽的输卵管内，以吸盘和体表小刺刺激输卵管的腺体，影响正常的功能，首先破坏壳腺，致使形成蛋壳石灰质的功能亢进或降低，进而破坏蛋白腺的功能，引起蛋白质分泌过多。由于过多的蛋白质聚积，扰乱输卵管的正常收缩运动，影响卵的通过，从而产生各种畸形蛋（软壳蛋、无壳蛋、无卵黄蛋、无蛋白蛋及变形蛋）或排出石灰质、蛋白质等半液状物质。重度感染时，由于输卵管炎症的加剧，可引起输卵管破裂或逆蠕动，致使输卵管内的炎性产物或蛋白质、石灰质等落入或逆入腹腔，导致腹膜炎而死亡。初期病鸡症状不明显，食欲、产蛋和活动均正常，但开始产薄皮蛋、软皮蛋，易破。后来产蛋率下降，逐渐产畸形蛋或流出石灰样的液体。病鸡食欲减退，消瘦，羽毛蓬乱，脱落。腹部膨大，下垂，产蛋停止。少活动，喜蹲窝。后期体温升高，渴欲增加，全身乏力，腹部压痛，泄殖腔突出，肛门潮红，腹部及肛周围羽毛脱落，严重者可致死。

任务三　绦虫形态学观察

项目一　莫尼茨绦虫形态学观察

【概述】

莫尼茨绦虫属于绦虫纲圆叶目裸头科莫尼茨属。成虫寄生于反刍家畜小肠内，尤其是羔羊和犊牛受害为重。我国东北、华北、西北牧区普遍存在该病，多呈地方性流行。我国常见的莫尼茨绦虫有两种：扩展莫尼茨绦虫和贝氏莫尼茨绦虫。

【任务分析】

1）以莫尼茨绦虫为代表认识绦虫的头节、颈节、未成熟节片、成熟节片和孕卵节片的基本形态结构。以成熟节片为重点，在显微镜下进行全面细致的观察。

2）掌握扩展莫尼茨绦虫和贝氏莫尼茨绦虫的鉴别要点，了解其成虫所寄生的宿主及寄生部位。

【知识点】

1. 绦虫的基本形态结构描述

（1）外形　　绦虫虫体呈带状、扁平，黄白或乳白色，身体分节，虫体大小差异很大，自数毫米至 10m 以上（图 2-42）。整个虫体分头节、颈节和链体（或称体节）三部分（图 2-43）。头节为吸着器官，位于虫体的最前端，有的头节上有 4 个圆形吸盘，对称地排列在头节的四面（图 2-44）。有的绦虫头节顶端中央有顶突，能回缩或不能回缩，其上还有一排或数排小钩，也具有吸附作用。还有的在头节的背腹面各有一条沟样的吸槽。颈节为紧靠头节后面的一节。颈节一般比头节细，不分节，链体的节片由此向后生出。链体（体节）是绦虫的最显著部分，位于颈节之后，由少则数个节片，多则数千个节片连接而成。根据节片发育程度的不同将体节分成三类：①未成熟节

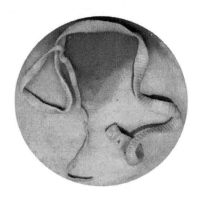

图 2-42　绦虫形态

片（幼节）。靠近颈节的部分，生殖器官尚未发育成熟。②成熟节片（成节）。幼节逐渐发育，至节片内生殖器官发育完成。③孕卵节片（孕节）。成节发育至最后子宫内充满虫卵。老的节片逐节或逐段从虫体后端脱离，新的节片不断形成。所以，绦虫仍能保持它们的每个种别的固有的长度与一定的节片数目。

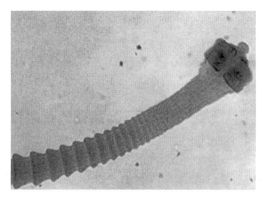

图 2-43　绦虫整个虫体分为头节、颈节和体节三部分

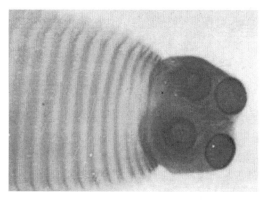

图 2-44　绦虫头节 4 个吸盘，没有顶突和小钩

（2）消化系统　　绦虫无消化系统，靠皮层外的微绒毛吸收营养物质。绦虫皮层和它相关的细胞具有相当于其他动物消化系统的功能，吸收营养物是依靠皮层外的微绒毛，而且绒毛尖端能擦损肠上皮细胞，从而扩展了吸收面积。此外，绒毛还有着吸附能力，以避免从宿主消化道中排出。

（3）排泄系统　　链体两侧有纵排泄管，每侧各有一条背排泄管和一条腹排泄管。位于腹侧的较粗大。

（4）生殖系统　　绦虫的生殖系统特别发达，每个节片中都具有雄性和雌性生殖系统各一组或两组。生殖器官的发育是从紧接颈节的幼节开始分化的，最初节片尚未出现雌雄的性别特征，继后逐渐发育。节片中先出现雄性生殖系统，当雄性生殖系统发育完成后，接着出现雌性生殖系统的发育，然后形成成节，绦虫节片受精后，雄性生殖系统渐趋萎缩而后消失，雌性生殖系统则加快发育，至子宫扩大充满虫卵时，雌性器官中的其他部分逐渐萎缩消失，至此即成为孕节。充满虫卵的子宫占满整个节片。雄性生殖器官有1个至数百个睾丸，圆形或椭圆形，睾丸连接着输出管。睾丸多时，输出管互相连接成网状，至节片中部会合成输精管。输精管曲折蜿蜒向边缘推进，并有两个膨大部，一个在未进入雄茎囊前，称为外贮精囊，一个在进入雄茎囊后，称为内贮精囊，与输精管末端相连的部分为射精管及雄茎。雄茎可自生殖腔向边缘伸出。雄茎囊多为圆囊状物，贮精囊、射精管、前列腺、雄茎的大部分都包含在雄茎囊内。雄茎及阴道分别在上下位置向生殖腔开口，生殖腔在边缘（节片）开口处称为生殖孔。雌性生殖器官的卵模在雌性生殖器官的中心区域，卵巢、卵黄腺、子宫、阴道等均有管道与之相连。卵巢，一般分两叶，位于每一个节片的后半部，均为许多细胞组成。各细胞有小管，最后汇合成一支输卵管与卵模相通。如为两组生殖器官，则卵巢为两个，每侧各一个。阴道、末端开口于生殖腔，近端通卵模。卵黄腺分为一叶或两叶，在卵巢附近，由卵黄管通至卵模。子宫的结构各异，有的子宫向外开口，有的子宫是盲囊状的，不向外开口，孕节脱落破裂时才能散出虫卵。

2. 莫尼茨绦虫形态特征

1）成虫形态特征：体长可达 1～6m，宽 1.6cm，呈扁平带状，乳白色。虫体分头节、颈节、未成熟体节、成熟体节和孕卵体节。头节有 4 个吸盘，无顶突及角质钩。颈节是虫体最细的部分，也是虫体不断增长的部分；接颈节后是未成熟节片，其生殖器官是不完全成熟的；成熟节片宽度大于长度，生殖器官构造清晰，发育成熟。孕卵节片被贮满虫卵的子宫所充满，其他生殖器官均消失。每一节片两侧各有一套雌雄性生殖器官，通向生殖腔，生殖孔分别开口于节片的两侧边缘。莫尼茨绦虫链体边缘比较整齐。

雌性生殖器官包括两个卵巢、两个卵黄腺、一条子宫和两个阴道，均在两条纵排泄管的内侧，每个阴道均以雌性生殖孔开口于节片一侧的生殖腔。

雄性生殖器官包括分布在节片中央的多数睾丸（300～600 个），均在纵排泄管的内侧，每个睾丸由输出管联合成输精管，与雌性生殖孔同开口于生殖腔，并各有一雄茎囊（图 2-45）。

扩展莫尼茨绦虫和贝氏莫尼茨绦虫两种的鉴别特征是节间腺的构造（图 2-46）：扩展莫尼茨绦虫的节间腺呈环形滤泡状，单行横列于虫体节片的后缘，数目为 8～15 个；

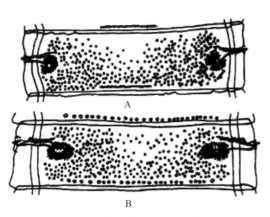

图 2-45　莫尼茨绦虫的成熟体节

A. 贝氏莫尼茨绦虫；B. 扩展莫尼茨绦虫

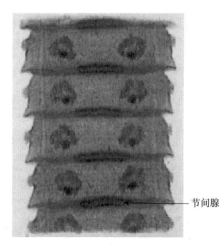

图 2-46　贝氏莫尼茨绦虫节间腺呈
点状密集分布在节片中部

而贝氏莫尼茨绦虫的节间腺则由密集的小点状物集聚成带状，位于虫体节片后缘的中央部分。

2）虫卵形态特征：一般为三角形、方形或圆形，直径 50μm，呈灰色，卵内有六钩蚴和梨形器（贝氏莫尼茨绦虫卵略大，以四角形、圆形为多；而扩展莫尼茨绦虫卵以三角形为多，略小）。

3. 流行病学　莫尼茨绦虫为世界性分布，在我国的东北、西北和内蒙古的牧区流行广泛；在华北、华东、中南及西南各地也经常发生。莫尼茨绦虫主要危害 1.5～8 月龄的羔羊和当年生的犊牛。

动物感染莫尼茨绦虫是由于吞食了含似囊尾蚴的地螨。地螨种类繁多，尤其是在林区、潮湿的牧场和草原上，而且地螨喜温暖潮湿的环境，在早晚或阴雨天气时，经常爬至草叶上；干燥或日晒时便钻入土中。地螨体内的似囊尾蚴可随地螨越冬，所以动物在初春放牧一开始，即可遭受感染。

动物对莫尼茨绦虫具有年龄免疫性，特别表现在 3～4 月龄前的羔羊，它们不感染贝氏莫尼茨绦虫。然而这种免疫力较弱，其保护性至多不到 2 个月。感染过扩展莫尼茨绦虫的羔羊还可感染贝氏莫尼茨绦虫，这种免疫力具有种的特异性。

4. 致病作用及症状

（1）机械作用　莫尼茨绦虫为大型虫体，长达数米，宽 1～2cm，大量寄生时，集聚成团，造成肠腔狭窄，甚至发生肠阻塞、套叠或扭转，最后因肠破裂引起腹膜炎而死亡。

（2）夺取营养　虫体在肠道内生长很快，每昼夜可生长 8cm，可从宿主体内夺取大量营养，严重影响幼畜的生长发育。

（3）毒素作用　虫体的代谢产物和分泌的毒性物质被宿主吸收后，可引起各组织器官发生炎症和退行性病变，还会破坏神经系统和心脏及其他器官的活动。继发传染病。

莫尼茨绦虫病对幼畜危害严重，成年动物感染后一般无临床症状。羔羊最初精神不振，消瘦，黏膜苍白，贫血，粪便变软，后发展为腹泻，粪中含黏液和孕节。进而症状加剧，动物衰弱，贫血。有时有明显的神经症状，如无目的的运动，步样蹒跚，有时有震颤。神经型的莫尼茨绦虫病羊往往以死亡告终。

【器材准备】

显微镜、体视显微镜、眼科弯头镊子、表玻璃（或培养皿）、莫尼茨绦虫浸制标本。

【操作程序】

1）观察扩展莫尼茨绦虫和贝氏莫尼茨绦虫的浸制标本，重点观察其不同节片的特征。

2）体式显微镜下观察莫尼茨绦虫的头节、未成熟节片、成熟节片和孕卵节片的染色制片标本，观察扩展莫尼茨绦虫和贝氏莫尼茨绦虫节间腺的构造。

3）显微镜下观察莫尼茨绦虫虫卵。

【注意事项】

1）从标本瓶内取出绦虫的浸渍标本时，一定要轻取轻放，以防节片脱落。

2）在显微镜下观察绦虫的头节、成熟节片和孕卵节片的染色制片标本时，一定要对照图谱进行观察。

【结果可靠性确认】

在进行莫尼茨绦虫病的诊断时，在病羊粪球表面发现有黄白色的孕卵节片，形似煮熟的米粒，将孕节作涂片检查时，可见到大量灰白色、特征性的虫卵。结合临床症状和流行病学资料分析可确诊。

项目二　犬复孔绦虫形态学观察

【概述】

犬复孔绦虫属双壳科复孔属。寄生于犬、猫的小肠内，是犬和猫常见的寄生虫，人体偶尔感染，特别是儿童，可引起食欲缺乏、腹部不适、腹泻等症状，容易被临床忽视和误诊。中间宿主为蚤类幼虫。

【任务分析】

1）观察犬复孔绦虫浸制标本，熟悉其结构特征。

2）显微镜下对头节、成熟节片和孕卵节片进行细致观察，掌握其特征。

3）了解犬复孔绦虫所寄生的宿主及致病作用。

【知识点】

1. 形态特征

1）成虫形态特征：虫体长 15～80cm，宽约 0.3cm，约由 200 个节片组成。体节外观呈淡黄色黄瓜籽状，故又称"瓜实绦虫"。头节上有吸盘、顶突和小钩。成节内含两套雌雄性生殖器官。卵巢和卵黄腺呈葡萄球状。子宫呈网状，分离为许多单个的卵袋，每个卵袋中含 2~40 个虫卵。

2）虫卵形态特征：呈圆形，透明，内含六钩蚴。

2. 流行病学 犬复孔绦虫在犬、猫中感染率甚高，狼、狐等野生动物也可感染。该虫分布于世界各地，究其分布广的原因，可能与临床上对本病不够重视有关，另外同儿童与犬猫等宠物亲密也有关。

3. 致病作用及症状 轻度感染的犬、猫一般无症状，幼犬严重感染时可引起食欲缺乏、消化不良、腹泻或便秘、肛门瘙痒等症状，个别的可能发生肠梗阻。

【结果可靠性确认】

在犬、猫粪便中找到孕节后，在显微镜下可观察到具有特征性的卵袋，内含数个至 30 个以上的虫卵，即可确诊。

项目三 孟氏迭宫绦虫形态学观察

【概述】

孟氏迭宫绦虫属假叶目裂头科迭宫属。主要寄生于犬、猫小肠中，一些肉食动物包括虎、狼、豹、狐狸、貉、狮、浣熊的小肠中均可寄生。孟氏迭宫绦虫的裂头蚴又名孟氏裂头蚴，寄生于蛙、蛇、鸟类和一些哺乳动物包括人的肌肉、皮下组织、胸腹腔等处。第一中间宿主为淡水饶虫类，第二中间宿主为蛙类和蛇类。

【任务分析】

1）通过实验观察掌握孟氏迭宫绦虫成虫的基本形态特征，能够识别孟氏迭宫绦虫浸润标本。

2）显微镜下对孟氏迭宫绦虫虫卵进行细致观察，能够对其进行识别。

3）了解孟氏迭宫绦虫所寄生的宿主及致病作用。

4）了解孟氏迭宫绦虫流行病学特点。

【知识点】

1. 形态特征

1）成虫形态特征：体长约 100cm。头节呈棒槌状，背腹面各有一纵行的吸槽。成熟节片中有一套生殖器官。睾丸为小泡状，分布于节片两侧。节片前部中央有一圆形的雄性生殖孔。阴道为节片中央一纵行小管，雌性生殖孔开口于雄性生殖孔之后，子宫位于节片中部，呈螺旋状盘曲，末端有开口，位于生殖孔后。此种绦虫的成节与孕节形态无明显区别。

2）虫卵形态特征：近椭圆形，两端稍锐，灰褐色。一端有卵盖，内含许多卵黄细胞和一个胚细胞。

2. 流行病学 孟氏裂头蚴病在我国多见于南方各省，尤其是在流行生食或半生食鱼肉的地区，同时当地的淡水鱼又严重感染该虫的裂头蚴。人体感染裂头蚴是由于偶然误食了含有裂头蚴的淡水挠虫，或以新鲜蛙肉敷治疮疖与眼病时，蛙肉内的裂头蚴移行人体内而受感染。猪感染裂头蚴可能是由于吞食蛙及蛇肉引起的。

3. 致病作用及症状 裂头蚴对人和动物的危害较成虫严重，其危害程度主要取决于寄生部位。人感染时，可引起眼裂头蚴病、皮下及内脏裂头蚴病等。猪严重感染裂头蚴时，在寄生部位可见发炎、水肿、化脓、坏死与中毒反应等。

人感染孟氏裂头绦虫时有腹痛、恶心、呕吐等轻微症状；动物有不定期的腹泻、便秘、流涎、皮毛无光泽、消瘦及发育受阻等。

【结果可靠性确认】

粪便检查找到虫卵可对成虫感染作出诊断；裂头蚴的诊断需从寄生部位检出虫体。

项目四　马裸头绦虫形态学观察

【概述】

马裸头绦虫属于裸头科裸头属，寄生在马属动物的小肠和大肠中，对幼驹危害较大，可导致高度消瘦，甚至因肠破裂而死亡。在我国对马匹危害严重，常见的种类有叶状裸头绦虫和大裸头绦虫。

【任务分析】

1）掌握两种常见马裸头绦虫的成虫形态特点，了解其成虫所寄生部位及致病危害。

2）显微镜下对马裸头绦虫虫卵进行细致观察，能够识别其虫卵。

3）了解马裸头绦虫流行病学特征。

【知识点】

成虫寄生于马的小肠及大肠。

一、形态特征

1. 叶状裸头绦虫

1）成虫形态特征：虫体短而宽，大小为（3～8）cm×1.2cm，呈黄白或灰白色。头节小，上有4个吸盘，每个吸盘后方各有一个特征性的耳垂状附属物。无顶突和小钩（图2-47）。体节短而宽，前后体节仅以中央部相连，而侧缘游离（图2-48）。生殖孔开口于节片同一侧缘的前半部。

2）虫卵形态特征：近似圆形，有六钩蚴，梨形器约等于卵的半径，粪便中的卵为金黄色，而孕卵节片内取出的虫卵则是无色的。

2. 大裸头绦虫

1）成虫形态特征：虫体大，长可达8.0cm，宽2.5cm，呈黄白色。头节大，头节上具有4个大的向前方开口的杯状吸盘（图2-49）。无顶突和小钩，节片短而宽，具有明显的缘膜，前一节片的缘膜覆盖后一节片1/3左右。生殖孔开口于节片同一侧缘的后半部。

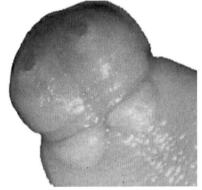

图2-47　叶状裸头绦虫头节

图 2-48 叶状裸头绦虫

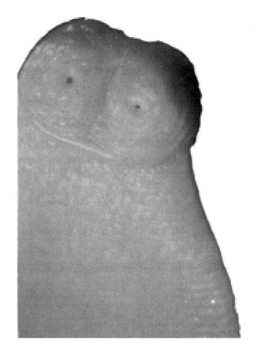

图 2-49 大裸头绦虫头节

睾丸数目为 400～500 个，位于每一节片的中部，排成多层（4～5 层）。卵巢宽4.5mm 左右。子宫横列，前后端有分支。

2）虫卵形态特征：直径 72～84μm，呈淡灰色近于圆形，有六钩蚴，梨形器长度小于卵的半径。

二、流行病学

马裸头绦虫病呈世界性分布，在我国各地均有报道，特别是在西北和内蒙古牧区，经常呈地方性流行，有明显的季节性。5～7 个月的幼驹到 1～2 岁的小马易感染，动物随年龄的增长而获免疫力。这与中间宿主的分布情况和气温条件有关。中间宿主地螨主要生活在阴暗潮湿的场所，有畏光喜温的特性，一般秋季达到高峰，冬季及初春数量下降。对于 1 岁以下的幼驹，从夏季开始感染至 9～11 月达到最高峰。

三、致病作用及症状

虫体寄生的部位可引起黏膜发炎和水肿，黏膜损伤，形成组织增生性的环形出血性溃疡，一旦溃疡穿孔，便引起急性腹膜炎，导致死亡。大量感染叶状裸头绦虫时，回肠、盲肠、结肠均遍布溃疡。回盲狭部阻塞，发生急性卡他性肠炎和黏膜脱落，往往导致死亡。重度感染大裸头绦虫时，可引起卡他性或出血性肠炎。临床可见消化不良、间歇性疝痛和腹泻，并引起渐进性消瘦和贫血。

【器材准备】

载玻片、体视显微镜、平皿、生理盐水、镊子。

【操作程序】

虫卵检查。可用粪便直接涂片法、浮聚法。

【注意事项】

操作时应严格注意防止虫卵对人的感染。

【结果可靠性确认】

结合临床症状，粪便检查发现大量虫卵或孕节即可确诊。

项目五 鸡赖利绦虫形态学观察

【概述】

鸡赖利绦虫属于戴文科赖利属。成虫寄生在鸡、火鸡及其他鸟类的小肠，主要是十二指肠内。世界性分布，对养鸡业危害较大。在我国最常见的鸡赖利绦虫有 3 种，即四角赖利绦虫、棘沟赖利绦虫和有轮赖利绦虫。

【任务分析】

1）掌握鸡赖利绦虫的成虫形态特点。
2）观察鸡赖利绦虫病理标本，了解其成虫所寄生部位及致病危害。
3）显微镜下对鸡赖利绦虫虫卵进行细致观察，能够识别其虫卵。
4）了解鸡赖利绦虫流行病学特征。

【知识点】

对 3 种赖利绦虫的区分，主要是根据顶突的形状、顶突上小钩的圈数、吸盘的形状、吸盘上有无钩、生殖孔是否规则开口及卵袋内含虫卵数量。

1. 形态特征

1）成虫形态特征：虫体呈扁平带状、淡黄色，长 20～30cm。头节上有顶突及 4 个吸盘，吸盘呈圆形，吸盘及顶突上生有小钩（有轮赖利绦虫的吸盘上无钩）。每个成熟节片有一套雌雄性生殖器官。睾丸 15～32 个，呈圆形位于节片内，卵巢分叶于节片的中部，卵黄腺在卵巢的后方。生殖孔开口于节片侧缘的中部（四角赖利绦虫、棘沟赖利绦虫均开口于同一侧；有轮赖利绦虫为不规则交替开口）。

2）虫卵形态特征：呈圆形、椭圆形或三角形。孕卵节片内子宫崩解为许多卵袋（卵囊），每个卵袋中有卵 6～12 个或 1 个（四角赖利绦虫、棘沟赖利绦虫为 6～12 个；有轮赖利绦虫为 1 个）。

2. 流行病学 鸡赖利绦虫病为世界性分布，我国各地均有报道，感染强度可达 22 条虫体。

3. 致病作用及症状 赖利绦虫为大型虫体，大量感染时虫体集聚成团，导致肠阻塞，甚至肠破裂而引起腹膜炎。其代谢产物被吸收后可引起中毒反应，出现神经症状。棘沟赖利绦虫的顶突深入肠黏膜，引起结核样病变，在十二指肠黏膜有肉芽肿性结节，其中有黍米粒大小呈火山口状的凹陷。病禽在临床上表现为消化不良、食欲减退、腹泻、渴感增加、体弱消瘦、翅下垂、羽毛逆立、蛋鸡产卵量减少或停产。雏鸡发育受阻或停止，可能继发其他疾病而死亡。

【器材准备】

载玻片、体视显微镜、平皿、生理盐水、镊子。

【操作程序】

1）剖检发现成虫虫体。
2）虫卵检查。可用粪便直接涂片法、浮聚法。

【结果可靠性确认】

根据鸡群的临床表现，粪便检查发现虫卵或孕节，剖检病鸡发现虫体可确诊。

项目六　节片戴文绦虫形态学观察

【概述】

节片戴文绦虫属于戴文科戴文属。其成虫寄生于鸡、鸽、鹌鹑的小肠，主要是十二指肠，呈世界性分布，对雏鸡危害较严重。

【任务分析】

1）掌握节片戴文绦虫成虫形态特点，了解其成虫所寄生部位及致病危害。
2）显微镜下对节片戴文绦虫虫卵进行细致观察，能够识别其虫卵。

【知识点】

1. 形态特征　这是鸡绦虫中比较短小的一种，由3～9个节片组成，长0.5～3.0mm，宽0.18～0.6mm。头节小，近乎四角形，顶突上生有60～95个小钩，吸盘上也生有若干圈小钩。生殖孔规则地交互开口于每个节片侧缘的前部。雄茎囊长，其长度达节片宽度的2/3。睾丸为12～21个，分为两列，位于节片后部。孕卵子宫分裂为许多卵袋，每个卵袋只含有一个虫卵。因此，显示出卵呈单个的分散状态，直径为35～40μm，圆形、灰色，内有六钩蚴。

2. 致病作用及症状　虫体以头节深入肠壁，可引起急性炎症，使小肠壁增厚、充血，并充满黏液。病禽经常发生腹泻，粪中带有黏液或带血，消瘦，衰弱，严重感染时导致死亡。

【器材准备】

载玻片、体视显微镜、平皿、生理盐水、镊子。

【操作程序】

1）剖检发现成虫虫体。
2）虫卵检查。可用粪便直接涂片法、浮聚法。

【结果可靠性确认】

粪便检查发现孕节或尸检时找到虫体即可确诊，但由于虫体较小，通常一条绦虫每天只排出一个孕节，所以在鸡粪中不易找到，应注意收集全粪检查。

任务四　绦虫蚴形态学观察

项目一　猪囊尾蚴形态学观察

【概述】

猪囊尾蚴属带科带属，主要寄生在猪的肌肉组织及其他器官中，也可寄生于人的脑、眼、肌肉等组织，往往导致严重后果。猪囊尾蚴病又称猪囊虫病，是一种危害十分严重的人兽共患寄生虫病，是全国重点防治的寄生虫病之一，是肉品卫生检验的重要项目之一。其成虫为猪带绦虫（有钩绦虫），人是猪带绦虫的唯一终末宿主，该虫只寄生在人的小肠中。

【任务分析】

1）观察猪囊尾蚴囊泡的大小、囊壁的厚薄、头节的有无与多少。

2）显微镜下仔细观察外翻头节和内翻头节的染色标本。

3）观察猪囊尾蚴的病理浸制标本，了解其主要病理变化。

4）掌握中绦期幼虫的基本类型及特征。

【知识点】

1. 中绦期幼虫类型　一般绦虫都需要一个中间宿主作为其幼虫期的宿主。绦虫的幼虫期也称为中绦期，因其种类不同，形态也不同。绦虫生活史有两种基本类型，一种是圆叶目绦虫的生活史，另一种是假叶目绦虫的生活史。圆叶目绦虫虫卵在孕节内提前发育为六钩蚴，不需在外界环境中发育，只要孕节或虫卵随粪便排出体外，在适当条件下，中间宿主吞食虫卵到消化道，虫卵外壳在消化液的作用下被消化，逸出的六钩蚴迅速钻破肠壁到达目的地后，即发育进入中绦期：似囊尾蚴、囊尾蚴、多头蚴和棘球蚴等（图2-50）。

1）似囊尾蚴：体型较小，前端有很小的囊腔和相比之下较大的头节，后部则是实心的带小钩的尾状结构。

2）囊尾蚴：是半透明的小囊，其中充满囊液，囊壁上有一个向内翻转的头节。

3）多头蚴：一个囊体内壁的生发层生出较多头节，呈堆状的排列，每堆有3~8个不同发育期的头节。

4）棘球蚴：一个母囊内发育有多个子囊，而每个子囊的生发层囊壁又生出许多原头节。

假叶目绦虫孵化出的钩球蚴在水中被中间宿主——甲壳类动物吞食以后，钩毛蚴逸出并穿过肠壁，侵入宿主体腔，经过一段时间发育进入中绦期：原尾蚴、实尾蚴。

5）原尾蚴：为实心结构，它的前端有一凹陷处，称为前漏斗，末端有一个小尾球，其内有3对小钩。体表有许多小棘，密布全身。

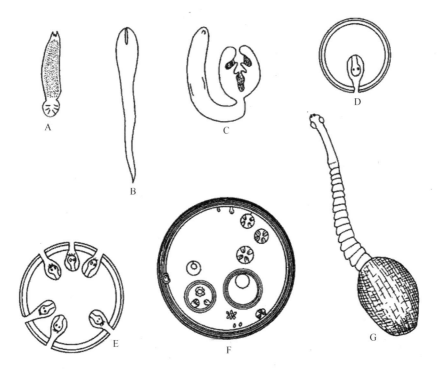

图 2-50 中绦期的各种类型

A. 原尾蚴；B. 裂头蚴；C. 似囊尾蚴；D. 囊尾蚴；E. 多头蚴；F. 棘球蚴；G. 链尾蚴

6）实尾蚴：也为实心结构，已无小钩，且具有成虫样的头节，但链体及生殖器官尚未发育，因此，实尾蚴也称为裂头蚴。

2. 形态特征

1）幼虫形态特征：呈白色半透明的囊泡状，大小如黄豆，大小为（10～15）mm×（6～10）mm。囊内含有液体，囊壁上有一个嵌入的乳白色头节。头节上有 4 个吸盘，有顶突，上有两圈小钩（图 2-51）。

2）成虫形态特征：体长 2～5m，头节球形有 4 个吸盘，吸盘上无钩。顶突上有两圈小钩（图 2-52）。体节由前向后从宽度大于长度到等于以至宽度小于长度。生殖孔左右不规则地开口于体侧。子宫位于节片的中央，呈棒状，终于盲端（图 2-53）。孕节呈长方形，节内其他器官退化，只剩下发达的子宫，孕卵节片中子宫主侧支的数目为 7～12 个（图 2-54）。

3）虫卵形态特征：虫卵圆形或近乎圆形，卵壳厚，棕褐色，具有放射状条纹，内有六钩蚴。

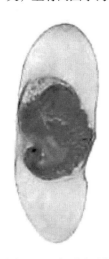

图 2-51 囊尾蚴形态

图 2-52 电镜下有钩绦虫头节

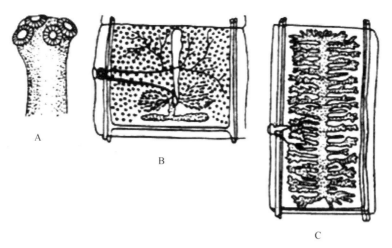

图 2-53　猪带绦虫头节、成节、孕节形态结构图
A. 头节；B. 成节；C. 孕节

3. 流行病学

1）猪囊尾蚴呈全球性分布，我国在华北、东北和西北地区，以及云南与广西地区多发，东北地区感染率较高。20 世纪 80 年代以来，相继开展"驱绦灭囊"工作，检出率有所降低，但仍有数据表明某些地区有上升趋势。

2）猪囊尾蚴病主要是猪与人之间循环感染的一种人畜共患寄生虫病。猪囊尾蚴唯一感染来源是有钩绦虫患者，它们每天排出孕节和虫卵，可持续达 20 余年。猪的感染与人的粪

图 2-54　有钩绦虫孕节

便管理和猪的饲养管理方式不当密切相关。有的地区人厕与猪圈连在一起，使得猪接触人粪机会多，因而造成流行。

3）人感染有钩绦虫主要取决于饮食卫生习惯和烹调与食肉方法，如吃生猪肉或不熟猪肉。在有吃生肉习惯的地区则呈地方性流行。

4）人除作为终宿主外，也可作为中间宿主感染猪囊尾蚴，感染途径有两条：①有钩绦虫的虫卵污染人的手、蔬菜和食物，被误食后而感染；②有钩绦虫的患者自体内重复感染。当患者恶心、呕吐时，肠道逆蠕动，孕卵节片或虫卵逆入胃内，六钩蚴逸出，钻入肠黏膜经血液循环，到达人体的各组织器官，主要是脑、眼、心肌及皮下组织等处发育为囊尾蚴。据报道，有 16%～25% 的有钩绦虫病患者伴有囊尾蚴病；而囊尾蚴病患者中约 55.6% 伴有有钩绦虫寄生。

4. 致病作用及症状　　囊尾蚴代谢产物对猪体呈现毒害作用，并且对组织器官的机械压迫而影响猪体生长发育。初期六钩蚴在体内移行，引起组织损伤，有一定致病作用。成熟囊尾蚴的致病作用常取决于寄生部位。寄生在肌肉与皮下，一般无明显致病作用。重度感染时，可导致营养不良、贫血、水肿、衰竭，常现两肩显著外张，臀部不正常的肥胖体型呈哑铃形或狮体状，发音嘶哑和呼吸困难。大量寄生于猪脑时，可引起严重的

神经症状，突然死亡。寄生于眼内时，引起视力减退、眼神痴呆。

人感染有钩绦虫后，虫体头节固着在肠壁上，可引起肠炎，导致腹痛、肠痉挛，同时夺取大量营养，虫体分泌物和代谢产物等毒性物质被吸收后，引起胃肠功能失调和神经症，如消化不良、恶心、腹泻、便秘、消瘦、贫血等。

猪囊尾蚴感染人体后，危害远大于成虫。猪囊尾蚴寄生在人体组织内可引起炎症和占位性病变，症状取决于寄生部位与数量（图2-55）。寄生于人眼内可导致视力减弱，甚至失明（图2-56）。当寄生于脑时危害最大（图2-57），虫体压迫脑组织，患者以癫痫发作为最多见，其次是颅内压增高，间或头痛、眩晕、恶心、呕吐、记忆力减退至消失，严重可致死。癫痫发作是突出症状，占脑囊虫的60%。寄生于人肌肉皮下组织，导致局部肌肉酸痛无力。

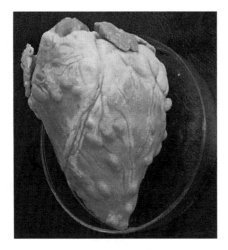

图 2-55　囊尾蚴寄生在心脏组织

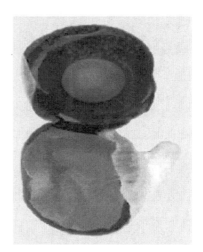

图 2-56　囊尾蚴寄生在眼

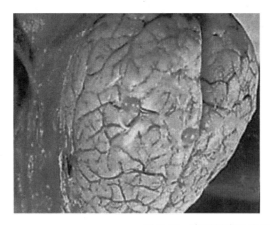

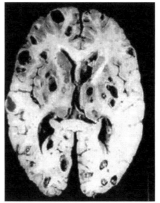

图 2-57　囊尾蚴寄生在脑组织

5. 诊断　　对于猪囊尾蚴的生前诊断困难。当舌部浅表寄生时，可在舌根或舌腹面触摸到囊虫疙瘩，眼结膜也可发现囊虫。严重感染的猪，发音嘶哑、呼吸困难、睡觉发鼾；猪体型发生改变，肩胛肌肉严重水肿、增宽，后臀部肌肉水肿隆起，外观呈哑铃状或狮子形。前肢僵硬，后肢不灵活。群众对此病的诊断经验是："看外形，翻眼皮，看眼底，看舌根，再摸大腿里"。

另外可采用血清学免疫诊断法，如酶联免疫吸附试验（ELISA）、间接血球凝集试验（IHA）、皮内试验、免疫电泳、间接免疫荧光抗体法、对流免疫电泳以及斑点试验等。

尸体剖检在多发部位发现猪囊尾蚴便可确诊。商检或食品卫生检验时，在前臂外侧肌肉、臀肌、腰肌等处检出率较高。

【器材准备】

载玻片、体视显微镜、平皿、生理盐水、镊子。

【操作程序】

有钩绦虫病的诊断包括以下两方面。

1）孕节检查。将绦虫放在装有生理盐水的平皿中，观察其节片，找到其中的一段孕节，将其截断并用生理盐水冲洗干净，将洗净的节片夹在两张载玻片之间，轻轻加压，体视显微镜下观察，计数主干一侧基部的子宫分支数即可鉴别虫种（有钩绦虫孕卵节片中子宫主侧支的数目为 7～12 个）。

2）虫卵检查。可用粪便直接涂片法、浮聚法。

【注意事项】

操作时应严格注意防止虫卵对人的感染。

项目二　牛囊尾蚴形态学观察

【概述】

牛囊尾蚴属带科带属，寄生在牛的肌肉组织（咀嚼肌、心肌、舌肌和腿肌）及其他器官中。其成虫为牛带绦虫（无钩绦虫），寄生在人的小肠中。牛带绦虫病是一种重要的人兽共患寄生虫病。

【任务分析】

1）观察牛囊尾蚴囊泡的大小、囊壁的厚薄、头节的有无与多少。

2）能够识别牛囊尾蚴与猪囊尾蚴的区别。

3）观察牛囊尾蚴的病理浸制标本，了解其主要病理变化。

4）掌握牛囊尾蚴的流行病学特征。

【知识点】

1. 形态特征

1）幼虫形态特征：牛囊尾蚴的形态与猪囊尾蚴和相似，只是其头节上既无顶突，也无小钩。

2）成虫形态特征：体长 10～12m。头节呈方形或梨形，有 4 个吸盘，无顶突和小钩，这是同猪带绦虫的主要区别点之一，区别点之二是子宫干侧支有 15～30 个

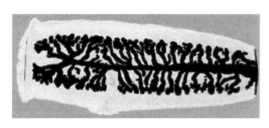

图 2-58 无钩绦虫孕节

（图 2-58）；其他均与猪带绦虫相似。

2. 流行病学 牛带绦虫呈世界性分布，以亚洲、非洲较多。我国西藏、内蒙古等地区有吃生牛肉或烤肉习惯，呈地方性流行，其他地区呈散发或偶然感染。牛感染囊尾蚴与人的卫生习惯、牛的饲养方法有关。感染牛带绦虫的患者，所排粪便含有孕节或虫卵，虫卵对外界因素的抵抗力较强，在牧地上可存活 8 周以上。如果污染了饲料、饮水和牧场的虫卵被牛吞食，就会感染。人是牛带绦虫唯一的终末宿主。

3. 致病作用及症状 牛带绦虫节片内的毒素能引起中毒现象，表现为虚弱、胃肠功能障碍等。牛感染牛囊尾蚴后，通常没有明显症状，严重感染时，初期症状显著，可出现体温升高、呼吸困难、心肌炎，表现虚弱、腹泻，甚至反刍消失、长时间卧地等症状，当牛耐过感染后 8～10d，囊尾蚴到达肌肉后，症状就会自行消失。

4. 诊断 该病的诊断方法基本上同猪囊尾蚴病。试验囊尾蚴的活力，在肉品卫生检验上有重要意义。应用这种方法，可以确定已经处理的猪、牛肉中的囊尾蚴是否还具有生命力。

【器材准备】

手术刀、镊子、30% 和 80% 的胆汁生理盐水、恒温箱。

【操作程序】

囊尾蚴活力试验。

1）先将肌肉中的囊尾蚴小心地取出，去掉包囊外面的结缔组织膜。

2）猪囊尾蚴包囊置于 80% 猪胆汁生理盐水中，牛囊尾蚴包囊置于 30% 牛胆汁生理盐水中。

3）37℃培养 1～3h，囊尾蚴受到胆汁及温度的作用后，就慢慢地伸出头节，并进行运动（图 2-59）；死了的囊尾蚴则不伸出头节，亦无运动性。

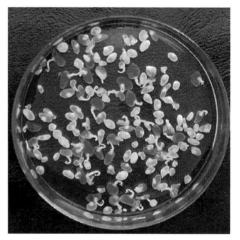

图 2-59 囊尾蚴在胆汁生理盐水中头节外翻活力检查

项目三 细颈囊尾蚴形态学观察

【概述】

细颈囊尾蚴的成虫是泡状带绦虫，属于带科带属，寄生于犬、狼、狐的小肠内。其幼虫即细颈囊尾蚴，寄生于反刍动物及猪等动物的肝脏、浆膜、网膜及肠系膜上，严重时可进入胸腔，寄生于肺部。细颈囊尾蚴病流行广，对仔猪有较大的致病力。

【任务分析】

1）观察细颈囊尾蚴浸制标本，熟悉其结构特征。

2）显微镜下对头节、成熟节片和孕卵节片进行细致观察，掌握其特征。

3）能够识别细颈囊尾蚴虫卵。

4）了解细颈囊尾蚴致病性及流行病学特征。

【知识点】

1. 形态特征

1）成虫形态特征：泡状带绦虫体长 1.5～2m。有时可达 5m，呈白色而微黄。头节稍宽于颈节，有 4 个吸盘，顶突上有两圈角质小钩，靠前部体节宽而短，孕卵体节则长度大于宽度。生殖器官一套，生殖孔左右不规则地交互开口。睾丸 600～700 个分布在纵排泄管之间。卵巢分成两叶。子宫每侧有 5～10 个粗大分支，每支又有小分支（图 2-60）。

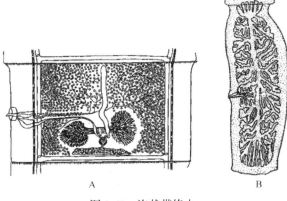

图 2-60　泡状带绦虫

A. 成节；B. 孕节

2）幼虫形态特征：呈囊泡状，俗称水铃铛，由豌豆大到鸡蛋大，内含有透明液体。肉眼即可见囊壁上有一细长的颈（图 2-61），在颈部的游离端有 1 个头节，头节上有 4 个吸盘和 1 个顶突，顶突上有两圈角质小钩。

图 2-61　细颈囊尾蚴

3）虫卵近似圆形，内含六钩蚴。

2. 流行病学　　细颈囊尾蚴病呈世界性分布，我国各地普遍流行，尤其是猪，感染率为 50% 左右，个别地区高达 70%，且大小猪只都有感染，是猪的一种常见病。流行原因主要是由于感染泡状带绦虫的犬、狼等动物的粪便中排出绦虫的节片或虫卵，它们随着终宿主的活动污染了牧场、饲料和饮水而使猪等中间宿主遭受感染。每逢农村宰猪或牧区宰羊时，犬多守立于旁，凡不宜食用的废弃内脏便丢弃在地，任犬吞食，这是犬易于感染泡状带绦虫的主要原因。

3. 致病作用及症状　　细颈囊尾蚴对羔羊及仔猪危害较严重：六钩蚴在肝脏中移行，有时数量很多，损伤肝组织，破坏肝实质，引起出血性肝炎。严重感染时进入胸腔、肺实质及其他脏器而引起腹膜炎和肺炎。还有一些幼虫一直在肝脏内发育，久后可引起肝硬化。死于急性细颈囊尾蚴病时，肝肿大，肝表面有很多小结节和小出血点，肝叶往往变为黑红色或灰褐色，实质中能找到虫体移行的虫道。

该病多呈慢性经过，感染早期大猪一般无明显症状。但仔猪可能出现急性出血性肝炎和腹膜炎症状，肝脏局部组织褪色，呈萎缩现象，肝浆膜层发生纤维素性炎症，形成所谓"绒毛肝"。体温升高，腹部因腹水或腹腔内出血而增大，可由于肝炎及腹膜炎死亡。慢性型的多发生于幼虫自肝脏出来之后，一般无临床表现，影响生长发育。

【结果可靠性确认】

细颈囊尾蚴病的生前诊断较困难，可用血清学方法。死后剖检或宰后检查发现细颈囊尾蚴才能确诊。注意急性型易与急性肝片吸虫病相混淆，在肝脏中发现细颈囊尾蚴时，应与棘球蚴相区别，前者只有 1 个头节，壁薄而且透明，后者囊壁厚而不透明。

项目四　脑多头蚴形态学观察

【概述】

脑多头蚴成虫是多头绦虫，属于带科多头属，寄生于犬、狼、狐的肠内。幼虫即为多头蚴，寄生于绵羊、山羊、牛及骆驼的脑组织中，少见于脊髓。脑多头蚴病是危害羔羊和犊牛的一种重要的寄生虫病，呈世界性分布，可引起动物死亡。

【任务分析】

1）显微镜对脑多头蚴头节、成熟节片和孕卵节片、顶突进行细致观察，掌握其特征。

2）能够识别脑多头蚴虫卵。

3）了解脑多头蚴致病性及流行病学特征。

【知识点】

1. 形态特征

1）成虫形态特征：与猪带绦虫相似，但较小。虫体长 40～80cm，头节上有 4 个吸盘，顶突上有两圈小钩。成熟节片内有一套生殖器官。睾丸有 200 个左右，其在节片中的分布与泡状带绦虫相似。卵巢分为相等的两叶。卵黄腺横列于节片后缘。生殖孔不规则地交替开口于节片侧缘。子宫有侧支 18～25 对（图 2-62）。

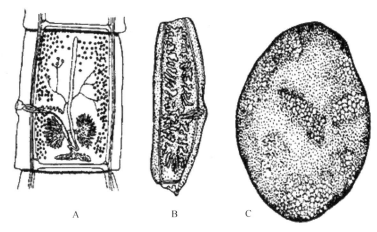

图 2-62　多头绦虫
A. 成节；B. 孕节；C. 脑多头蚴

2）幼虫形态特征：囊泡状，由豌豆大到鸡蛋大，大小取决于寄生部位、发育程度及动物种类。充满半透明的液体，囊壁薄而透明，可见囊壁内侧面有很多呈簇状排列的白点——原头蚴（头节）：每个头节上有 4 个吸盘和 1 个顶突，并在顶突上有两圈角质小钩（图 2-63）。

2. 流行病学　　脑多头蚴病为全球性分布。欧洲、美洲及非洲绵羊的脑多头蚴均极为常见，我国呈地方性流行，在内蒙古、东北、西北等地多发。两岁前的羔羊多发，全年都有因此病死亡的动物。在牧区，多头蚴的主要感染源是牧羊犬。犬食入含多头蚴的脏器，病犬的粪便污染草场和饮水，从而造成多头蚴的流行。

图 2-63　脑多头蚴

3. 致病作用及症状　　六钩蚴的移行，损伤宿主的脑膜和脑实质组织。动物感染初期呈现体温升高及类似脑炎或脑膜炎症状。重度感染的动物常在此期间死亡。随着虫体体积增大，压迫脑脊髓，导致中枢神经功能障碍，并波及全身各系统，最终因恶病质而死亡。动物感染 2～7 个月后出现典型症状，运动和姿势异常。

症状取决于虫体的寄生部位：寄生于大脑额骨区时，头下垂，向前直线奔跑或呆立不动，常将头抵在任何物体上；寄生于大脑颞骨区时，常向患侧作转圈运动，多数病例对侧视力减弱或全部消失；寄生于枕骨区时，头高举，后腿可能倒地不起，颈部肌肉强直性痉挛或角弓反张，对侧眼失明；寄生于小脑时，表现知觉过敏，容易悸恐，行走时出现急促步样或步样蹒跚，磨牙，流涎，平衡失调，痉挛；寄生于腰部脊髓时，引起渐进性后躯及盆腔脏器麻痹，最后死于高度消瘦或因重要神经中枢受害而死。如果寄生多个虫体而又位于不同部位时，则出现综合症状。

4. 诊断

1）流行区根据其特殊临床症状判定。依据是动物有无强迫运动（包括方向、速度、腿伸出的力量和速度、步伐大小）；痉挛性质；视力有无减退或失明（可用手靠近眼睛视其反应，如头避开或眼睑毛动，就说明视觉正常；如不动，说明失明等）。

2）寄生于大脑表层时，触诊可判定虫体部位。

3）外可用变态反应原（用多头蚴的囊液及原头蚴制成乳剂）注入羊的上眼睑内作诊断，或者采用酶联免疫吸附试验（ELISA）诊断，具有较强的特异性和敏感性。

【结果可靠性确认】

该病注意与莫尼茨绦虫病及羊鼻蝇蛆病区分，因这两种病都有神经症状，可用粪检和观察羊鼻腔来区别。维生素A缺乏症：无定向的转圈运动，叩诊头颅部无浊音区。

项目五　棘球蚴形态学观察

【概述】

成虫棘球绦虫寄生于犬科动物的小肠中，属带科棘球属，种类较多。我国有两种：细粒棘球绦虫和多房棘球绦虫，其中以细粒棘球绦虫多见。其中，绦期幼虫为棘球蚴可寄生在牛、羊、猪、人及其他动物的肝、肺及其他器官，引起棘球蚴病，该病是一类重要的人畜共患寄生虫病。棘球蚴体积大，生长力强，不仅压迫周围组织使之萎缩和功能障碍，还易造成继发感染。如果蚴囊破裂，可引起过敏反应，甚至死亡。

【任务分析】

1）观察棘球蚴浸制标本，熟悉棘球蚴成虫结构特征。

2）显微镜下对头节、成熟节片和孕卵节片进行细致观察，掌握其特征。

3）能够识别细颈囊尾蚴虫卵。

4）了解棘球蚴寄生部位、宿主、致病性及流行病学特征。

图2-64　细粒棘球绦虫

【知识点】

1. 形态特征　我国有两种棘球蚴：细粒棘球蚴和多房棘球蚴。

（1）细粒棘球蚴

1）成虫形态特征：虫体甚小，长2～7mm，由一个头节和3～4个节片组成。头节略呈梨形，有4个吸盘，圆而明显，吸盘上无钩。顶突上有两圈角质小钩，顶突与吸盘距离较远。除头节外，通常仅有一个未成熟节片、一个成熟节片和一个孕卵节片（图2-64）。有25～80个睾丸，子宫常常有侧支（每侧12～15个分支盲囊），生殖孔位于体侧中部或偏后。寄生于犬、狼、狐的小肠中。以犬为典型的终末宿主。

2）幼虫形态特征：其形态呈单泡型，所以也叫单房性棘球蚴。泡内含液体，形状不一，形状常因寄生部位不同而有变化，大小从豌豆大到人头大。一般近球形，直径为5～10cm。以草食兽为中间宿主。寄生于绵羊、牛、骆驼、山羊和猪及人的肝脏、肺脏及其他器官中。

（2）多房棘球蚴

1）成虫形态特征：成虫为多房棘球绦虫。寄生在狐、犬、猫的肠道中。这种绦虫与细粒棘球虫不同点在于：体短，仅1.2～3.7mm，生殖孔在节片侧缘中部偏前。睾丸16～35个，子宫无侧支。鼠类、人、猴是其适宜中间宿主，偶见于牛和猪。

2）幼虫形态特征：多房性棘球蚴呈多泡型。常常是由于外生性子囊生出的一个囊状结合物，向四周扩散地生长（图2-65）。家畜的多房性棘球蚴与单房性棘球蚴的区别是：不形成大囊，而由很多小囊泡组成，小囊内既无液体，亦无头节，而呈胶状物。小囊与小囊之间生有肉芽组织，这种组织以后变为纤维质的结缔组织（图2-66）。棘球蚴外形似赘瘤，呈葡萄状，多见于牛，无生殖力。

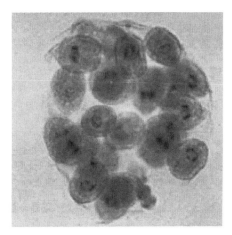

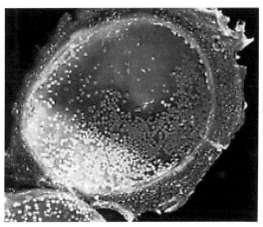

图2-65　棘球蚴　　　　　图2-66　细粒棘球蚴育囊游离在囊
　　　　　　　　　　　　　　　　　液中呈沙粒状

2. 流行病学

1）细粒棘球蚴呈世界性分布，以牧区最多。我国以新疆最为严重，绵羊感染率在50%～80%。

2）细粒棘球绦虫的中间宿主范围广泛。流行病学上重要的是绵羊（成年羊），其感染率最高，因其本身是细粒棘球绦虫最适宜的中间宿主，同时放牧羊群与牧羊犬接触密切，吃到虫卵的机会多，而牧羊犬又常可吃到绵羊的内脏，因而极易造成本虫在绵羊与犬之间循环感染。犬在该病的流行上有重要的意义。

3）动物和人是细粒棘球蚴感染源，在牧区主要是犬，特别是野犬和牧羊犬。虫卵污染草原和生活环境，造成家畜和人的感染，猎人感染机会多，因其直接接触犬和狐狸的皮毛等。通过水果、饮水和生活用具，误食虫卵也可感染。当人屠杀牲畜时，往往随意丢弃感染棘球蚴的内脏或以其饲养犬，导致犬感染，因此加剧恶性流行。

4）动物死亡多发于冬季和春季。

5）多房棘球绦虫分布于北半球，特别是在俄罗斯的西伯利亚、加拿大和美国的阿拉斯加州广为流行。在我国的新疆、青海、宁夏、内蒙古、四川和西藏等省（自治区、直辖市）也时有发生，以宁夏为多发区。人感染泡球蚴是由于直接与狐狸或犬接触，误食了虫卵；或者吞食了被虫卵所污染的水、蔬菜及浆果而引起。猎人在处理和加工狐狸或狼的皮毛过程中，易遭感染。

3. 致病作用及症状　细粒棘球蚴对动物的危害严重程度主要取决于棘球蚴的大小、数量和寄生部位。机械性压迫使周围组织发生萎缩和功能障碍。代谢产物被吸收后可引起组织炎症和全身过敏反应。绵羊表现为消瘦，被毛逆立、脱毛、黄疸、腹水、咳嗽、倒地不起，终因恶病质或窒息而死亡。牛与其相似，猪的症状不如牛、羊明显。各种动物均可因囊泡破裂而产生严重过敏反应，成虫对犬的致病作用不明显，寄生数千条也无临床表现。

多房棘球蚴的危害远比细粒棘球蚴严重，它的生长特点是弥漫性浸润，形成无数个囊泡，压迫周围组织，引起器官萎缩和功能障碍，如同恶性肿瘤一样（图2-67）；还可转移到全身器官中。剖检可见葡萄状囊泡。

图2-67　寄生在肝脏中的多房棘球蚴

任务五　线虫形态学观察

项目一　蛔虫形态学观察

【概述】

蛔虫是动物中最常见的一种线虫，分布于世界各地。蛔虫主要危害幼年动物，常引起发育不良、生长停滞，严重时可导致死亡。动物蛔虫病的病原是蛔目中的蛔科、禽蛔科、弓首科及异尖科的各种蛔虫。不同种的蛔虫各有其固有的宿主（专性宿主），如猪蛔虫只寄生于猪，鸡蛔虫只寄生于鸡等。有时某种蛔虫可能误入非专性宿主体内，但不能发育为成虫。常见的动物蛔虫病有猪、鸡、犬、猫的蛔虫病。

【任务分析】

1）肉眼观察猪蛔虫、犬猫蛔虫和鸡蛔虫的外观形态特征，掌握其形态特点，了解其所寄生的宿主、部位。

2）显微镜下观察猪蛔虫虫卵，注意其特征。

【知识点】

一、猪蛔虫病

猪蛔虫病是由蛔科蛔属的猪蛔虫寄生于猪的小肠内引起的。本病分布广泛，对养猪业的危害极为严重，尤其是在卫生条件较差的猪场和营养不良的猪群中，感染率很高，一般都在50%以上。患病仔猪生长发育不良，增重往往比同样条件下的健康猪降低30%

左右。严重者生长发育停滞，甚至造成死亡。所以猪蛔虫病是仔猪常见多发的重要疾病之一，也是造成养猪业损失最大的寄生虫病之一（图2-68）。

1. 形态特征 猪蛔虫是一种大型线虫。虫体呈中间稍粗、两端较细的圆柱状。新鲜虫体为淡红色或淡黄色（图2-69）。雄虫长15～25cm，宽3mm。雌虫长20～40cm，宽约5mm。口孔由3个唇片呈"品"字形围成（图2-70）。雄虫尾端常向腹面弯曲，形似钓鱼钩，泄殖孔开口距尾端较近，有一对等长的交合刺；雌虫尾端较直，稍钝，肛门距虫体尾端较近。生殖器官为双管型，由后向前延伸，两条子宫汇合为一个短小的阴道。

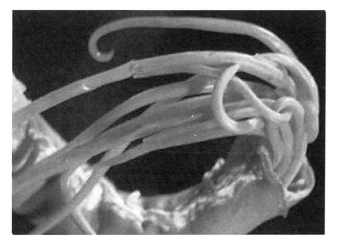

图2-68 肠道内寄生的猪蛔虫堵塞肠管　　　　　图2-69 猪蛔虫浸制标本

受精卵和未受精卵的形态有所不同。受精卵为短椭圆形，黄褐色，大小为（50～75）μm×（40～80）μm，卵壳厚，由4层组成，最外一层为凹凸不平的蛋白膜（图2-71）。刚随粪便排出的虫卵，内含一个圆形卵细胞，卵细胞与卵壳中间在两端形成新月形空隙。未受精卵呈长椭圆形，大小为90μm×40μm，壳薄，多数没有蛋白膜或很薄且不规则，内容物为很多油滴状的卵黄颗粒和空泡。

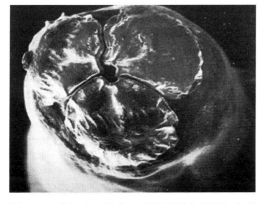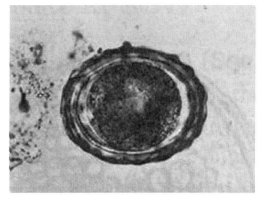

图2-70 猪蛔虫口孔由3个唇片围成"品"字形　　　　　图2-71 虫卵

2. 流行病学 猪蛔虫主要寄生于猪，偶尔感染人。猪蛔虫病广泛流行于猪群中，其原因主要是由于蛔虫卵大量存在，每条雌虫每天可产卵 10 万～20 万个，每条雌虫一生可产卵 3000 万个。因此，有蛔虫感染的猪场，地面受虫卵污染的情况是十分严重的。猪感染猪蛔虫主要是由于采食了被感染性虫卵污染的饮水和饲料。母猪的乳房也极易被污染，使仔猪于吸奶时感染。

虫卵对各种环境因素的抵抗力很强，在一般消毒药内均可正常发育。只有 10% 克辽林、5%～10% 石炭酸、2%～5% 热（60℃）碱液及新鲜石灰乳等才能杀死虫卵。

猪蛔虫病的流行与饲养管理和环境卫生有密切的关系。在饲养管理不良、卫生条件恶劣和猪只过于拥挤的猪场，在营养缺乏，特别是缺少维生素和矿物质的情况下，3～5 月龄的仔猪最容易大批地感染蛔虫，症状也较严重，并且常常发生死亡。

3. 致病作用及症状　　幼虫阶段和成虫阶段致病作用有所不同，其危害程度视感染强度而定。幼虫对猪的危害来源于其在体内移行时，造成所经器官组织的损害，其中以对肝和肺的危害较大。幼虫滞留在肝，特别是在叶间静脉周围的毛细血管中时，造成小点出血和肝细胞混浊肿胀、脂肪变性或坏死。幼虫由肺毛细血管进入肺泡时使血管破裂，造成大量的小点出血和水肿病变。严重感染病例，可伴发蛔虫性肺炎，引起咳嗽、气喘，持续 1～2 周；特别是饲料中缺乏维生素 A 时，瘦弱仔猪常因此而死亡。有些患隐性流行感冒、气喘病和猪瘟的病猪，可因蛔虫幼虫在肺部的协同作用而使病势转剧，造成死亡。

一般说来，蛔虫发育到性成熟时，致病作用明显减弱，但在严重感染及仔猪抵抗力降低时仍会造成死亡。成虫对宿主的致病作用主要表现在以下几方面：蛔虫体积较大，产卵量大，自然要消耗宿主许多营养物质，呈现消瘦；成虫的机械性刺激可以损伤小肠黏膜，为其他病原微生物侵入打开门户，造成继发感染；蛔虫有游走的习性，凡与小肠有管道相通的部位，如胃、胆管或胰管等均可被蛔虫窜入，引起胆管和胰管阻塞、呕吐、黄疸和消化障碍等病变和症状；寄生数量太多时，会造成肠阻塞，严重时可导致肠破裂、肠穿孔并继发腹膜炎引起死亡；蛔虫在寄生生活中所分泌的有毒物质和排出的代谢产物，可作用于宿主的中枢神经系统和血管，引起过敏症状，如阵发性痉挛、强直性痉挛、兴奋和麻痹等。

一般以 3～6 月龄的仔猪症状比较严重；成年猪往往有较强的免疫力，能耐受一定数量的虫体侵害，而不呈现明显的症状，但却是本病的传染来源。

仔猪在感染早期（约 1 周后），有轻微的湿咳，体温可升高到 40℃左右。幼虫移行期间，病猪可呈现嗜酸性粒细胞增多症，以感染后 14～18d 为最明显。较为严重的病猪，出现精神沉郁，呼吸及心跳加快，食欲缺乏或时好时坏，异嗜，营养不良，消瘦，贫血，被毛粗糙，或有全身性黄疸，有时病猪生长发育长期受阻，变为僵猪。严重感染时，呼吸困难，急促而不规律，常伴发声音沉重的咳嗽，并有口渴、呕吐、流涎、拉稀等症状。

二、犬猫蛔虫病

犬猫蛔虫病是由弓首科弓首属的犬弓首蛔虫、猫弓首蛔虫和狮弓首蛔虫寄生在肉食兽小肠内引起的常见寄生虫病。常引起幼犬和猫发育不良，生长缓慢，严重时可导致死亡。

1. 形态特征

1）犬弓首蛔虫。头端有 3 片唇，虫体前端两侧有向后延展的颈翼膜。食道与肠管连接部有小胃。雄虫长 5～11cm，尾端弯曲，有一小锥突，有尾翼。雌虫长 9～18cm，尾端直，阴门开口于虫体前半部。虫卵呈近球形，卵壳厚，表面不光滑，大小为（68～85）μm×

（64～72）μm。

2）猫弓首蛔虫。外形与犬弓首蛔虫近似，颈翼前窄后宽，虫体前端如箭头状。雄虫长3～6cm，雌虫长4～10cm。虫卵表面有点状凹陷，与犬弓首蛔虫卵相似。

3）狮弓蛔虫。头端向背侧弯曲，颈翼发达，食道与肠管连接处无小胃。雄虫长3～7cm；雌虫长约10cm。虫卵近卵圆形，卵壳光滑。如图2-72所示。

2. 流行病学　　犬弓首蛔虫寄生于犬、狼、狐、啮齿目动物和人。猫弓首蛔虫主要宿主为猫，也寄生于狮、豹，偶尔寄生于人体。狮弓蛔虫寄生于猫、犬、狮、虎、豹等猫科及犬科的野生动物。这3种虫体均

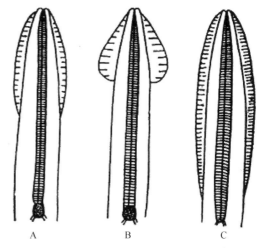

图2-72　犬弓首蛔虫（A）、猫弓首蛔虫（B）和狮弓首蛔虫（C）形态示意图

为世界性分布，在我国也十分普遍，是犬、猫及野生动物主要的寄生性线虫，也是重要的人兽共患寄生虫，和人类卫生关系密切。

3. 致病作用及症状　　成虫寄生时，可引起卡他性肠炎和黏膜出血。严重感染时，虫体可在肠内集结成团，造成肠阻塞或肠扭转、套叠甚至破裂，有些虫体能窜入胃、胆管或胰管。幼虫在体内移行时，可造成肠壁、肺毛细血管和肺泡壁的损伤，引起肠炎或肺炎。其代谢产物对宿主有毒害作用，还会引起造血器官和神经系统中毒和过敏反应。动物表现为渐进性消瘦，食欲缺乏，黏膜苍白，呕吐，异嗜，消化障碍，下痢或便秘，生长发育受阻。

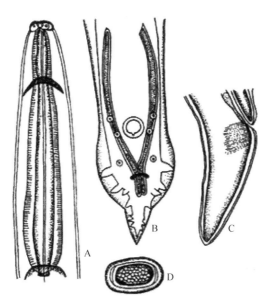

图2-73　鸡蛔虫形态示意图

A. 鸡蛔虫头部；B. 雄虫尾部；C. 雌虫尾部；D. 虫卵

三、鸡蛔虫病

鸡蛔虫病是由禽蛔科禽蛔属的鸡蛔虫寄生于鸡的小肠内引起的。该病遍及全国各地，是禽最为常见的一种寄生虫病。感染严重时，可影响雏鸡的生长发育，甚至引起大批死亡，造成严重损失。

1. 病原形态　　鸡蛔虫是寄生于鸡体内最大的一种线虫，呈白色。雄虫长26～70mm，雌虫长65～110mm。虫体表皮有横纹，头端有3个唇片。雄虫尾端有尾翼和10对尾乳突，有一个圆形或椭圆形的肛前吸盘，吸盘上有角质环。交合刺等长。阴门开口于虫体中部。

虫卵呈椭圆形，深灰色。大小为（70～90）μm×（47～51）μm。壳厚而光滑，新鲜虫卵内含单个胚细胞（图2-73）。

2. 流行病学 3~4月龄以内的雏鸡易遭侵害，病情也较重，雏鸡只要有4~5条，幼鸡只要有15~25条成虫寄生即可发病。1岁以上的鸡为带虫者。当饲料中含动物蛋白多、营养价值完全时，可使鸡有较强的抵抗力；特别是含有足够维生素A和维生素B的饲料，亦可使鸡具有较强的抵抗力。

3. 致病作用 幼虫侵入黏膜时，破坏黏膜及肠绒毛，造成出血和发炎，并容易引起细菌继发感染，此时在肠壁上常见有颗粒状化脓灶或结节形成。严重感染时，成虫大量聚集，相互缠结，可能发生肠阻塞，甚至引起肠破裂和腹膜炎。其代谢产物也是有害的，常使雏鸡发育迟缓，成年鸡产蛋力下降。雏鸡常表现为生长发育不良，精神委靡，行动迟缓，翅膀下垂，呆立不动，羽毛松乱，鸡冠苍白，黏膜贫血，食欲减退，下痢和便秘交替，有时稀粪中混有带血黏液，以后渐趋衰弱而死亡。成年鸡多属轻度感染，不表现症状。

【注意事项】

猪蛔虫病的生前诊断主要靠粪便检查法，多采用漂浮集卵法。1g粪便中，虫卵数达1000个时，可以诊断为蛔虫病。因蛔虫有强大的产卵能力，一般采用直接涂片法即可发现虫卵。如寄生的虫体不多，死后剖检时，须在小肠中发现虫体和相应的病变；但蛔虫是否为直接致死的原因必须根据虫体数量、病变程度、生前症状和流行病学资料，以及有无其他病原或继发疾病作综合诊断。

【结果可靠性确认】

哺乳仔猪（2月龄内）的蛔虫病，因其体内尚无发育到性成熟的蛔虫，故不能用粪便检查法作出生前诊断。若为蛔虫病，剖检时，在病猪肺部见有大量出血点；将肺组织撕碎，用幼虫分离法处理时，可以发现大量的蛔虫幼虫。

项目二 尖尾线虫形态学观察

【概述】

异刺线虫主要寄生在鸡的盲肠内，可引起鸡的异刺线虫病。其他禽类和鸟类，如鹅、石鸡、鹧鸪、鹌鹑、孔雀、环颈雉、赤麻鸭等均可被寄生。

【任务分析】

1）肉眼观察鸡异刺线虫的外观形态，掌握其形态特点，了解其所寄生的宿主及部位。
2）显微镜下观察鸡异刺线虫虫卵，注意与鸡蛔虫卵相鉴别。

【知识点】

1. 形态特征 鸡异刺线虫又名盲肠虫，虫体小，细线状，淡黄色或白色。雄虫长7~13mm；雌虫长10~15mm。头端有3个不明显的唇片围成的口孔，口囊圆柱状，食道末端有一膨大的食道球。雄虫尾直，末端尖细，交合刺两根不等长（左侧短粗，右侧细长），有一圆形的肛前吸盘，有几对性乳突。雌虫尾细长，阴门开口于虫体中部稍后方（图2-74）。卵呈椭圆形，灰褐色，大小为（65~80）μm×（35~46）μm。卵壳厚而光滑，内含未分裂的卵细胞。

　　2. 致病作用及症状　　鸡异刺线虫寄生时能引起肠黏膜损伤出血；其代谢产物可使机体中毒，幼虫寄生于盲肠黏膜时，可引起盲肠肿大，盲肠壁上形成结节，有时发生溃疡。病鸡主要表现食欲缺乏或废绝，贫血、下痢和消瘦。成年母鸡产蛋减少或停止，幼鸡生长发育不良，逐渐瘦弱死亡。

　　此外，异刺线虫又是黑头病（盲肠肝炎）的病原体火鸡组织滴虫的传播者。当同一鸡体内同时有异刺线虫和组织滴虫时，后者可侵入异刺线虫的卵内，并随之排出体外。组织滴虫得到异刺线虫卵壳的保护，即不致受到外界环境因素的损害而死亡。当鸡食入这种虫卵时，即同时感染异刺线虫和火鸡组织滴虫，导致鸡发生"盲肠肝炎"，极易引起死亡。

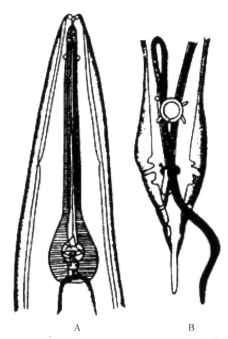

图 2-74　鸡异刺线虫
A. 虫体前端；B. 雄虫尾部腹面

【结果可靠性确认】

　　诊断该病时，可应用饱和食盐水漂浮法检查粪便中的虫卵，但须注意与鸡蛔虫卵相鉴别：鸡异刺线虫卵呈长椭圆形，小于鸡蛔虫卵，灰褐色，壳厚，内含未分裂卵细胞。死后剖检可见盲肠发炎，黏膜肥厚，其上有溃疡。肠内容物有时凝结成条，其中含有虫体。

项目三　圆线虫形态学观察

【概述】

　　动物圆线虫可寄生在马、牛、羊、猪及家禽的消化道、呼吸道和泌尿器官等部位，引起相应的线虫病。因此，这类病的病原多，分布广泛，对家畜危害较严重。这里主要介绍的有下列各科线虫：马圆线虫引起马消化道圆线虫病；捻转血矛线虫引起牛、羊胃肠圆线虫病；仰口线虫引起反刍动物钩虫病；猪肺丝虫引起猪肺丝虫病；比翼线虫引起禽比翼线虫病等。

【任务分析】

　　1）肉眼观察马圆线虫、捻转血矛线虫、仰口线虫、猪肺丝虫、比翼线虫的外观形态特征，掌握其形态特点，了解其所寄生的宿主、部位及致病症状。

　　2）显微镜下观察各种线虫的口囊和交合伞的形态特点，注意区分。

　　3）显微镜下观察各种线虫虫卵，注意其特征。

【知识点】

一、马圆线虫病

　　马消化道圆线虫病是指由圆形科和毛线科的线虫寄生于马属动物盲肠和大结肠中所引

起的线虫病。此病是马属动物的一种感染率最高、分布最为广泛的肠道线虫病。在病马体内寄生的虫体最多可达 10 万条。该病常为幼驹发育不良的原因；在成年马则引起慢性肠卡他，使役能力降低，尤其是当幼虫移行时引起动脉瘤、血栓栓塞性疝痛，可导致马匹死亡。

图 2-75　马圆线虫浸制标本

1. 形态特征　马圆线虫种类很多，在动物体内常混合寄生，可分为大型圆线虫和小型圆线虫两大类。寄生于马属动物的盲肠和结肠。小型圆线虫种类繁多，体型小。

大型圆线虫呈灰褐色，火柴杆样（图 2-75），头端钝圆，有发达的几丁质口囊，口囊壁有一背沟，口囊周围有叶冠环绕。有些种类口囊底有齿。雄虫尾端有发达的交合伞（图 2-76）和两根细而等长的交合刺。大型圆线虫体型大，危害严重，主要有 3 种，即圆形科圆形属的马圆线虫、无齿圆线虫和普遍圆线虫。

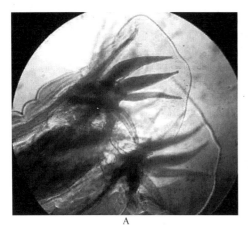
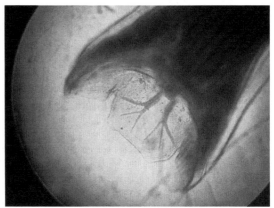

A　　　　　　　　　　　　B

图 2-76　马圆线虫雄虫交合伞（A）及背肋形态（B）

1）马圆线虫：我国各地均有分布。雄虫长 25～35mm；雌虫长 38～47mm。口囊基部背侧有一大型尖端分叉的大背齿，腹侧有 2 个亚腹齿（图 2-77）。虫卵呈椭圆形，卵壳薄，大小为（70～85）μm×（40～47）μm。

2）无齿圆线虫：世界性分布。雄虫长 23～28mm，雌虫长 33～44mm。形状与马圆线虫极相似，但头部稍膨大而显出颈部，口囊前宽后狭，内无齿为其特征。虫卵呈椭圆形，大小为（78～88）μm×（48～52）μm。

3）普通圆线虫：世界性分布。虫体比前 2 种小，呈深土灰色或血红色。雄虫长

图 2-77　马圆线虫口囊
口囊基部背侧有一大型尖端分叉的大背齿，腹侧有 2 个亚腹齿

14～16mm，雌虫长 20～24mm。其特点是口囊底部有 2 个耳状亚背侧齿；外叶冠边缘呈花边状构造。虫卵椭圆形，大小为（83～93）μm×（48～52）μm。如图 2-78 所示。

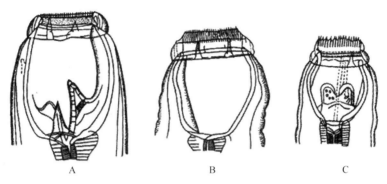

图 2-78 3 种大型圆线虫头部区别示意图
A. 马圆线虫左侧面；B. 无齿圆线虫右侧面；C. 普通圆线虫腹面

2. 流行病学 马匹感染圆线虫病主要发生于放牧的马群，特别是阴雨、多雾和多露水的天气，清晨和傍晚放牧是马匹最易感染的时机。发育到含幼虫的卵对干燥和低温具有较强的抵抗力。感染性幼虫的抵抗力也很强，在含水分 8%～12% 的马粪中能存活一年以上，在青饲料上能保持感染力达 2 年之久，但在直射阳光下容易死亡。

3. 致病作用 马体内常有多种圆线虫混杂寄生，它们有共同的致病特点，以 3 种大型圆线虫致病性最强，其成虫都是以吸血为生，以强大的口囊吸附于肠黏膜上引起出血性溃疡和炎症而导致贫血。成虫寄生时分泌毒素，可造成马匹失血。而其幼虫又具有复杂的体内移行过程，在这一过程中可引起一定的损害（以普通圆线虫为最重）。马圆线虫幼虫的移行阶段可导致肝脏和胰脏的损伤，肠壁结节和溃疡；无齿圆线虫幼虫在腹膜下移行时可引起腹膜炎，在腹膜形成大的出血性结节，可成为腹痛及贫血的原因；普通圆线虫的幼虫在动脉管特别是在肠系膜前动脉及其分支内，能引起剧烈的病变（尤其是动脉瘤）。小型圆线虫、马圆线虫及无齿圆线虫的幼虫寄生时均能引起肠壁结节和溃疡，在结肠发生溃疡时，又易引起脾脓肿的发生。

4. 症状

1）成虫寄生于肠管引起的疾病，多发生于夏末和秋季，更常在冬季饲养条件变差时转为严重。虫体大量寄生时，可呈急性发作，表现为大肠炎和消瘦。开始时食欲缺乏，易疲倦，异嗜；数星期后出现带恶臭的下痢，腹痛，粪便中有虫体排出；消瘦，水肿，最后陷于恶病质而死亡。少量寄生时呈慢性经过，食欲减退，下痢，轻度腹痛和贫血，如不治疗，可能逐渐加重。

2）幼虫移行期所引起的症状，以普通圆线虫引起的血栓性疝痛最为多见，且最为严重。常在没有任何可被觉察的原因的情况下突然发作，持续时间不等，但经常复发；不发时，表现完全正常。疝痛的程度，轻重不等。轻型者，开始时表现为不安，打滚，频频排粪，但脉搏与呼吸正常；数日后，症状自然消失。重型者疼痛剧烈，病畜作犬坐或四足朝天仰卧，腹围增大，腹壁极度紧张，排粪频繁，呼吸加快，体温升高，在不加治疗的情况下，多以死亡告终。马圆线虫幼虫的移行引起肝、胰损伤，临床表现为疝痛、食欲减退和精神抑郁。无齿圆线虫幼虫则引起腹膜炎、急性毒血症、黄疸和体温升高等。

二、捻转血矛线虫病

捻转血矛线虫寄生于反刍动物第四胃和小肠，致病力较强，其分布遍及全国各地，引起反刍动物消化道圆线虫病，给畜牧业带来巨大损失。

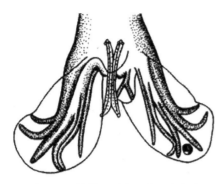

图 2-79　捻转血矛线虫雄虫交合伞
"人"字形背肋示意图

1. 形态特征　捻转血矛线虫呈毛发状，因吸血而呈淡红色。雄虫长 15～19mm，雌虫长 27～30mm。虫体表皮上有横纹和纵嵴。颈乳突显著，头端尖细，口囊小，内有一矛状角质齿。雄虫交合伞发达，背肋呈"人"字形为其特征（图 2-79和图 2-80）；雌虫因白色的生殖器官环绕于红色含血的肠道周围，形成红白线条相间的外观，故称捻转血矛线虫，亦称捻转胃虫，阴门位于虫体后半部，有一个显著的瓣状阴门盖（图 2-81）。卵壳薄，光滑，稍带黄色，虫卵大小为（75～95）μm×（40～50）μm，新鲜虫卵含 16～32 个胚细胞。

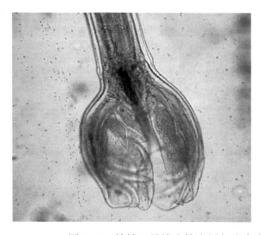

图 2-80　捻转血矛线虫雄虫尾部交合伞和"人"字形背肋

2. 流行病学　羊对捻转血矛线虫有"自愈"现象，这是初次感染产生的抗体和再感染时的抗原物质相结合，所引起的一种过敏反应。在捻转血矛线虫，表现为真胃黏膜水肿，这种水肿造成对虫体不利的生活环境，导致原有的虫体被排除和不再发生感染。一个重要的特点是，自愈反应没有特异性，捻转血矛线虫的自愈反应，既可以引起真胃其他线虫的自愈，还可以引起肠道线虫的自愈。这可能是由于它们有共同的抗原。

3. 致病作用　反刍动物感染捻转血矛线虫后最重要的特征是贫血和衰弱。成虫以头端刺入真胃

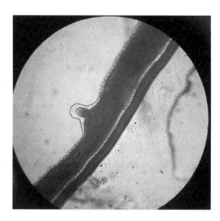

图 2-81　捻转血矛线虫雌虫阴门盖

黏膜内引起黏膜损伤，由于大量吸血并分泌抗凝血酶，可引起极度贫血，胃黏膜增厚，呈现出血性病灶。虫体分泌有毒物质，抑制中枢神经系统的活动，破坏消化与神经系统间的神经体液调节功能，导致消化吸收紊乱，动物表现为消瘦，最后由于失血和血液再生能力降低，代谢障碍，以致真胃内容物的pH趋于中性，甚至成为碱性，从而带来一系列的症状。

反刍动物感染捻转血矛线虫后日渐消瘦，精神委靡，放牧时离群落后。严重时卧地不起，贫血，表现为下颌间隙及头部发生水肿，呼吸、脉搏加快，体重减轻，生长发育受阻，下痢与便秘交替，严重感染时，羔羊可在短时间内发生大批死亡，此时羔羊膘情尚好，但因极度贫血而死，这是由于短期内感染大量虫体所致。

三、仰口线虫病（钩虫病）

反刍动物仰口线虫病是由钩口科仰口属牛仰口线虫和羊仰口线虫引起的。前者寄生于牛的小肠，主要是十二指肠，后者寄生于羊的小肠。该病在我国各地普遍流行，可引起贫血，对家畜危害很大，并可以引起死亡。

1. 形态特征　该属线虫头端向背面弯曲，口囊大，口腹缘有1对半月形的角质切板。雄虫交合伞背叶不对称，雌虫阴门在虫体中部之前。

羊仰口线虫呈乳白色或淡红色。口囊底部的背侧生有一个大背齿，背沟由此穿出；底部腹侧有1对小的亚腹齿。雄虫长12.5～17.0mm，交合伞发达，背叶不对称，右侧外背肋比左面的长，并且由背干的高处伸出，交合刺等长，褐色，无引器。雌虫长15.5～21.0mm，尾端钝圆，阴门位于虫体中部前不远处。虫卵大小为（79～97）μm×（47～50）μm，两端钝圆，胚细胞大而数少，内含暗黑色颗粒。

牛仰口线虫的形态和羊仰口线虫相似，但口囊底部腹侧有2对亚腹齿。另一个区别是雄虫的交合刺长，为3.5～4.0mm，是羊仰口线虫交合刺的5～6倍。雄虫长10～18mm，雌虫长24～28mm。卵的大小为106μm×46μm，两端钝圆，胚细胞呈暗黑色。

2. 致病作用

1）幼虫侵入皮肤时，引起发痒和皮炎，但一般不易察觉。

2）幼虫移行到肺时引起肺出血，但通常无临床症状。

3）危害最严重的是小肠寄生期，成虫以口囊吸附于肠黏膜上，并以齿刺破绒毛，吸食流出的血液。虫体离开后，留下伤口，血液仍继续流失一定时间。严重感染时，病畜骨髓腔内充满透明的胶状物。

3. 症状　病畜表现进行性贫血，严重消瘦，下颌水肿，顽固性下痢，粪带黑色。幼畜生长发育受阻，后躯痿弱和进行性麻痹，死亡率较高。尸体消瘦、贫血、水肿，皮下浆液性浸润。血液色淡，水样，凝固不全。肺有淤血性出血和小点出血。心肌软化，肝淡灰，质脆。十二指肠和空肠有大量虫体，游离于肠内容物中或附着在黏膜上。肠黏膜发炎，有出血点。肠内容物呈褐色或血红色。

四、食道口线虫病

反刍动物食道口线虫病是食道口科食道口属的几种线虫的幼虫和成虫寄生于肠壁与肠腔引起的。由于有些食道口线虫的幼虫阶段可使肠壁发生结节（图2-82），故

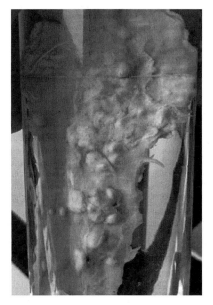

图 2-82　羊食道口线虫在肠壁寄生状态浸制标本

又称为结节虫病。该病在我国各地牛、羊中普遍存在，并引发病变，有病变的肠管多因不适于制作肠衣而废弃，给畜牧业造成极大的经济损失。

1. 形态特征　该属线虫的口囊呈小而浅的圆筒形，其周围为一显著的口领。口缘有叶冠。有颈沟，其前部的表皮常膨大形成头囊。颈乳突位于颈沟后方的两侧。有或无侧翼，雄虫交合伞发达，有 1 对等长的交合刺；雌虫阴门位于肛门前方附近，排卵器发达呈肾形，虫卵较大。

2. 流行病学　第一、第二期幼虫对干燥很敏感，极易死亡。第三期幼虫有鞘，在适宜条件下可存活几个月；冷冻可使之死亡。在 6 月龄以下的羔羊肠壁上不形成结节，而主要在成年羊肠壁上形成结节。

3. 致病作用及症状　幼虫阶段在肠壁上形成 2～10mm 的结节，影响肠蠕动、食物的消化和吸收。结节在肠道的腹膜破溃时，可引起腹膜炎，当肠腔面破溃时，引起溃疡性和化脓性结肠炎。成虫吸附在黏膜上虽不吸血，但可分泌有毒物质加剧结节性肠炎的发生。该病无特殊症状，轻度感染不显症状，重度感染时特别是羔羊，可引起典型的顽固性下痢，粪便呈暗绿色，含有许多黏液，有时带血。病羊弓腰，后肢僵直有腹痛感。严重者可因机体脱水、消瘦，引起死亡。

五、猪肺丝虫病

猪肺丝虫病是由后圆科后圆属的线虫寄生于猪的气管、支气管内所引起的疾病，又称猪后圆线虫病（图 2-83）。在我国流行广泛，呈地方性流行，对仔猪危害很大。严重感染时引起肺炎，所以该病为猪的重要疾病之一。

1. 形态特征　虫体呈乳白色或灰白色丝状（图 2-84），口囊小，口缘有 1 对三叶

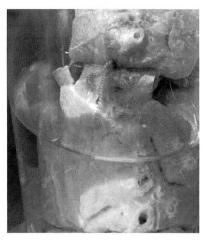

图 2-83　肺丝虫在肺脏寄生浸制标本

图 2-84　肺丝虫浸制标本

侧唇。雄虫交合伞不发达，侧叶大，背叶小。雌虫阴门前有一角质膨大部（称阴门球）。有的虫体后端向腹面弯曲。虫卵呈椭圆形，外膜稍显粗糙状。大小为（40～60）μm×（30～40）μm。卵胎生，卵内含有卷曲的幼虫。

2. 流行病学　　猪肺丝虫病流行广泛，感染率高、强度大，其主要因素有以下三方面：①虫卵的生存时间长。②第一期幼虫生命力很强。③病原体对蚯蚓的感染率高，在其体内发育快，蚯蚓体内的感染性幼虫保持感染性的时间较长。

3. 致病作用及症状　　幼虫移行时，不同程度地损伤肠壁、淋巴结和肺组织；当带入细菌时引起支气管肺炎。虫体大量寄生时，可阻塞毛细支气管，发生小叶性肺泡气肿，常见于尖叶和膈叶面。虫体代谢产物能使猪体中毒，影响生长发育，降低抗病力。当猪感染少量肺丝虫时，无明显症状，瘦弱的幼猪（2～3 月龄）感染多量肺丝虫时可出现明显症状。如果有气喘病等合并感染时，症状严重且有较高的死亡率。病猪表现为阵发性咳嗽，尤其是在早晚时间、运动或遇冷空气刺激时更为显著。生长发育不良，消瘦贫血，被毛干燥无光，鼻孔流出脓性分泌物，呼吸困难，肺部有啰音，体温升高。最后表现胸下、四肢和眼睑都水肿，甚至极度衰弱死亡。

六、禽比翼线虫病

禽比翼线虫病是由比翼科比翼属的线虫寄生于鸡、雉、鹅和多种野禽的气管所引起的。病禽有张口呼吸的症状，故又称开口病。呈地方性流行，主要侵害幼禽，病鸡常因呼吸困难而导致窒息死亡。

1. 形态特征　　虫体红色。头端大，呈半球形。口囊宽阔，呈杯状，基底部有三角形小齿。雌虫比雄虫大，阴门位于体前部。雄虫细小，交合伞厚，交合刺小，肋短粗。雄虫以其交合伞附着于雌虫阴门部，形成交配状态，构成"Y"形。雄虫长 2～4mm，雌虫长7～26mm，口囊底部有 6～10 个小齿。虫卵呈椭圆形，大小为（78～100）μm×（43～49）μm，两端有厚的卵塞。

2. 流行病学　　宿主的感染主要发生于鸡舍、运动场、潮湿的草地和牧场。幼鸡往往普遍感染。感染性幼虫在外界环境中抵抗力较弱，但在蚯蚓体被保持感染力能达 4 年之久，在蛞蝓和蜗牛体内可生活 1 年以上，野鸟、野禽体内排出的幼虫通过蚯蚓后，对鸡的感染力增强，有利于该病的流行和散布。

3. 致病作用和症状　　严重感染时，由于幼虫的移行，损伤肺脏，引起肺淤血水肿和大叶性肺炎。成虫寄生时，虫体对黏膜的刺激可引发卡他性气管炎、黏液性气管炎。雏鸡寄生少量虫体时便表现症状，病鸡伸颈，张嘴呼吸，将头左右摇甩排出黏液性分泌物，有时分泌物中有虫体。口中充满泡沫性唾液，最后呼吸困难，窒息死亡。

【注意事项】

由于马圆线虫的广泛分布，几乎所有马的粪便中均有马圆线虫虫卵存在，为了判断其致病程度，需先进行虫卵计数，确定感染强度，一般认为每克粪便中虫卵数在 1000 个以上时，可看成必须治疗的圆线虫病。

【结果可靠性确认】

对于马圆线虫的诊断，检查幼驹粪便时，应注意到出生数天或数周的小马，其粪内虫卵可能是由于吞食母马粪便所致。一般认为在以下期间发现虫卵才能作为已遭受感染的根据：小型圆线虫，生后 12～14 周；普通圆线虫，生后 26 周；无齿圆线虫，生后 55 周。

项目四　鞭虫形态学观察

【概述】

鞭虫病是由毛尾科毛尾属的线虫寄生于家畜大肠（主要是盲肠）引起的。虫体前部呈毛发状，故又称毛首线虫；整个外形又像鞭子，前部细，像鞭梢，后部粗，像鞭杆，故又称鞭虫（图 2-85）。主要危害幼畜，可寄生在猪、猴、牛、羊、犬、狐和人肠道内，严重感染时，可引起死亡。与兽医有关的主要有猪毛首线虫、绵羊毛首线虫、球鞘毛首线虫和狐毛首线虫。

图 2-85　猪盲肠内寄生的鞭虫浸制标本

【任务分析】

1）肉眼观察猪鞭虫的外观形态特征，掌握其形态特点，了解其所寄生的宿主及部位。

2）显微镜下观察猪鞭虫虫卵，掌握其特征。

【知识点】

1. 形态特征　鞭虫虫体呈乳白色。前部为食道部，细长，内含有由一串单细胞围绕着的食道，后部为体部，短粗，内有肠和生殖器官。雄虫后部弯曲，泄殖腔在尾端，有一根交合刺，包藏在有刺的交合刺鞘内；雌虫后端钝圆，阴门位于粗细部交界处。雄虫长 20～80mm，雌虫长 35～70mm。虫卵呈棕黄色，腰鼓形，卵壳厚，两端有塞（图 2-86）。

2. 流行病学　鞭虫在幼畜体内寄生较多。一个半月的猪即可检出虫卵；4 月龄的猪，虫卵数和感染率均急剧增高，以后逐渐减少；14 月龄猪极少感染。由于卵壳厚，抵抗力强，故感染性虫卵可在土壤中存活 5 年。一年四季均可感染，但夏季感染率最高，近年来研究者多认为人鞭虫和猪鞭虫为同种，故有一定的公共卫生方面的重要性。

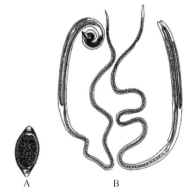

图 2-86　鞭虫虫卵（A）和猪毛首线虫成虫（B）

3. 致病作用及症状　病变局限于盲肠和结肠。虫体头部深入黏膜，引起盲肠和结肠的慢性卡他性炎症。有时有出血性肠炎，通常是淤斑性出血。严重感染时，盲肠和结肠黏膜有出血性坏死、水肿和溃疡，还有和结节虫病相似的结节。结节有两种：一种质软有脓，虫体前部埋入其中；另一种在黏膜下，呈圆形包囊状物。组织学检查时，见结节中有虫体和虫卵，并伴有显著的淋巴细胞、浆细胞和嗜伊红细胞浸润。

轻度感染时，有间歇性腹泻，轻度贫血，因而影响猪的生长发育。严重感染时，食欲减退，消瘦，贫血，腹泻；死前数日，排水样血色便，并有黏液。

【结果可靠性确认】

鞭虫虫卵形态有特征性，易于识别确诊。

项目五　丝虫形态学观察

【概述】

引起家畜丝虫病的病原是丝状科和丝虫科的各种虫体，这些虫体寄生于牛、马、羊等动物引起丝虫病。其中常见的丝虫病是由丝状属的成虫引起的牛、马腹腔丝虫病，该虫的童虫所引起的马、羊脑脊髓丝虫病及浑睛虫病；恶丝虫属成虫引起的犬心丝虫病。

【任务分析】

掌握血液中微丝蚴检查方法。

【知识点】

一、牛、马丝虫病

引起牛、马丝虫病的病原是丝状科丝状属的一些虫体，这些虫体主要寄生于牛、马的腹腔而引起相应的丝虫病，因此，又称为牛、马腹腔丝虫病。由于腹腔是该属线虫的正常寄生部位，而且寄生虫体的数量往往又不多，因此致病力一般也就不显著。但有些种的幼虫，可寄生于非固有宿主的某些器官，引起如脑脊髓丝虫病和浑睛虫病等一些危害较为严重的疾病，给牧业生产造成一定的损失。与兽医有关的有寄生在马属动物腹腔的马丝状虫、寄生在牛（黄牛、水牛、牦牛）腹腔的指状丝虫和寄生鹿腹腔的鹿丝虫。

1. 形态特征　丝状属的丝虫为较大型线虫，长数厘米至十余厘米，为乳白色，体壁较坚实，后端常蜷曲呈螺旋形。雄虫泄殖孔前后均有性乳突数对，交合刺两根，长短不等。雌虫较雄虫大，尾尖上常有结或小刺，阴门在食道部，雌虫产带鞘的微丝蚴，出现于宿主的血液中。

2. 致病作用及症状　牛、马腹腔丝虫成虫的繁殖方式为胎生，成虫于腹腔内产出幼虫——微丝蚴，微丝蚴进入终宿主的血液循环，当中间宿主——蚊类刺吸血液时，微丝蚴进入蚊体，然后当此蚊再吸终末宿主的血液时，感染性幼虫即进入终宿主体内，发育为成虫寄生于腹腔。

寄生在牛、马腹腔等处的虫体，其致病力不强，临床上一般不呈现明显的致病作用。但牛、马腹腔丝虫的童虫均可相互引起浑睛虫病或引起马、羊的脑脊髓丝虫病。

牛、马丝虫病可通过采取血液作微丝蚴检查进行确诊。

【器材准备】

载玻片、盖玻片、生理盐水、显微镜、鲜血一滴。

【操作程序】

采新鲜血液一滴，置载玻片上，加少量生理盐水稀释后，加上盖玻片，在低倍镜下观察，如有微丝蚴存在，即可见其在血液中游动。

【注意事项】

也可制作血液厚膜标本，自然干燥后置水中溶血之后趁湿镜检，如此检出率较高。

二、脑脊髓丝虫病

脑脊髓丝虫病是由生于牛腹腔的指状丝虫和唇乳突丝虫的晚期幼虫（童虫）迷路侵入马的脑或脊髓的硬膜下或实质中而引起的疾病（羊也可发生）。我国多发于长江流域和华东沿海地区，东北、华北等地亦有病例发生，给农牧业生产带来一定损失。

1. 形态特征　　病原体微丝蚴童虫为乳白色小线虫，长 1.5～5.8cm，宽 0.078～0.108mm，其形态特征已基本近似成虫；多寄生于脑底部、颈椎和腰椎膨大部的硬膜下腔、蛛网膜下腔或蛛网膜与硬膜下腔之间。

2. 流行病学　　该病主要流行于东北亚和东南亚国家。我国的长江流域和华东沿海地区也流行该病。马和羊发病较多。该病有明显的季节性，多发生于夏末秋初，其发病时间常比蚊子出现的时间晚 1 个月，因此，该病在 7～9 月多发。该病的发病率与环境因素较为密切，低湿、沼泽、水网和稻田地区一般多发，因为这些环境均适合蚊子滋生。各种年龄的马匹均可发病，但饲养在地势低洼、多蚊、距离牛圈近的环境中的马匹，与饲养在与此相反条件下的马匹相比，其发病率为 4∶1。

3. 致病作用及症状　　马感染牛丝虫以致发病，是由于虫体通过脑脊髓神经孔进入大脑、小脑、延脑、脑桥和脊髓等处引起的脑脊髓炎症和脑脊髓实质的破坏性病灶。因为幼虫是移行的，并无寄生定位，以致病情有轻重不同，潜伏期长短不一（平均为 15d 左右）。主要表现于腰髓所支配的后躯运动神经障碍，呈现痿弱和共济失调为常见，故通常称作"腰痿"或"腰麻痹"。该病也可突然发作，导致动物在数天内死亡。

马的症状大体可分为早期症状及中晚期症状两类。

（1）早期症状　　主要表现一后肢或两后肢提举不充分，运动时，蹄尖轻微拖地。后躯无力，后肢强拘。从腰荐部开始，凹腰反应迟钝，整个后躯感觉也迟钝或消失。病马低头无神，行动缓慢。

（2）中晚期症状　　病马精神沉郁，有的意识障碍，出现痴呆样，磨牙，凝视，易惊，采食异常，尾力减退而欠灵活，不能驱赶蚊蝇；腰、臀、内股部针刺反应迟钝或消失；弓腰、腰硬，突然高度跛行。一般运步，两后肢外张，斜行，易打前失，或后肢出现强直；小跑时步幅缩短，后躯摇摆；站立时后坐瞌睡，后坐到一定程度，猛然立起。随着病情加重，病马阴茎脱出下垂，尿淋漓或尿频，尿色呈乳状，重症者甚至尿闭、粪闭。

三、浑睛虫病

引起马匹患浑睛虫病的病原有牛腹腔丝虫指状丝虫和鹿丝虫。该病发生于牛时则多为马丝状虫的童虫。马或牛的一个眼内常寄生1～3条，游动于眼前房中，当对光观察时，可见虫体时隐时现，马、骡较牛为多发。虫体长1～5cm，其形态构造均近似各该虫的成虫。

蚊子作为其中间宿主，将相应的丝虫的幼虫——微丝蚴吸入体内，经14d左右发育为感染性幼虫，集中到蚊的口器内，当该蚊虫吸家畜血液时，将感染性幼虫注入非固有宿主马、牛体内，可经淋巴血液循环而侵入眼前房内，发育为相应丝虫的童虫，引起浑睛虫病。

1. 致病症状　病畜畏光、流泪、角膜和眼房液轻度混浊，眼睑肿胀，结膜和巩膜充血，瞳孔散大，视力减退。病畜时时摇晃头部或在马槽及桩上摩擦病眼，严重时可致失明。

2. 治疗方法　浑睛虫病的根本疗法是应用角膜穿刺术取出虫体。手术时，将病马行横卧或站立保定，确实保定头部，当虫体在眼前房游动时，用3%毛果芸香碱液点眼，使瞳孔缩小，防止虫体退至眼后房。再用5%普鲁卡因液点眼麻醉。开张眼睑，固定眼球，用0.3～0.5cm长度的小号尖头外科刀的刀尖或小宽针或静脉注射用针头，在距角膜下0.2～0.3cm处，斜向角膜，使刀与虹膜面平行（如用静脉注射针头时，斜面向内），待虫体正向术者方向游来时，迅速刺入眼房内，此时虫体便随眼房液流出。如虫体不随眼房液流出，可用小镊子将虫体取出。术后，将病畜静养于暗厩内，穿刺的创口一般可在一周左右愈合，术后如分泌物多时，可用硼酸液清洗和应用抗生素眼药水点眼。

四、犬恶丝虫病

犬恶丝虫病是由丝虫科的犬恶丝虫寄生于犬心脏的右心室及肺动脉引起循环障碍、呼吸困难及贫血等症状的一种丝虫病。除犬外，猫和其他野生肉食动物均可作其终末宿主。该病分布甚广，全国各地几乎均有发现。

1. 形态特征　犬恶丝虫的成虫呈微白色。雄虫体长12～16cm，末端有11对尾乳突，交合刺两根，不等长。雌虫体长25～30cm，尾端直，阴门开口于食道后端。微丝蚴无鞘，以夜间出现较多。犬恶丝虫的成虫常纠缠成几乎无法解开的团块，其幼虫，多大量寄生于血液中，在新鲜血液中作蛇行或环行运动，经常与血细胞相碰撞。

2. 流行病学　犬恶丝虫在我国分布甚广，北至沈阳、南至广州均有发现。除犬外，在猫和其他野生动物体内也可寄生。由于该寄生虫的生活史中所需的中间宿主是蚊子等，因此每年蚊子最活跃的7～9月为该病的感染最强期。饲养环境与感染率有关，饲养在室外的犬感染率高，饲养在室内的犬感染率低。

3. 致病作用及症状　最早出现的症状是咳嗽，运动时加重，病犬运动时易疲劳，随病的发展，病犬出现心悸亢进，脉细而弱，心有杂音，肝肿大，肝脏触诊疼痛。腹腔积水，腹围增大，呼吸困难。末期贫血增进，逐渐消瘦衰弱至死。患该病的犬常伴发结节性皮肤病，以瘙痒和倾向破溃的多发性灶状结节为特征。皮肤结节显示血管中心的化脓性肉芽肿炎症，在化脓性肉芽肿周围的血管内常见有微丝蚴。

任务六　棘头虫形态学观察

【概述】

棘头虫是一类雌雄异体，两侧对称，具有假体腔，没有消化系统和循环系统的蠕虫。虫体呈椭圆形、纺锤形或圆柱形等不同形态。大小差别极大，小的约1.5mm，大的可长达650mm。虫体前端有1个形成嵌套构造的可以伸缩的吻突，其上有小钩或小棘，故称为棘头虫。虫体分为短细的前体部和粗长的躯干部。卵壳较厚，在发育过程中一般需要节肢动物作为中间宿主。主要寄生于鱼类、鸟类和哺乳类等脊椎动物的肠道内。种类很多，与兽医有关的主要有猪蛭形巨吻棘头虫和鸭多形棘头虫。

图2-87　猪棘头虫浸制标本

【任务分析】

1）肉眼观察猪棘头虫和鸭棘头虫的外观形态特征，掌握其形态特点，了解其所寄生的宿主及部位。

2）显微镜下观察猪蛭形巨吻棘头虫和多形棘头虫的吻突特点。

3）显微镜下观察棘头虫卵，注意其特征。

【知识点】

一、猪棘头虫病

猪棘头虫病是由棘头虫纲大棘吻目少棘科巨吻属的蛭形巨吻棘头虫（图2-87）寄生于猪小肠（以空肠为最多）内引起的寄生虫病。也寄生于野猪、狗、和猫体内，偶见于人，我国各地普遍流行。有些地区该病的危害甚至大于猪的蛔虫病，是很值得注意的一种蠕虫病。

1. 形态特征　猪棘头虫为大型虫体，呈乳白色或粉红色，体表有明显的环状皱纹。前端粗，向后逐渐变细（图2-88）。头端有一个可伸缩的吻突，吻突上有5~6列强大向后弯曲的小钩（图2-89）。雌雄虫体差别很大。雄虫长7~15cm，雌虫长30~68cm。

虫卵长椭圆形，深褐色，两端稍尖（图2-90）。卵壳由4层组成，外层薄而无色，易破裂；第二层呈褐色，有细皱纹，两端有小塞状构造，一端较圆，另一端较尖；第三层为受精膜；第四层不明显。虫卵内的棘头蚴的头端有4列小棘，第一、第二列较大，第三、第四列较小。虫卵大小为（89~100）μm×（42~56）μm，棘头蚴大小为26μm×58μm。

2. 致病作用及症状　棘头虫以强有力的吻突及其小钩牢牢地叮着在肠黏膜上，引起肠黏膜炎症，肠壁组织严重损伤可以产生坏死和溃疡。侵害若达浆膜层，即产生小结节，呈坏死性炎症。观察炎症部位周围组织切片可见到嗜酸性粒细胞带，并有细

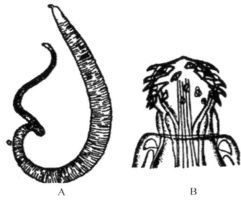

图 2-88　猪蛭形巨吻棘头虫雌虫全长（A）
和吻突（B）示意图

图 2-89　猪棘头虫吻突

菌存在。

　　症状表现随感染强度而不同。感染少量虫体，症状不显；严重感染时，在第三天即可见到食欲减退、下痢、腹痛、腹肌抽搐、刨地、粪便带血。病猪腹痛时表现为采食骤然停止，四肢撑开，肚皮贴地呈拉弓姿势，同时不断发出哼哼声（某些地区称哼哼病）。重剧者则突然倒在食槽旁，四蹄乱蹬，通常在 1～3min 后又逐渐恢复正常，继续采食。

图 2-90　棘头虫卵

　　当虫体固着部位发生脓肿或肠穿孔时，症状加剧，体温升高达 41℃，病猪表现衰弱，不食，腹痛，卧地，多以死亡告终。一般感染时，多因虫体吸收大量养料和虫体的有毒物质的作用，使病猪贫血、消瘦和发育停滞。

　　该病呈地方流行性，8～10 月龄猪感染率较高，严重流行地区其感染率可达 60%～80%。

二、鸭棘头虫病

　　鸭棘头虫病是由棘头虫纲多形科多形属的若干种棘头虫寄生于鸭、鹅、天鹅、野生游禽和鸡的小肠引起的疾病。

　　1. 形态特征　　鸭棘头虫均为小型虫体（图 2-91）。以大多形棘头虫为代表，虫体呈橘红色，纺锤形，前端大，后端狭细。吻突上有小钩 18 个纵列，每行 7～8 个，每一纵列的前 4 个钩比较大，有发达的尖端和基部，其余的钩不很发达，呈小针形（图 2-92）。雄虫长 9.2～11mm，雌虫长 12.4～14.7mm，宽 1.3～2.3mm，虫卵呈长纺锤形，大小为（113～129）μm×（17～22）μm，在卵胚的两端有特殊的突出物。在我国广东、四川、贵州存在。

　　2. 致病作用及症状　　主要症状为下痢、消瘦、生长发育受阻。幼鸭表现得明显，重症者死亡。

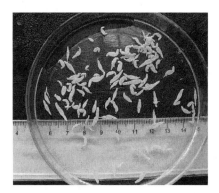

图 2-91　鸭棘头虫

图 2-92　鸭棘头虫吻突

【结果可靠性确认】

猪棘头虫病的诊断可以通过直接涂片法和水洗沉淀法检查粪便中的虫卵进行确诊。

鸭棘头虫病的诊断以集卵沉淀法检查粪便中的虫卵，或作病理剖检，在小肠部位寻找虫体进行确诊。该病常呈地方流行性，可作为诊断的参考。

体表寄生虫检查技术

任务一　螨虫检查技术

【概述】

螨病又叫疥癣，俗称癞病，通常所称的螨病是由于疥螨科或痒螨科的螨寄生在畜禽体表而引起的慢性寄生性皮肤病。各种家畜都可发生螨病，剧痒、湿疹性皮炎、脱毛、患部逐渐向周围扩展和具有高度传染性为该病的特征。在螨的检查中，病料采集的正确与否是螨病诊断的关键。

【任务分析】

1）学会螨虫的实验室检查技术。
2）认识螨虫并了解螨虫的发病特点和危害。

【知识点】

螨病主要由于健畜与病畜直接接触或通过被螨及其卵污染的厩舍、用具、鞍挽具等间接接触引起感染。

螨病主要发生于冬季和秋末春初，因为这些季节日光照射不足，家畜毛长而密，特别是在厩舍潮湿、畜体卫生状况不良、皮肤表面湿度较高的条件下，最适合螨的发育繁殖。夏季家畜绒毛大量脱落，皮肤表面常受阳光照射，皮温增高，经常保持干燥状态，这些条件都不利于螨的生存和繁殖，大部分虫体死亡，仅有少数螨潜伏在耳壳、系凹、蹄踵、腹股沟部以及被毛深处，这种带虫家畜没有明显的症状，但到了秋季，随着条件的改变，螨又重新活跃起来，不但引起症状的复发，而且成为最危险的传染来源。

对有明显症状的螨病，根据发病季节、剧痒、患部皮肤的变化等，确诊并不困难。但不够明显时，则需采取患部皮肤上的痂皮，检查有无虫体，才能确诊。

【器材准备】

显微镜、平皿、试管、手术刀、镊子、载玻片、盖玻片、胶头滴管、10% 氢氧化钠溶液、50% 甘油水溶液。

【操作程序】

一、病料的采集

动物患螨病后，主要表现为皮肤增厚、结痂、脱毛、痒感。其采集部位在动物健康皮肤和病变皮肤的交界处，因为这里的螨最多。采集时剪去该部的被毛，用经过火焰消毒的钝口外科刀，使刀刃和皮肤垂直，用力刮取病料，一直刮到微微出血为止（此点对检查寄生于皮内的疥螨尤为重要）。

将刮取的病料置于消毒的小瓶或带塞的试管中。刮取病料处用碘伏消毒。

为防止皮屑被风吹走，尤其在室外进行工作时，可在刀刃上蘸取少量 50% 的甘油水溶液，这样可使皮屑黏附在刀上。

二、检测方法

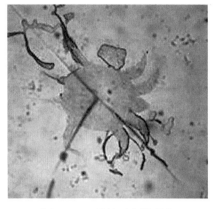

图 3-1　显微镜下痒螨形态

1. 肉眼直接检查法　将病料置于培养皿中，将培养皿底部在酒精灯上或用热水加热至 37~40℃ 后，将培养皿放于黑色衬景上用肉眼观察，可见白色虫体在黑色背景上移动。此方法适用于检查体型较大的痒螨。

2. 显微镜直接检查法　将刮下的皮屑，放在载玻片上，加一滴 50% 甘油水溶液或 10% 氢氧化钠溶液，用牙签调匀或盖上另一载玻片搓压使病料散开，再将载玻片分开，盖上盖玻片在低倍镜下检查，发现螨虫体可确诊（图 3-1~图 3-3）。

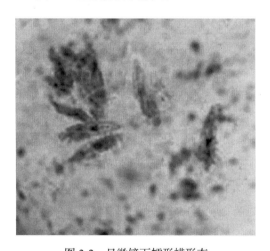

图 3-2　显微镜下蠕形螨形态

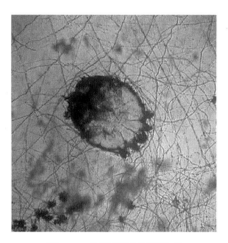

图 3-3　显微镜下疥螨形态

【注意事项】

在螨的检查中，病料采集的正确与否是螨病诊断的关键。一定要选择动物健康皮肤与病变皮肤的交界处，用刀刃刮取病料直到微微出血为止。

【结果可靠性确认】

除螨病外，钱癣、湿疹、马骡过敏性皮炎等皮肤病，以及虱与毛虱寄生时也都有皮炎、脱毛、落屑、发痒等症状，应注意鉴别。

1）钱癣（秃毛癣）：由真菌引起，在头、颈、肩等部位出现圆形、椭圆形、界限明显的患部，上面覆盖着浅灰色疏松的干痂，容易剥脱，创面干燥，痒觉不明显，被毛常在近根部折断。在患部与健康部交界处拔取毛根或刮取痂皮，用10%氢氧化钾处理后，镜检可发现病原菌。

2）湿疹：无传染性，痒觉不剧烈，而且在温暖场所也不加剧。

3）虱和毛虱：发痒、脱毛和营养障碍同螨病相类似，但皮肤发炎、落屑程度都不如螨病严重，而且容易发现虫体及虱卵。

4）马骡过敏性皮炎：由蠓叮咬引起，该病的发病地区和季节性与螨病不同，多发于南方夏季。冬季症状减轻，以至自愈。一般从丘疹开始，而后形成散布的小干痂和圆形的秃毛斑，只有在剧烈摩擦后，才形成大片糜烂创面。镜检病料找不到螨。

任务二　螨虫形态学观察

项目一　疥螨形态学观察

【概述】

疥螨属于蜘蛛纲蜱螨目疥螨科疥螨属。寄生于马、牛、羊、猪、骆驼等动物的皮肤表皮层。疥螨在宿主体外的生活期限，随温度、湿度和阳光照射强度等多种因素的变化而有显著的差异，一般仅能存活3周左右。

【任务分析】

掌握疥螨的形态特征，了解其生活史及致病症状。

【知识点】

一、病原形态

疥螨的体形小，近于圆形或龟形，微黄白色，头、胸、腹合一。无眼。咀嚼式口器，短小，呈铁蹄形。腹面有4对短粗的肢，分5节，基节与身体连在一起，趾端有吸盘或刚毛（图3-4）。

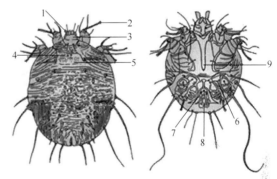

图3-4　疥螨形态结构

1. 螯肢；2. 吸盘；3. 假头；4. 气孔始基；5. 胸甲；6. 第3及第4足的后肢条；7. 生殖围条；8. 生殖帷膜；9. 后肢条

雄虫比较小，大小为（0.2~0.235）mm×（0.145~0.19）mm。第1、2、4对足的趾端有吸盘，第3对足的趾端有长刚毛。

雌虫大小为（0.33~0.45）mm×（0.25~0.35）mm。第1、2对足的趾端有吸盘，第3、4对足的趾端有刚毛而无吸盘。如图3-5所示。

二、生活史

疥螨科的螨类全部发育过程都在动物体上度过，包括卵、幼虫、若虫、成虫4个阶段，其中雄螨为1个若虫期，雌螨为2个若虫期。

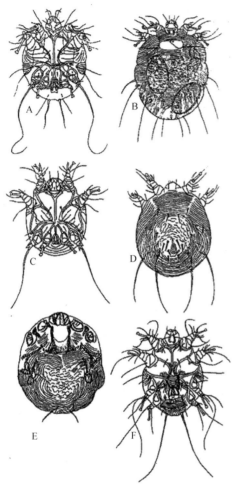

图 3-5 疥螨形态

A. 疥螨雄虫腹面；B. 疥螨雌虫背面；

C. 背肛螨雄虫腹面；D. 背肛螨雌虫背面；

E. 膝螨雌虫背面；F. 膝螨雄虫腹面

疥螨的口器为咀嚼式，在宿主表皮挖凿隧道，以角质层组织和渗出的淋巴液为食，在隧道内进行发育和繁殖。雌螨在隧道内产卵，每2～3d 产卵一次，一生可产40～50 个卵。后期卵透过卵壳可看到发育的幼螨。卵经 3～8d 孵出幼螨。幼螨 3 对肢，很活跃，经隧道爬到皮肤表面，然后钻入皮内造成小穴，在其中蜕皮变为若螨。若螨似成螨，有 4 对肢，但体型较小，生殖器尚未显现。雄螨与雌螨进行交配，交配后的雄螨不久即死亡，受精后的雌螨非常活跃，在宿主表皮找到适当部位以螯肢和前足跗节末端的爪挖掘虫道，经 2～3d 后开始产卵，产完卵后死亡，疥螨整个发育过程为 8～22d，平均 15d。

三、症状

1. 剧痒 这是贯穿于整个疾病过程中的主要症状。病势越重，痒觉越剧烈。因为螨的体表长有很多刺、毛和鳞片，同时还能由口器分泌毒素，当它在家畜皮肤采食和活动时能刺激皮肤神经末梢而引起痒觉。当病畜进入温暖场所或运动后，痒觉更加增剧，这是由于螨随着周围温度增高而活动增强。剧痒使病畜不停地啃咬患部，并向各种物体上用力摩擦，因而越发加重患部的炎症和损伤，同时还向周围环境散布大量病原。

2. 结痂、脱毛和皮肤肥厚 这也是螨病病畜必然出现的症状。在虫体的机械刺激和毒素的作用下，皮肤发生炎性浸润，发痒处皮肤形成结节和水疱。当病畜蹭痒时，结节、水疱破溃，流出渗出液。渗出液与脱落的上皮细胞、被毛及污垢混杂在一起，干燥后就结成痂皮。痂皮被擦破或除去后，创面有多量液体渗出及毛细血管出血，又重新结痂。随着病情的发展，毛囊、汗腺受到侵害，皮肤角质层角化过度，患部脱毛，皮肤肥厚，失去弹性而形成皱褶。

3. 消瘦 由于皮肤发痒，病畜终日啃咬，摩擦和烦躁不安，影响正常的采食和休息，并使胃肠消化、吸收机能降低。加之在寒冷季节因皮肤裸露，体温大量放散，体内蓄积的脂肪被大量消耗，所以病畜日渐消瘦，有时继发感染，严重时甚至死亡。

【结果可靠性确认】

各种动物疥螨病特征。

（1）马疥螨病   先由头部、体侧、躯干及颈部开始，然后蔓延肩部、背部及至全身。痂皮硬固不易脱落，勉强剥落时，创面凹凸不平，易出血。

（2）绵羊疥螨病   主要在头部明显，嘴唇周围、口角两侧、鼻子边缘和耳根下面。发病后期病变部位形成坚硬白色胶皮样痂皮，农牧民叫做"石灰头"病。

（3）牛疥螨病   开始于牛的面部、颈部、背部、尾根等被毛较短的部位，病情严重时，可遍及全身，特别是幼牛感染疥螨后，往往引起死亡。

（4）猪疥螨病   仔猪多发，初从头部的眼周、颊部和耳根开始，以后蔓延到背部、身体两侧和后肢内侧，患部剧痒，被毛脱落，渗出液增加，黏成石灰色痂皮，皮肤呈现皱褶或龟裂。

（5）兔疥螨病   先由嘴、鼻孔周围和脚爪部位发病。病兔不停用嘴啃咬脚部或用脚搔抓嘴、鼻孔等处解痒，严重发痒时有前、后脚抓地等特殊动作。病兔脚爪上出现灰白色痂块，嘴唇肿胀，影响采食。

（6）犬疥螨病   先发生于头部，后扩散至全身，小狗尤为严重。患部有小红点，皮肤也发红，在红色或脓性疱疹上有黄色痂皮，奇痒，脱毛，然后表皮变厚而出现皱纹。

（7）猫耳疥螨病   由猫背肛螨引起，寄生于猫的面部、鼻、耳及颈部，可使皮肤龟裂，形成黄棕色痂皮，常可使猫死亡。

（8）突变膝螨病   寄生于鸡胫部、趾部无羽毛部的鳞片下方，引起皮肤发炎，起鳞片状屑，随后皮肤增生而变粗糙、裂缝。剧痒，以致常继发患部的搔伤。由于病变部渗出液的干涸而形成灰白色痂皮，外观似涂上了一层石灰故有"石灰脚"之称。可继发关节炎、趾骨坏死，甚至死亡。

（9）鸡膝螨病   疥螨虫道通常侵入羽毛的根部，以致诱发炎症，羽毛变脆、脱落，体表形成赤裸裸的斑点，皮肤发红，上覆鳞片。抚摸时觉有脓疱。因其寄生部剧痒，病鸡啄拨羽毛，使羽毛脱落，故通常称脱羽痒症。病灶常见于背部、翅膀、臀部、腹部等处。

项目二 痒螨形态学观察

【概述】

痒螨属于蜘蛛纲蜱螨目痒螨科痒螨属。寄生在绵羊、牛、兔的皮肤表面。各种动物都有痒螨寄生，形态上都很相似，但彼此不传染，即使传染上也不能滋生。痒螨具有坚韧的角质表皮，对不利因素的抵抗力超过疥螨，在牧场上能活35d。

【任务分析】

掌握痒螨的形态特征，了解其生活史。

【知识点】

一、病原形态

痒螨呈长圆形，体长0.5～0.9mm，比疥螨稍大，肉眼可见。体表有细皱纹。圆锥形

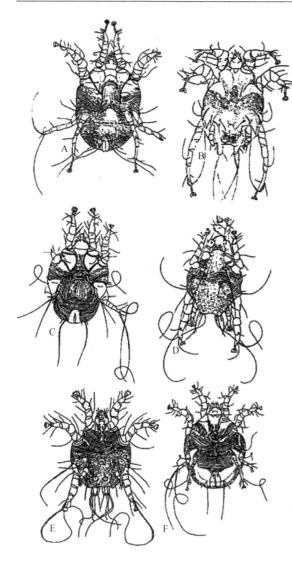

图 3-6 痒螨形态

A. 痒螨雌虫；B. 痒螨雄虫；C. 耳痒螨雌虫；
D. 耳痒螨雄虫；E. 足螨雄虫；F. 足螨雌虫

刺吸式口器较长。足均比较细长，一般前两对较大，末端有喇叭形吸盘。吸盘的柄分节。

雄虫第 1、2、3 对足末端都有吸盘。第 3 对足特别发达；第 4 对足特别短，无吸盘和刚毛。腹面的后方有一对交合吸盘（性吸盘）和一对结节（尾突），上有刚毛。生殖孔位于第 4 对足基节之间中央。

雌虫第 1、2、4 对足都有吸盘。第 3、4 对足均较短，第 3 对足的趾端有两根长刚毛。如图 3-6 所示。生殖孔位于第 2 对足基节之间。第 2 期若虫躯体后部有一对瘤状突，常和雄虫的交合吸盘相接。痒螨和疥螨形态比较见表 3-1。

二、生活史

痒螨的口器为刺吸式，寄生于皮肤表面，吸取渗出液为食。雌螨多在皮肤上产卵，约经 3d 孵化为幼螨，采食 24～36h 进入静止期后蜕皮成为第一若螨，采食 24h，经过静止期蜕皮成为雄螨或第二若螨。雄螨通常以其肛吸盘与第二若螨躯体后部的 1 对瘤状突起相接，抓住第二若螨，这一接触约需 48h。第二若螨蜕皮变为雌螨，雌雄才进行交配。雌螨 1～2d 后开始产卵，一生可产卵约 40 个，寿命约 42d。痒螨整个发育过程 10～12d。

表 3-1 痒螨和疥螨的形态比较

项目	体型及其大小	口器	足	吸盘及柄	雄虫腹面构造
疥螨	近于圆形，体长 0.2～0.5mm	短小，圆形或铁蹄形	短粗圆锥形，第 2、4 对足不伸出身体边缘之外	吸盘柄不分节。吸盘位于雄虫的第 1、2、4 对足和雌虫第 1、2 对足上	雄虫生殖孔位于呈倒 "V" 形、尤似倒垂的铜钟内
痒螨	长椭圆形，体长 0.5～0.9mm	长圆锥形	各足细长，前 2 足比后 2 对足稍粗	吸盘喇叭形，柄分 3 节，吸盘位于雄虫的第 1、2、3 对足和雌虫的第 1、2、4 对足上	有一对交合吸盘和一对结节

【结果可靠性确认】

各种动物痒螨病特征。

（1）马痒螨病　最常发生的部位是鬃、鬣、尾、颌间、股内面及腹股沟。马乘马、挽马则常发于鞍具、颈轭、鞍褥部位。皮肤皱褶不明显。痂皮柔软，黄色脂肪样，易剥离。

（2）绵羊痒螨病　危害绵羊特别严重，多发生于密毛的部位，如背部、臀部，然后波及全身。该病在羊群中首先引起注意的是羊毛结成束和体躯下部泥泞不洁，而后看到零散的毛丛悬垂于羊体，好像披着棉絮样，继而全身被毛脱光。患部皮肤湿润，形成浅黄色痂皮。

（3）山羊痒螨病　主要发生在耳壳内面，在耳内生成黄色痂，将耳道堵塞，使羊变聋，食欲缺乏甚至死亡。

（4）牛痒螨病　初期见于颈部两侧、垂肉和肩胛两侧，严重时蔓延到全身。病牛表现奇痒，常在墙头、木柱等物体上摩擦，或以舌舐患部，被舐湿部位的毛呈波浪状。以后被毛逐渐脱落，淋巴渗出形成棕褐色痂皮，皮肤增厚，失去弹性。严重感染时病牛精神萎顿，食欲大减，卧地不起，最终死亡。

（5）水牛痒螨病　多发于角根、背部、腹侧及臀部，严重时头部、颈部、腹下及四肢内侧也有发生。体表形成很薄"油漆起爆"状的痂皮，此种痂皮薄似纸，干燥，表面平整，一端着稍微翘起，另一端则与皮肤紧贴，若轻轻揭开，则在皮肤相连端痂皮下，可见许多黄白色痒螨在爬动。

（6）兔痒螨病　主要侵害耳部，引起外耳道炎，渗出物干燥成黄色痂皮。堵塞耳道如纸卷样。病兔耳朵下垂，不断摇头和用腿搔耳朵。严重时蔓延至筛骨或脑部，引起癫痫症状。

项目三　蠕形螨形态学观察

【概述】

蠕形螨病是由蠕形螨科中各种蠕形螨寄生于家畜及人的毛囊或皮脂腺而引起的皮肤病，该病又称为毛囊虫病或脂螨病。各种家畜各有其专一的蠕形螨寄生，互不感染。这些蠕形螨属于蠕形螨科蠕形螨属，有犬蠕形螨（图3-7）、牛蠕形螨、猪蠕形螨、绵羊蠕形螨（图3-8）、马蠕形螨等。犬和猪蠕形螨较多见，羊、牛也常有该病。

该病的发生主要由于病畜与健畜互相接触，通过皮肤感染，或健畜与被病畜污染的物体相接触，通过皮肤感染。

蠕形螨的病理变化主要是皮炎、皮脂腺-毛囊炎或化脓性急性皮脂腺-毛囊炎。该病的早期诊断较困难，可疑的情况下，可切破皮肤上的结节或脓疱，取其内容物作涂片镜检，以发现病原体。

【任务分析】

掌握蠕形螨的形态特征，了解其生活史和致病作用。

【知识点】

一、病原形态

虫体细长呈蠕虫样，半透明乳白色，分为头、胸、腹三部分。胸部有4对短粗的足

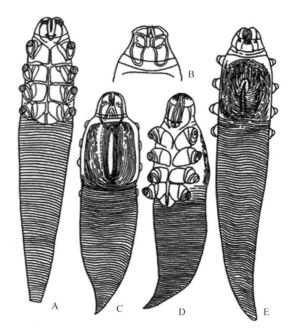

图 3-7　犬蠕形螨形态

图 3-8　绵羊和猪蠕形螨形态

A. 绵羊蠕形螨雄虫腹面；B. 绵羊蠕形螨雌虫假头；
C. 猪蠕形螨雌虫背面；D. 猪如星芒雌虫腹面；
E. 猪蠕形螨雄虫背面

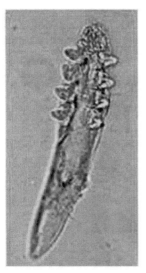

图 3-9　显微镜下蠕形螨形态

（图 3-9），各足由 5 节组成，腹部长，有横纹能活动、伸缩。口器由一对须肢、一对螯肢和一个口下板组成。

雄虫大小为（0.22～0.25）mm×0.045mm，生殖孔位于腹部背面。

雌虫大小为（0.25～0.30）mm×0.045mm，生殖孔位于腹面第 4 对足之间。

二、生活史

蠕形螨寄生在家畜的毛囊和皮脂腺内，蠕形螨的全部发育过程都在宿主体上进行。雌虫产卵于毛囊内，卵无色透明，呈菱形。卵孵化为 3 对足的幼虫，幼虫蜕化变为 4 对足的若虫，若虫蜕化变为成虫。虫体离开宿主后在阴暗潮湿的环境中可生存约 21d。

三、致病作用

蠕形螨钻入毛囊皮脂腺内，以针状的口器吸取宿主细胞内含物，由于虫体的机械刺激和排泄物的化学刺激使组织出现炎性反应，虫体在毛囊中不断繁殖，逐渐引起毛囊和皮脂腺的袋状扩大和延伸，甚至增生肥大，引起毛干脱落。此外由于腺口扩大，虫体进出活动，易使化脓性细菌侵入而继发毛脂腺炎、脓疱（图3-10）。有的学者根据受虫体侵袭的组织中淋巴细胞和单核细胞的显著增加，认为引起毛囊破坏和化脓是一种迟发型变态反应。

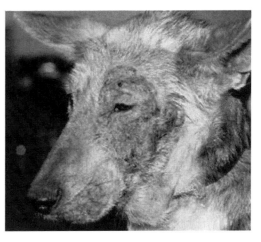

图 3-10　蠕形螨患病犬

【结果可靠性确认】

犬蠕形螨感染时应与疥螨感染相区别，患犬蠕形螨病时，毛根处皮肤肿起，皮表不红肿，皮下组织不增厚，脱毛不严重，银白色皮屑具黏性，痒不严重。

患疥螨病时，毛根处皮肤不肿起，脱毛严重，皮表红而有疹状突起，但皮下组织不增厚，无白鳞皮屑，但有小黄痂，奇痒。

各种动物痒螨病特征。

（1）犬蠕形螨病　　该病多发于5～6月龄的幼犬，主要见于面耳部，重症时躯体各部也受感染。初起时在毛囊周围有红润突起，后变为脓疱。最常见的症状是脱毛，皮脂溢出，银白色具有黏性的表皮脱落，并有难闻的奇臭。常继发葡萄球菌及链球菌感染而形成脓肿。严重时可因贫血及中毒而死亡。有时在正常的幼犬身上，可发现蠕形螨，但并不呈现症状。

（2）猪蠕形螨病　　一般先发生于眼周围、鼻部和耳基部，而后逐渐向其他部位蔓延。痛痒轻微，或没有痛痒，仅在病变部位出现针尖、米粒甚至核桃大的白色的囊。囊内含有很多蠕形螨、表皮碎屑及脓细胞，细菌感染严重时，成为单个的小脓肿。有的病猪皮肤增厚，不洁，凹凸不平而盖以皮屑，并发生皱裂。

（3）牛蠕形螨病　　一般初发于头部、颈部、肩部、背部或臀部。形成小如针尖至大如核桃的白色小囊瘤，常见的为黄豆大。内含粉状物或脓状稠液，并有各期的蠕形螨。也有只出现鳞屑而无疮疖的。

（4）羊蠕形螨病　　常寄生于羊的眼部、耳部及其他部位，除对于皮肤可引起一定损害外，也可在皮下生成脓性囊肿。

任务三　蜱虫形态学观察

蜱属于蜱螨亚纲蜱螨目蜱亚目。蜱分为3科：硬蜱科、软蜱科和纳蜱科。其中最常见的、对人和家畜危害性最大的是硬蜱科，其次是软蜱科，而纳蜱科不常见。

项目一　硬蜱形态学观察

【概述】

硬蜱又称壁虱、扁虱、草爬子、狗豆子等，是家畜的一种重要的外寄生虫。它呈红褐色或灰褐色，长卵圆形，背腹扁平，从芝麻粒大到米粒大。雌虫吸饱血后，虫体膨胀可达蓖麻籽大。

蜱的发育需要经过卵、幼虫、若虫及成虫4个阶段。幼虫、若虫、成虫这3个活跃期都要在人畜及野兽身上吸血。在幼虫变为若虫以及若虫变为成虫的过程中，都要经过蜕化（脱皮）。幼虫和若虫常寄生在小野兽和禽类的体表，成虫多寄生在大动物身上。有些种的蜱各个活跃期都以家畜为宿主。蜱的吸血量很大，饱食后幼虫的体重增加10～20倍，若虫为20～100倍，雄虫为1.5～2倍，而雌虫可达50～250倍。

根据硬蜱更换宿主次数和蜕皮场所可将蜱分为3种类型（图3-11～图3-13）。

（1）一宿主蜱　蜱在一个宿主体上完成幼虫至成虫的发育，成虫饱血后才离开宿主落地产卵，如微小牛蜱。

（2）二宿主蜱　蜱的幼虫和若虫在一个宿主体完成发育，而成虫在另一个宿主体吸血，饱血后落地产卵，如残缘璃眼蜱。

图3-11　一宿主蜱示意图

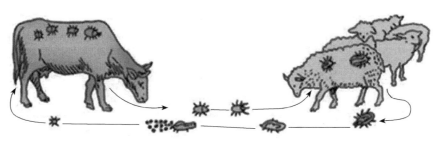

图3-12　二宿主蜱示意图

图3-13　三宿主蜱示意图

（3）三宿主蜱　蜱的幼虫、若虫和成虫分别在三个宿主体寄生，饱血后都需要离开宿主落地进行蜕皮或产卵。例如，硬蜱属、血蜱属和花蜱属的所有种，革蜱属、扇头蜱属中的大多数种。

蜱完成其生活史所需时间的长短，随蜱的种类和环境条件而异，如微小牛蜱完成1个世代所需的时间仅50d，而青海血蜱则需3年。蜱具有较强的耐饥能力，成蜱阶段的寿命尤长，如微小牛蜱成虫在试管内耐饥 5 年，幼蜱耐饥达 9 个月。

蜱的分布与气候、地势、土壤、植被和宿主等有关。各种蜱均有一定的地理分布区；有的种类分布于森林地带，如全沟硬蜱；有的种类分布于草原，如草原革蜱；有的种类分布于荒漠地带，如亚洲璃眼蜱；也有的种类分布于农耕地区，如微小牛蜱。

蜱类的活动有明显的季节性，通常都在一年中的温暖季节活动。这是蜱类在漫长进化过程中形成的一种对环境周期性变化条件的适应能力。

【任务分析】

认识硬蜱的一般构造，掌握硬蜱常见各属的鉴定方法。

【知识点】

硬蜱科和软蜱科的区别如下。

硬蜱科：体部背面有几丁质的盾板，覆盖背面全部或前面一部分；假头位于躯体前端，从背面可见。软蜱科：背面无盾板，均为革质表皮；假头位于躯体腹面前方，从背面看不见。

一、硬蜱的一般构造

硬蜱的身体不分节。头、胸、腹三部分融合为一，但按功能和位置分成假头和躯体。假头是由口器和假头基构成（图 3-14）。

（1）假头基　　其形状随蜱属不同而异，有六角形、矩形和三角形等。雌蜱的假头基背面有多孔区，呈圆形或近似三角形，雄蜱没有多孔区。

（2）口器　　由以下几个部分组成。

1）脚须（须肢）：一对，在假头基部前方两侧，由 4 节组成，第 1 节一般很粗糙；第 2、3 节最长；第 4 节很短小，位于第 3 节腹面的凹陷内。在鉴别上有意义的是第 2、3 节的宽度。脚须内侧沟槽中包含着螯肢与口下板。

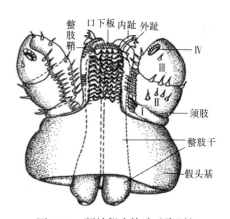

图 3-14　硬蜱假头构造（腹面）

2）螯肢：一对，位于两脚须之间，呈长杆状。螯肢外包有鞘，鞘上有刺。螯肢远端为爪状指。

3）口下板：一个，位于螯肢的腹侧，呈一扁的压舌板状。

（3）盾板　　是躯体部背面的几丁质增厚部分。雄虫的盾板覆盖整个背面；雌虫的盾板仅覆盖背面前方的一部分。

（4）眼　　或有或无。有则位于盾板前部的两侧边缘上，约在第 2 对足基部水平线两端附近，是小而半透明的圆形隆起。

（5）花缘　　或有或无，在盾板或躯体的后缘。由许多沟纹构成的若干长方形格叶，又称缘饰或缘垛。

（6）足　　位于躯体腹面，成虫 4 对足。由 6 节组成，分基节、转节、股节、胫节、前跗节（或叫后跗节）和跗节。末端有爪和爪垫。

（7）生殖孔　　位置相当于第2对足基部水平线腹面的中央，有的稍偏后。

（8）肛门　　位于腹面后 1/3 范围内中央处，周围有肛板或无。

（9）哈氏器　　位于第一对足的跗节近端部的背缘上，呈泡腔状，为嗅觉器官。如图 3-15 所示。

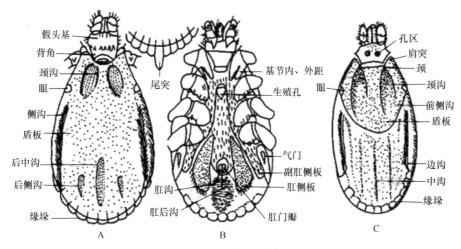

图 3-15　硬蜱的一般构造

A. 硬蜱背面观；B. 硬蜱腹面观；C. 硬蜱背面观

二、硬蜱科常见各属的鉴定方法

我国已发现的硬蜱有 100 余种，共分 9 属，牛蜱属、硬蜱属、扇头蜱属（图 3-16）、血蜱属、璃眼蜱属、革蜱属（图 3-17 和图 3-18）、花蜱属、盲花蜱属和异扇蜱属。前 6 属与兽医关系较为密切。由于未饱血的雄蜱较易观察，可根据盾板的大小选择雄蜱进行鉴定，前 7 个属的简易鉴定方法按下述步骤进行（图 3-19）。

第一步：观察肛门周围有无肛沟。如无肛沟又无缘

图 3-16　扇头蜱

图 3-17　森林革蜱腹面

图 3-18　森林革蜱背面

埂，可鉴定为牛蜱属；如有肛沟则继续观察。

第二步：观察肛沟位置。如肛沟围绕肛门前方则为硬蜱属；如肛沟围绕肛门后方则继续观察。

第三步：观察假头基形状。如假头基呈六角形（扇形），且有缘埂，则为扇头蜱属；如假头基呈四方形、梯形等，则继续观察。

第四步：观察须肢的长短与形状，如须肢宽短，第2节外缘显著地向外侧突出形成角突，且无眼，则为血蜱属（个别种类须肢第2节不向外侧突出）；如须肢不呈上述形状，则继续观察。

第五步：观察盾板是单一色还是有花纹，眼是否明显。如盾板为单色，眼大呈半球形，镶嵌在眼眶内，且须肢窄长，则为璃眼蜱属；如盾板有色斑，则继续观察。

第六步：如见盾板有银白色珐琅斑，腹面Ⅰ～Ⅳ基节渐次增大，尤其雄蜱第Ⅳ基节特别大，则为革蜱属。

第七步：如见盾板也有色斑（少数种类无），体形较宽，呈宽卵圆形或亚圆形；须肢窄长，尤其第2节显著长，则为花蜱属（如无眼则为盲花蜱属，寄生于爬虫类）。

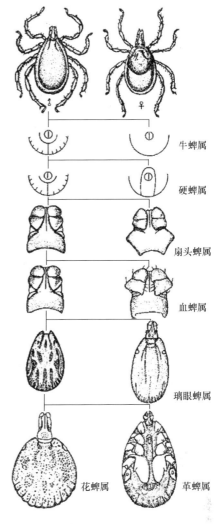

图3-19　常见硬蜱科各属简易鉴定图示

三、硬蜱危害

硬蜱不但吸食宿主大量血液，而且它的叮咬可使宿主皮肤产生水肿、出血、胶原纤维溶解和嗜中性粒细胞浸润的急性炎性反应，在恢复期，巨噬细胞、纤维母细胞逐渐代替嗜中性粒细胞。对蜱有免疫性的宿主，其真皮处具有明显的嗜碱性粒细胞的浸润。蜱的唾腺能分泌毒素，可使家畜产生厌食、体重减轻和代谢障碍，但症状一般较轻。某些种的雌蜱唾液腺可分泌一种神经毒素，它抑制肌神经接头处乙酰胆碱的释放活动，造成运动性纤维的传导障碍，引起急性上行性的肌萎缩性麻痹，称为"蜱瘫痪"。

经蜱传播的疾病较多，已知蜱是83种病毒、14种细菌、17种回归热螺旋体、32种原虫，以及钩端螺旋体、鸟疫衣原体、霉菌样支原体、犬巴尔通氏体、鼠丝虫、棘唇丝虫的媒介或贮存宿主，其中大多数是重要的自然疫源性疾病和人兽互通病，如森林脑炎、出血热、Q热、蜱传斑疹伤寒、鼠疫、野兔热、布氏杆菌病等的病原。硬蜱在兽医学上更具有特殊重要的地位，因为对家畜危害极其严重的梨形虫病和泰勒虫病都必须依赖硬蜱来传播。

项目二　软蜱形态学观察

【概述】

软蜱属于软蜱科，是畜禽体表的一类外寄生虫。软蜱生活在畜禽舍的缝隙、巢窝和洞穴等处，当畜禽夜间休息时，即侵袭畜禽叮咬吸血，大量寄生时可使畜禽消瘦、生产力降低甚至造成死亡。

软蜱的发育也需要经过卵、幼虫、若虫及成虫4个阶段。软蜱一生产卵数次，每次吸血后和夏秋期间产卵，每次产卵数个至数十个，一生产卵不超过1000个。由卵孵出的幼虫，经吸血后蜕皮变为若虫，若虫蜕皮次数随种类不同而异（有2～7个若虫期）。软蜱只在吸血时才到宿主身上去，吸完血就落下来，藏在动物的居处。吸血多半在夜间，因此软蜱的生活习性和臭虫相似。软蜱在宿主身上吸血的时间一般为0.5～1h。成蜱一生可吸血多次，每次吸血后落下藏于窝中。从卵发育到成蜱需4个月到1年的时间。软蜱寿命长，一般为6～7年，甚至可达15～25年。软蜱各活跃期均能长期耐饿，达5～7年，甚至15年。

【任务分析】

从形态上能够区分硬蜱和软蜱，了解软蜱的生活习性。

【知识点】

一、软蜱形态特征

软蜱体扁平，呈卵圆形或长椭圆形，虫体前端较窄，未吸血前为黄灰色，吸饱血后为灰黑色。雌雄形态相似，吸血后迅速膨胀。最显著的特征并与硬蜱的主要区别是：躯体背面无盾板，是有弹性的革状外皮构成（图3-20）；假头位于虫体前端的腹面，近方形；须肢是游离的（不紧贴于螯肢和口下板两侧），末数节常向后下方弯曲，末节不隐缩；腹面无几丁质板（图3-21）。

图3-20　软蜱形态

图3-21　浸制标本中的软蜱

二、分类

软蜱科与兽医学有关的有两个属，即锐缘蜱属和钝缘蜱属，它们的主要特征如下。

（1）锐缘蜱属　　体缘薄锐，饱血后仍较明显。虫体背腹面之间以缝线为界，缝线是由许多小的方块或平行的条纹构成。例如，寄生于鸡和其他禽类的波斯锐缘蜱。

（2）钝缘蜱属　体缘圆钝，饱血后背面常明显隆起。背面与腹面之间的体缘无缝线。例如，寄生于羊和骆驼等家畜的拉合尔钝缘蜱。

三、我国软蜱常见种类

（1）波斯锐缘蜱　呈卵圆形，淡黄灰色，体缘薄，由许多不规则的方格形小室组成。背面表皮高低不平，形成无数细密的弯曲皱纹；盘窝大小不一，呈圆形或卵圆形，放射状排列。

主要寄生于鸡，其他家禽和鸟类亦有寄生，常侵袭人，有时在牛、羊身上也有发现。成虫、若虫有群聚性。白天隐伏，晚上爬行活动，叮着在鸡的腿趾部无毛部分，每次吸血只需 0.5～1h。幼虫活动不受昼夜限制，在鸡翼下无羽部附着吸血，可连续附着 10 余天，侵袭部位呈褐色结痂。成虫活动季节以 8～10 月最多。

波斯锐缘蜱大量侵袭鸡体时，使鸡消瘦、产蛋量降低、发生软蜱性麻痹。失血严重时，导致死亡。

（2）拉合尔钝缘蜱　黄色，体略呈卵圆形；前端尖窄，形成锥状顶突，在雄虫较为明显，后端宽圆。表皮呈皱纹状，遍布很多星状小窝。

主要寄生在绵羊，在骆驼、牛、马、犬等家畜也有寄生，有时也侵袭人。主要生活在羊圈内或其他牲畜棚内（鸡窝内也曾发现）。幼虫通常在 9～10 月侵袭宿主，幼虫和前两期若虫在动物体上取食和蜕皮，长期停留。若虫在整个冬季都寄生，3 月以后很少发现。成虫也在冬季活动，白天隐伏在棚圈的缝隙内或木柱树皮下或石块下，夜间爬出叮咬吸血。主要分布于新疆。

【结果可靠性确认】

硬蜱和软蜱的形态构造及习性比较见表 3-2。

表 3-2　硬蜱和软蜱的形态构造及习性比较

项目	硬蜱	软蜱
假头的位置	在体前端，从背面可以看见	在腹面，背部看不见
脚须	粗、短，不能运动	灵活，能运动，像步足一样
背部盾板	有	无
吸血时间	白天夜间均能吸血	仅在夜间吸血
寄生习性	长久寄生在宿主体上	仅在吸血时暂时寄生
耐饥性	不能耐饥太久	耐饥可达数年

任务四　蝇蛆和虱检查技术

项目一　蝇蛆形态学观察

【概述】

双翅目是昆虫纲的一个大目，已知的种类有 8 万余种，其中有一些在医学和兽医学中极为重要。它们中有的是幼虫阶段长期寄生在家畜体内，成为蝇蛆病的病因；有的不但吸取人和动物的血液，还是很多种疾病的传播媒介。在我国较为常见的蝇蛆有马胃蝇蛆、牛皮蝇蛆、羊鼻蝇蛆。

【任务分析】

正确识别马胃蝇蛆、牛皮蝇蛆、羊鼻蝇蛆，了解它们的危害。

【知识点】

一、马胃蝇蛆

寄生于马属动物的胃肠道内。

1. 形态特征

1）马胃蝇蛆：第三期幼虫由 12 节组成，红色，近竹筒状，前端尖后端钝圆或齐平。虫体前端有一对黑色锐利的口前钩。一对后气门板位于末端窝内。体节又小刺，从体上各节刺的分布不同可鉴定种类（图 3-22）。

图 3-22　马胃蝇蛆浸制标本

2）成蝇：体表多绒毛，外形像蜜蜂，两眼小而分开较远，虫体较小，呈淡黄褐色，头和胸几乎等宽。头部淡黄色，胸部有褐色横纹，且有淡黄色而短的细毛，腹部橙黄带有褐色斑点。

2. 危害　马胃蝇蛆病是由各种胃蝇幼虫寄生于马属动物胃肠道内所引起的一种慢性寄生虫病。马属动物感染后，高度贫血、消瘦、中毒，使役能力降低，严重感染时可使马匹衰竭死亡。该病在我国各地普遍存在，尤其是东北、西北、内蒙古等地草原马感染率高达 100%，常给养马业带来很大的损失。

3. 生活史　马胃蝇的发育属完全变态，全部发育期长约 1 年，成蝇不采食。在外界环境中仅能存活数天，雄蝇交配后很快死去，雌蝇产完卵后死亡。

马胃蝇的雌蝇于炎热的白天飞近马体周围，将虫卵一个个地产于马的背部、背鬃、胸、腹及腿部被毛上，一生能产卵 700 个左右。经 1～2 周后，卵内发育为幼虫。幼虫在摩擦、啃咬作用下，爬出卵壳，在马体上移动，引起发痒。马啃痒时，大量幼虫粘在牙、唇及舌上，然后钻入黏膜下或舌表层组织内移行 3～4 周，经第 1 次蜕化后，第二期幼虫随吞咽进入胃肠道蜕化后变为第三期幼虫。三期幼虫在胃壁上寄生 9～10 个月，随粪便排出体外，钻入土中羽化成蝇。

4. 致病作用　马胃蝇幼虫在其整个寄生期间均有致病作用，主要出现营养障碍为主的症状，如食欲减退、消化不良、贫血、消瘦、腹痛等。

初期，由于幼虫口前钩损伤齿龈、舌、咽喉黏膜而引起这些部位的水肿、炎症，甚至溃疡。病马表现咀嚼吞咽困难、咳嗽、流涎、打喷嚏，有时饮水从鼻孔流出。

后期幼虫移行到胃及十二指肠后，由于损伤胃肠黏膜，引起胃肠壁水肿、发炎和溃疡，表现为慢性胃肠炎、出血性胃肠炎，最后使胃的运动和分泌机能障碍。有的幼虫排出前，还要在直肠寄生一段时间，引起直肠充血、发炎，病马频频排粪或努责，又因幼虫刺激而发痒，病畜摩擦尾根，引起尾根损伤、发炎、尾根毛逆立，有时兴奋和腹痛。

二、牛皮蝇蛆

牛皮蝇蛆有两种：纹皮蝇和牛皮蝇，寄生于牛的背部皮下（第三期幼虫）。

1. 形态特征

1）牛皮蝇蛆：第三期幼虫由12节组成，体肥大，棕褐色。背平腹凸，上面有许多明显的结节。各节的背腹面上都生有小刺，前缘刺大成排；后缘刺小，密集成若干排。体后端有一对后气门板。

2）成蝇：大小为13～15mm，口器退化，身体表面长着许多不同颜色的绒毛，胸部第二节上附生一对翅膀，第三节上有一对平衡棒，腹部分为5节。

2. 危害　　牛皮蝇蛆病是皮蝇科皮蝇属的三期幼虫寄生于牛背部皮下组织所引起的一种慢性寄生虫病。由于皮蝇幼虫的寄生，可使皮革质量降低，病牛消瘦，发育不良，产乳量下降，造成国民经济巨大损失。该病在我国西北、东北和内蒙古牧区流行甚为严重。

3. 生活史　　牛皮蝇与纹皮蝇的生活史基本相似，属于完全变态，整个发育过程须经卵、幼虫、蛹和成虫4个阶段。成蝇一般多在夏季晴朗的白天出现，牛皮蝇产卵于牛的四肢上部、腹部、乳房和体侧的被毛上，一生可产卵400～800个。卵经4～7d孵出呈黄白色半透明的第一期幼虫，幼虫经毛囊钻入皮下，经椎管或食道黏膜最后移行到背部前端皮下，移行过程大约8个月完成。皮蝇幼虫到达背部皮下后，皮肤表面呈现瘤状隆起，随后隆起处出现直径0.1～0.2mm的小孔，幼虫以其后端朝向小孔。皮蝇幼虫在背部皮下停留2～3个月后，体积逐渐增大，颜色逐渐变深，随后由皮孔蹦出。落地后可缓慢蠕动，钻入松土内经3～4d化蛹，蛹期1～2个月，后羽化为成蝇。幼虫在牛体内寄生10～11个月，整个发育过程需1年左右。

4. 致病作用　　皮蝇飞翔产卵时，发出"嗡嗡声"，引起牛只极度惊恐不安，表现蹦跳、狂跑等，甚至可引起摔伤、流产或死亡。幼虫钻入皮肤时，引起皮肤痛痒，精神不安。幼虫在食道寄生时，可引起食道壁的炎症，甚至坏死。幼虫移行至背部皮下时，在寄生部位引起血肿或皮下蜂窝组织炎，皮肤稍隆起，变为粗糙而凹凸不平，继而皮肤穿孔，如有细菌感染可引起化脓，形成瘘管，经常有脓液和浆液流出，最后形成瘢痕。皮蝇幼虫的寄生使皮张最贵重的部位（背、腰、荐部）大量被破坏。幼虫在生活过程中分泌毒素，对血液和血管壁有损害作用，严重感染时，病畜贫血、消瘦、生长缓慢、产乳量下降、使役能力降低。有时幼虫进入延脑和脊髓，能引起神经症状，如后退、倒地、半身瘫痪或晕厥，重者可造成死亡。

三、羊鼻蝇蛆

寄生于羊的鼻腔及其附近的腔窦内（一期幼虫）。

1. 形态特征

1）羊鼻蝇蛆：第三期幼虫体型比较大，分12节，体长20～30mm，背部拱起，光滑，各节上有黑色条纹，腹面扁平，有许多小刺，体前端细小，有一对黑色角质口前钩。体后端齐平，有一对后气门板。

图3-23　羊鼻蝇蛆寄生鼻腔

2）成蝇：成蝇体表密生较短的细毛，体中等大小。头部黄色，胸部呈淡黄色并有黑斑，腹部也有黑斑。翅透明。胎生。

2. 危害　羊鼻蝇蛆病亦称羊狂蝇蛆病。羊鼻蝇蛆病是由于双翅目环裂亚目狂蝇科的羊鼻蝇的幼虫寄生在羊的鼻腔及其附近的腔窦内引起的（图3-23）。该病表现为流脓性鼻漏，呼吸困难和打喷嚏等慢性鼻炎症状。病羊精神不安、体质消瘦，甚至死亡，严重影响养羊业的发展。该病在我国西北、东北、华北和内蒙古等地区较为常见，流行严重地区感染率可高达80%。羊鼻蝇主要危害绵羊，对山羊危害较轻。

3. 生活史　羊鼻蝇的发育是成虫直接产幼虫，经过蛹变为成虫。成蝇野居于自然界，寻找羊只向其鼻孔中产幼虫。成虫出现以7～9月最多。雌雄交配后，雄蝇死亡，雌蝇则栖息于较高而安静处，待体内幼虫发育后才开始飞翔。雌蝇遇羊时，急速飞向羊鼻，将幼虫产在鼻孔内或鼻孔周围，每次可产出20～40个，产完幼虫后死亡。幼虫爬入鼻腔内，以口前钩固着于鼻黏膜上，逐渐向鼻腔深部移行，在鼻腔、额窦或鼻窦内寄生9～10个月，经过2次蜕化变为第三期幼虫，侵入的幼虫仅10%～20%能发育成熟。第二年的春天，发育成熟的第三期幼虫由深部向浅部移行，当病羊打喷嚏时，幼虫即被喷落地面，钻入土内或羊粪内变蛹。蛹期1～2个月，羽化为成蝇。

4. 致病作用　当雌蝇突然冲向羊鼻产幼虫时，羊群惊恐不安，摇头或低头，鼻孔抵地，扰乱采食和休息，使羊只逐渐消瘦。

当幼虫在鼻腔及额窦内固着或爬行时，其口前钩和体表小刺损伤黏膜引起发炎，初为浆液性，以后为黏液性。病羊开始分泌浆液性鼻漏，后为脓性鼻漏，有时带血。鼻漏干涸在鼻孔周围形成硬痂，严重者使鼻孔堵塞而呼吸困难。病羊表现为打喷嚏、甩鼻子、摇头、磨鼻、眼睑水肿、流泪、食欲减退、日益消瘦等症状。

个别幼虫可进入颅腔，损伤脑膜，或因鼻窦发炎而波及脑膜，均能引起神经症状，即所谓"假旋回症"，表现为运动失调，旋转运动，头弯向一侧或发生痉挛麻痹症状。

项目二　虱形态学观察

【概述】

虱属于昆虫纲虱目，是哺乳动物和鸟类体表的永久性寄生虫，常具有严格的宿主特异性。常以宿主的名称为其种名。它在宿主体上的寄生也有一定部位,如猪血虱多寄生于耳基部周围、颈部、腹下、四肢的内侧;绵羊足颚虱则寄生于足的近蹄处;牛管虱多寄生于尾部。

吸血虱主要是通过直接接触感染,也可以通过混用的管理用具和褥草等传播。饲养管理和卫生条件不良的畜群,虱病往往比较严重。秋冬季节,家畜被毛厚密,皮肤湿度增加,有利于虱的生存和繁殖,因而常常促使虱病流行。

在畜体表面发现虱或虱卵即可确诊。

【任务分析】

了解虱的形态及其危害。

【知识点】

一、形态特征

虱体扁平,无翅,呈白色或灰黑色。虱体分头、胸、腹3部分,头、胸、腹分界明显。头部较胸部为窄,呈圆锥状。头部复眼退化为一眼点或无眼,触角3～5节,具有刺吸型或咀嚼型口器;胸部有粗短的足3对,粗短有力,肢末端以跗节的爪与胫节的指状突相对,形成握毛的有力工具。雄虱小于雌虱,雄虱末端圆形,雌虱末端分叉。发育属不完全变态。发育过程包括卵、若虫和成虫3个阶段,吸血虱终生不离开宿主。

二、危害

虱在吸血时,分泌有毒素的唾液,刺激神经末梢,引起皮肤发痒,病畜不安,啃痒或到处擦痒,造成皮肤损伤,有时还可继发感染。犊牛因常舔吮患部可能造成食毛癖,在胃内形成毛球。羊因虱寄生后,羊毛受损污染,脱落很多,影响羊毛产量和质量。由于虱的骚扰,影响家畜采食和休息,病畜消瘦,幼畜发育不良,降低对其他疾病的抵抗力。

【结果可靠性确认】

各种动物体表常见寄生虫见图3-24～图3-28。

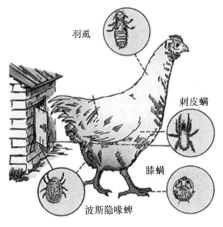

图3-24 鸡体表常见寄生虫及寄生位置

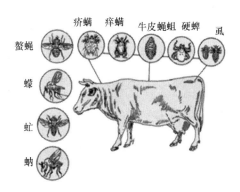

图3-25 牛体表常见寄生虫及寄生位置

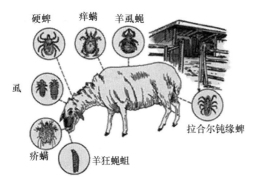

图 3-26　羊体表常见寄生虫及寄生位置

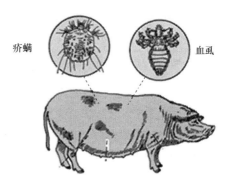

图 3-27　猪体表常见寄生虫及寄生位置

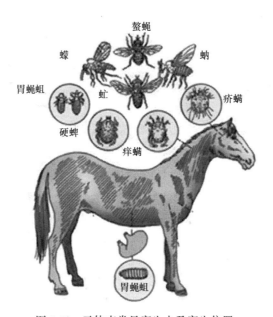

图 3-28　马体表常见寄生虫及寄生位置

第四单元 肌肉寄生虫检查技术

任务一 旋毛虫检查技术

【概述】

旋毛虫病是重要的人畜共患寄生虫病，它是由毛形科的旋毛形线虫成虫寄生于肠管，幼虫寄生于横纹肌所引起的。该病流行于哺乳类动物间，鸟类可实验感染。人若摄食了生的或未煮熟的含旋毛虫包囊的猪肉可感染生病，主要临床表现为胃肠道症状、发热、肌痛、水肿和血液嗜酸性粒细胞增多等，严重者可以导致死亡，故肉品卫生检验中将旋毛虫列为首要项目。旋毛虫病的肉品检验是生猪屠宰检疫中的一项重要内容，通过该项检验可以检出感染旋毛虫的猪只。对于杜绝病猪肉流入肉品市场，有着重要的作用。

【任务分析】

1）掌握肌肉旋毛虫压片镜检法、消化法的操作方法。

2）了解酶联免疫吸附试验的方法。

3）了解旋毛虫病肉的处理方法。

【知识点】

1. 病原形态特征 成虫微小，线状，虫体后端稍粗（图4-1）。雄虫大小为（1.4～1.6）mm×（0.04～0.05）mm；雌虫为（3～4）mm×0.06mm。消化道的咽管长度为虫体长的1/3～1/2，其结构特殊：前段自口至咽神经环部位为毛细管状，其后略为膨大，后段又变为毛细管状，并与肠管相连。后段咽管的背侧面有一列由呈圆盘状的特殊细胞——杆细胞组成的杆状体。每个杆细胞内有核1个，位于中央；胞质中含有糖原、线粒体、内质网及分泌型颗粒。其分泌物通过微管进入咽管腔，具有消化功能和强抗原性，可诱导宿主产生保护性免疫。两性成虫的生殖系统均为单管型。雄虫尾端具一对钟状交配附器，无交合刺，交配时泄殖腔可以翻出；雌虫卵巢位于体后部，输卵管短窄，子宫较长，其前段内含未分裂的卵细胞，后段则含幼虫，越近阴道处的幼虫发育越成熟（图4-2）。自阴门产生的新生幼虫，大小只有0.1mm×0.006mm。

幼虫囊包于宿主的横纹肌肉，呈梭形，其纵轴与肌纤维平行，大小为（0.25～0.5）mm×（0.21～0.42）mm。一个囊包

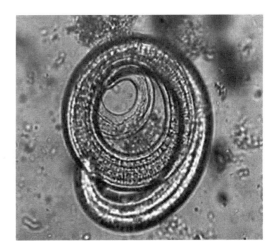

图4-1 旋毛虫成虫

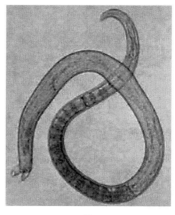

A　　　　　　　　　　　　　　　B

图4-2　旋毛虫雌虫（A）和雄虫（B）结构示意图

图4-3　在肌肉中寄生的旋毛虫形态

内通常含1～2条卷曲的幼虫，个别也有6～7条的（图4-3）。成熟幼虫的咽管结构与成虫相似。

2. 生活史　成虫和幼虫同寄生于一个宿主内：成虫寄生于小肠，主要在十二指肠和空肠上段；幼虫则寄生在横纹肌细胞内。在旋毛虫发育过程中，无外界的自由生活阶段，但完成生活史则必须要更换宿主。除人以外，许多种哺乳动物，如猪、犬、鼠、猫及熊、野猪、狼、狐等野生动物，均可作为本虫的宿主。

当人或动物宿主食入了含活旋毛虫幼虫囊包的肉类后，在胃液和肠液的作用下，数小时内，幼虫在十二指肠及空肠上段自囊包中逸出，并钻入肠黏膜内，经一段时间的发育再返回肠腔。在感染后的48h内，幼虫经4次蜕皮后，即可发育为成虫。雌、雄虫交配后，雌虫重新侵入肠黏膜内，有些虫体还可在腹腔或肠系膜淋巴结处寄生。受精后的雌虫子宫内的虫卵逐渐发育为幼虫，并向阴道外移动。感染后的第5～7天，雌虫开始产出幼虫，排幼虫期可持续4～16周或更长。此间，每一条雌虫可产幼虫约1500条。成虫一般可存活1～2个月，有的可活3～4个月。

大多数产于肠黏膜内的新生幼虫，侵入局部淋巴管或静脉，随淋巴和血循环到达宿主各器官、组织，但只有到达横纹肌内的幼虫才能继续发育。侵入部位多是活动较多、血液供应丰富的肌肉，如膈肌、舌肌、咬肌、咽喉肌、胸肌、肋间肌及腓肠肌等处。幼虫穿破微血管，进入肌细胞内寄生。约在感染后1个月，幼虫周围形成纤维性囊壁，并不断增厚，这种肌组织内含有的幼虫囊包，对新宿主具有感染力。如无进入新宿主的机会，半年后即自囊包两端开始出现钙化现象，幼虫逐渐失去活力、死亡，直至整个囊包钙化。但有时钙化囊包内的幼虫也可继续存活数年之久（图4-4）。

3. 流行病学　旋毛虫病呈世界性分布，但以欧洲、北美洲发病率较高。此外，非洲、大洋洲及亚洲的日本、印度、印度尼西亚等地也有流行。我国自 1964 年在西藏首次发现人体旋毛虫病以后，相继在云南、贵州、甘肃、四川、河南、福建、江西、湖北、广东、广西、内蒙古、吉林、辽宁、黑龙江、天津等地都有人体感染的报告，或造成局部流行和暴发流行的报道。

在自然界中，旋毛虫是肉食动物的寄生虫，旋毛虫感染率较高的动物有猪、犬、猫、狐和某些鼠类。几乎所有哺乳动物，甚至某些昆虫均能感染旋毛虫，因此旋毛虫的流行存在着广大的自然疫源性。这些动物之间相互残杀或摄食尸体而形成的"食物链"，成为人类感染的自然疫源。但人群旋毛虫病的流行与猪的饲养及人食入肉制品的方式有更为密切的关系。

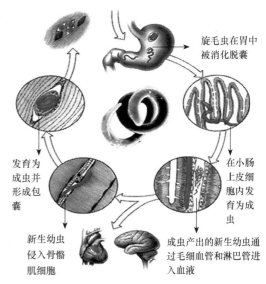

右侧标注：
旋毛虫在胃中被消化脱囊
在小肠上皮细胞内发育为成虫
成虫产出的新生幼虫通过毛细血管和淋巴管进入血液

左侧标注：
发育为成虫并形成包囊
新生幼虫侵入骨骼肌细胞

图 4-4　旋毛虫生活史

猪为主要动物传染源，除上海、海南、台湾外，其他 29 个省（自治区、直辖市）均有猪感染旋毛虫的报道。其中在河南及湖北的某些地区感染较严重，猪的感染率在 10%左右或更高，河南个别地区高达 50.2%，应引起重视。猪感染旋毛虫主要是由于吞食了老鼠。鼠为杂食，且常相互残食，一旦旋毛虫侵入鼠群就会长期地在鼠群中保持平行感染。因此鼠是猪旋毛虫病的主要感染来源。对于放牧猪，某些动物的尸体、蝇蛆，以至某些动物排出的含有未被消化肌纤维和幼虫包囊的粪便物质都能成为猪的感染源。另外，用生的废肉屑和含有生肉屑的泔水喂猪也可以引起旋毛虫病的流行。

犬的活动范围广，吃到动物尸体的机会比猪大得多，对动物粪便的嗜食性也比猪强烈，因此许多地区犬旋毛虫的感染率比猪高许多倍。

旋毛虫幼虫囊包的抵抗力较强，能耐低温，猪肉中囊包里的幼虫在 −15℃需贮存 20d 才死亡，在腐肉中也能存活 2～3 个月。晾干、腌制、笋烤及涮食等方法常不能杀死幼虫，但在 70℃时多可被杀死。因此，生食或半生食受染的猪肉是人群感染旋毛虫的主要方式，占发病人数的 90%以上。在我国的一些地区，居民有食"杀片"、"生皮"、"剁生"的习俗，极易引起本病的暴发流行。此外，切生肉的刀或砧板因污染了旋毛虫囊包，也可能成为传播因素。

4. 致病作用及症状　旋毛虫对猪和其他野生动物的致病力轻微，肠型旋毛虫对其胃肠的影响极小，往往不显症状。

旋毛虫对人体致病的程度与诸多因素有关，如食入幼虫囊包的数量及其感染力；幼虫侵犯的部位及基本的功能状态，特别是与人体对旋毛虫有无免疫力等因素关系密切。轻感染者可无明显症状，重者临床表现复杂多样，如不及时诊治，患者可在发病后 3～7 周内死亡。

旋毛虫的致病过程分为二期。

1）侵入期：指幼虫在小肠内自囊包脱出并发育为成虫的阶段，因病变部位发生在肠道，故亦可称此期为肠型期。由于幼虫及成虫对肠壁组织的侵犯，而引起十二指肠炎、空肠炎，局部组织出现充血、水肿、出血，甚至形成浅表溃疡。患者可有恶心、呕吐、腹痛、腹泻等胃肠症状。同时伴有厌食、乏力、畏寒、低热等全身症状，极易误诊为其他疾病。

2）幼虫寄生期：指新生幼虫随淋巴、血循环移行至全身各器官及侵入横纹肌内发育的阶段，因主要病变部位发生在肌肉，故亦可称此期为肌型期。由于幼虫移行时机械性损害及分泌物的毒性作用，引起所经之处组织的炎症反应。患者可出现急性临床症状，如急性全身性血管炎、水肿、发热和血中嗜酸性粒细胞增多等，部分患者可出现眼睑及面部水肿、眼球结膜充血。重症患者可出现局灶性肺出血、肺水肿、胸腔积液、心包积液等；累及中枢神经者，可引起非化脓性脑膜炎和颅内高压，患者可出现昏迷、抽搐等症状。幼虫大量侵入横纹肌后，引起肌纤维变性、肿胀、排列紊乱、横纹消失。虫体周围肌细胞坏死、崩解，肌间质有轻度水肿及炎症细胞浸润。此时，患者突出而最多发的症状为全身肌肉酸痛、压痛，尤以腓肠肌、肱二头肌、肱三头肌疼痛明显。部分患者可出现咀嚼、吞咽或发声障碍。急性期病变发展较快，严重感染的患者，可因广泛性心肌炎，导致心力衰竭，以及毒血症和呼吸系统伴发感染而死亡。本病死亡率较高，国内为3%左右。

3）囊包形成期：囊包的形成是由于幼虫的刺激，导致宿主肌组织由损伤到修复的结果。随着虫体的长大、卷曲，幼虫寄生部位的肌细胞逐渐膨大呈纺锤状，形成梭形的肌腔包围虫体，由于结缔组织的增生而形成囊壁。随着囊包的逐渐形成，组织的急性炎症消失，患者的全身症状日渐减轻，但肌痛仍可持续数月。

旋毛虫的寄生可以诱发宿主产生保护性免疫力，尤其对再感染有显著的抵抗力。可表现为幼虫发育障碍、抑制成虫的生殖能力及加速虫体的排除等。

该病临床症状无特异性，单靠症状无法确诊。对怀疑猪、狗、猫等动物生前感染旋毛虫时，可剪一小块舌肌进行压片检查。动物死亡后确诊的方法是在肌肉中发现旋毛虫幼虫，常用压片镜检法、集样消化法和旋毛虫酶联免疫吸附试验。

项目一　压片镜检法

【器材准备】

1）材料：被检肉品。
2）器材：载玻片、剪刀、镊子、天平、显微镜。
3）试剂：50% 甘油水溶液、10% 稀盐酸。

【操作程序】

（1）采样　　自胴体左右两侧横膈膜的膈肌脚，各采膈肌1块（与胴体编成相同号码），每块肉样不少于20g，记为一份肉样，送至检验台检查。如果被检样品为部分胴体，则可从肋间肌、腰肌、咬肌等处采样。

（2）肉眼检查　　撕去被检样品肌膜，将肌肉拉平，在良好的光线下仔细检查表面有无可疑的旋毛虫病灶。未钙化的包囊呈露滴状，半透明，细针尖大小，较肌肉的色泽淡；随着包囊形成时间的增加，色泽逐步变深而为乳白色、灰白色或黄白色。若见可疑病灶时，做好记录且将可疑肉尸隔离，待压片镜检后做出处理决定。

（3）制片　　取清洁载玻片1块放于检验台上，并尽量靠近检验者。用镊子夹住肉样顺着肌纤维方向将可疑部分剪下。如果无可疑病灶的，则顺着肌纤维方向在肉块的不同部位剪取12个麦粒大小的肉粒（2块肉样共剪取24个小肉粒）。将剪下的肉粒依次均匀地附贴于载玻片上且排成两行，每行6粒。然后，再取一清洁载玻片盖放在肉片的载玻片上，并用力适度捏住两端轻轻加压，把肉粒压成很薄的薄片，以能通过肉片标本看清下面报纸上的小字为标准。另一块膈肌按上法制作，两片压片标本为一组进行镜检。

（4）镜检　　把压片标本放在低倍（4×10）显微镜下，从压片的一端第一块肉片处开始，顺肌纤维依次检查。镜检时应注意光线的强弱及检查速度，切勿漏检。

（5）结果判定

1）没有形成包囊的幼虫。在肌纤维之间呈直杆状或逐渐蜷曲状态，但有时因标本压得太紧，可使虫体挤入压出的肌浆中。

2）包囊形成期的旋毛虫。在淡黄色背景上，可看到发光透明的圆形或椭圆形物。包囊的内外两层主要由均质透明蛋白质和结缔组织组成，囊中央是蜷曲的虫体。成熟的包囊位于相邻肌细胞所形成的梭形肌腔内。

3）发生机化现象的旋毛虫。虫体未形成包囊以前，包围虫体的肉芽组织逐渐增厚、变大，形成纺锤形、椭圆形或圆形的肉芽肿。被包围的虫体有的结构完整，有的破碎甚至完全消失。虫体形成包囊后的机化，其病理过程与上述相似。由于机化灶透明度较差，需用50%甘油水溶液作透明处理，即在肉粒上滴加数滴50%甘油水溶液，数分钟后，肉片变得透明，再覆盖上玻片压紧观察。

4）钙化的旋毛虫。在包囊内可见数量不等、浓淡不均的黑色钙化物，包囊周围有大量结缔组织增生。由于钙化的不同发展过程，有时可能看到下列变化：①包囊内有不透明黑色钙盐颗粒沉着；②钙盐在包囊腔两端沉着，逐渐向包囊中间扩展；③钙盐沉积于整个包囊腔，并波及虫体，尚可见到模糊不清的虫体或虫体全部被钙盐沉着。此外，在镜检中有时也能见到由虫体开始钙化逐渐扩展到包囊的钙化过程（多数是由于虫体死亡后而引起的钙化）。发现钙化旋毛虫时，可以通过脱钙处理，滴加10%稀盐酸将钙盐溶解后，可见到虫体及其痕迹，与包囊毗邻的肌纤维变性，横纹消失。

【注意事项】

1）采样操作过程中，肉样要做好登记编号，不能记错。

2）肉眼检查时光线要充足，检查一段时间后要注意休息，避免因疲劳而漏检。

3）制片时剪取小肉粒应顺肌纤维方向挑取膈肌脚的可疑小病灶剪下。如果无可疑病灶的，则顺着肌纤维方向在肉块的不同部位剪取，不应盲目地集中一处剪样。压片要厚薄适当，不能过厚或过薄，应以能通过肉片标本看清下面报纸上的小字为标准。

4）检查过程中要注意与住肉孢子虫、囊尾蚴的鉴别。

【结果可靠性确认】

在旋毛虫检验时，往往会发现住肉孢子虫和发育不完全的囊尾蚴，虫体典型者，容易辨认，在检查时可参考表 4-1 进行鉴定。

表 4-1 旋毛虫、住肉孢子虫、囊尾蚴形态区别

项目	旋毛虫	住肉孢子虫	囊尾蚴
虫体形态	灰白色半透明小点，包囊呈纺锤形，虫体蜷曲呈"S"形	灰白色或黄白色毛根状小体，米氏囊内充满月牙形滋养体和卵圆形孢子	粟粒大或黄豆大包囊，囊内充满无色液体，头节上有 4 个吸盘和小钩
寄生部位	多见于膈肌、肩胛肌、腰肌及腓肠肌	骨骼肌、心肌，尤以食道、腹部、股部等部位寄生最多	肩胛外肌、股部内侧肌、心肌、咬肌及腰肌

项目二 集样消化法

【知识点】

实验原理：先用机械方法将受检肉样捣碎，使其呈颗粒或絮状，再用消化酶在最适温度和最佳酸碱度条件下进行生物化学消化。本实验采用快速集样消化法，即由磁棒转动带动杯中消化液旋转成漩涡，加速底物消化分解，同时比水重的有形物质随漩涡的力量向中心移动，但未消化的巨型肌组织残质则被集虫器外周粗筛阻留，而虫体或虫体包囊等细小物体随漩涡向中心移动进入集虫器；当转动停止，集虫器中的有形物质便随漩涡作用逐渐沉降于底部细筛孔漏掉，只保留虫体和包囊在筛面上供镜检。

【器材准备】

1）材料：被检肉品。

2）器材：组织捣碎机、采样盘、磁力加热搅拌器、圆盘转动式计数镜检台、集虫器、载玻片、表面皿、烧杯、剪刀、镊子、天平、温度计、显微镜。

3）试剂：0.04% 胃蛋白酶溶液、2% 盐酸。

【操作程序】

（1）采样 首先确定群检分组的头数，每组头数的大小可根据各地区旋毛虫病的发生情况而定，即在旋毛虫病的低发病地区采取 5～10 头猪为 1 组，而常年未检出旋毛虫的地区每组可增加到 30～50 头或 100 头。既能因地提高检验效率，又不致使旋毛虫检验流于形式。如果以 10 头猪为 1 组，其分组情况应按生产流水线上胴体编号 1～10、11～20、21～30…顺序。每头猪取横膈膜肌脚 2g，每组 10 头样肉，共 20g，依次放在相应序号的采样盘或塑料袋内送检。

（2）捣碎 按采样盘顺序，每次取 1 组（20g），置捣碎机容器中，加入 0.04% 胃蛋白酶溶液 100ml（按每 10g 样肉加 50ml 酶溶液的比例），徐徐启动捣碎机，转速由 8000r/min 逐渐到 16 000r/min。捣碎约 30s 至肉样呈颗粒状或絮状，并混悬于混浊的消化液中。

（3）加热、消化、集虫　　取下容器将捣碎液倒入 500ml 烧杯中，加入 2% 的热盐酸溶液 100ml（与酶溶液等量），使温度保持在 45℃左右。然后将集虫器从液面上小心压入杯中，加入磁棒，将烧杯放在加热磁力搅拌器上，启动转速节柄，消化液被搅成一漩涡。在 45℃左右搅拌 3～5min 后，回转调节柄，停止搅拌，待磁棒静止后取出磁棒。取出集虫器，卸下集虫筛，用适量清水将筛面物充分洗入表面皿中。

（4）镜检　　将表面皿移于镜检台的圆孔上，旋转圆盘使表面皿中心底部接物镜头下，将表面皿前后、左右晃动数次，使有形成分集中于皿底中心，用 40 倍物镜检查有无旋毛虫虫体、包囊以及虫体碎片或空包囊。

（5）查病畜胴体　　镜检发现阳性时，按圆盘转数（0、1、2、3…顺序）乘以 100（每组头数 × 圆盘孔数）加孔号乘以 10（每组头数），即得出该组 10 头猪的胴体编号。计算公式：圆盘转数 ×100＋孔号 ×10。例如，阳性组圆盘转数是 20，孔号数为 3，代入公式为 20×100＋3×10＝2030，该组胴体编号即为 2021、2022、2023…2030 这 10 个号码。将该 10 头猪的胴体全部推入修割轨道待查。复查按每 2 头为一组消化镜检，检出阳性组，再逐头检测，确定病畜胴体。复查时用压片镜检法更快、更方便。

【注意事项】

1）不能盲目选择群检分组头数的大小，应根据不同地区旋毛虫发生情况而定。
2）肉样消化过程中注意掌握好酸和酶的浓度，以及消化时的温度。
3）清洗集虫器筛面时应充分，但也不能水量过多，否则影响后续检查。

项目三　旋毛虫酶联免疫吸附试验（ELISA）

【知识点】

（1）实验原理　　ELISA 是利用酶作为抗原或抗体的标记物，在固相载体上进行抗原或抗体的测定。ELISA 的原理是：让抗原或抗体结合到固相载体表面，并保持其免疫活性；使抗原或抗体与某种酶联结成酶标抗原或抗体，仍保留其免疫活性和酶的催化活性。在测定时，把受检标本和酶标抗原或抗体，按不同步骤与固相载体表面的抗原或抗体起反应，形成抗原 - 抗体复合物。经清洗后在固相载体表面留下不同量的酶。加入酶反应的底物后，底物在复合物上酶的催化作用下生成有色产物，产物的量与标本中受检抗原或抗体的量直接相关。故可根据颜色反应的深浅，间接推断受检抗原或抗体的存在及其含量，达到定性或定量检测的目的。

（2）旋毛虫病阳性肉的处理　　如果发现旋毛虫，应根据号码查对肉尸、内脏和头等按照农业部、卫生部、外贸部、商业部联合颁布的《肉品卫生检验试行规程》统一进行处理。

1）宰后检验在 24 个肉片标本内，发现包囊或钙化的旋毛虫不超过 5 个者，横纹肌和心脏高温处理后出场。超过 5 个以上者，横纹肌和心脏作工业用或销毁。

2）上述两种情况的皮下及肌肉间脂肪可炼食用油，体腔内脂肪不受限制出场。

3）肠可供制肠衣，其他内脏不受限制出场。

【器材准备】

（1）材料　　被检肉品。

（2）器材　　滤纸片、玻璃瓶、剪刀、酶标测定仪、反应板、加样器。

（3）试剂

1）阳性血清和阴性血清。

2）旋毛虫抗原。

3）酶标抗体（又称酶结合物、酶标记免疫球蛋白）。

4）包被液：Na_2CO_3 1.59g、NaN_3 0.2g、$NaHCO_3$ 2.93g，用蒸馏水加至 1000ml，调整 pH 为 9.6。放 4℃冰箱中保存备用。

5）洗涤液：NaCl 8.9g、Tween-20 0.5g、KH_2PO_4 0.2g、NaN_3 0.2g、$Na_2HPO_4 \cdot 12H_2O$ 2.9g、KCl 0.2g，用蒸馏水加至 1000ml，调 pH 为 7.4。

6）底物溶液（OPD-H_2O_2）：称取邻苯二胺 40mg，溶解于 100ml pH5.0 磷酸-柠檬酸缓冲液（0.1mol/L 柠檬酸 24.3ml，加 0.2mol/L NaH_2PO_4 25.7ml，加水 50ml）中，然后加 30% 过氧化氢 0.15ml，现配现用。

7）终止液（2mol/L H_2SO_4）：浓硫酸 22.2ml，蒸馏水 177.8ml。

【操作程序】

（1）采样　　用 1.0cm×3.0cm 滤纸片紧贴胴体残留血液处或血凝块（若无残血，可将滤纸片紧贴肌肉组织新鲜断面，轻轻挤压断面两侧），当滤纸片全部湿润后，将其放入小玻璃瓶（装有含 Tween-20 的 pH7.4 PBS1ml）中，振摇后即为被检样品。纯肌肉时，可取蚕豆大肌肉置于小玻璃瓶中，剪碎，加 2～3 倍 PBS，振摇、静置，上清即为被检样品。

（2）抗原包被　　将旋毛虫抗原用包被液稀释成一定浓度（抗原蛋白含量 2mg/ml），加入反应板 A、B、C、D 列 1～10 号孔内，每孔加 0.2ml；E 列各孔分别为阴、阳性血清对照，每孔加 0.2ml。每列的第 11 孔为空白对照（每孔加稀释液 0.2ml），加毕，将反应板加盖，置湿盒内，37℃孵育 2h 或 4℃过夜，使其达到最大反应强度。

（3）洗涤　　将反应板倒空，伏置于滤纸上片刻，用洗涤液加满各孔，室温下静置后倒空，并用滤纸吸干。再加满洗液，如此重复 3 次。

（4）加入被检样品　　将被检样品加入预定孔内，每份加两孔，每孔加 0.2ml，包被液空白对照各孔加洗涤液 0.2ml。同时作阴、阳性标准血清对照，37℃孵育 2h。

（5）洗涤 3 次　　方法同上。

（6）加酶标抗体　　按照说明，用洗液稀释至最适浓度，每孔加 0.2ml，37℃孵育 2h（适当提高反应温度及抗原、酶结合物浓度，可缩短孵育时间）。

（7）洗涤 3 次　　方法同上。

（8）加底物　　将新鲜配制的底物溶液加入各孔，每孔 0.2ml，37℃湿盒避光作用 15min。

（9）终止反应　　每孔加终止液 50μl，静置 5min。

（10）测定 OD 值　　在酶标测定仪上，于 492nm 波长，按仪器使用及制定标准要求调节仪器，测定各反应孔的 OD 值，记录结果。

（11）结果判定 ①根据反应颜色的深浅先用肉眼判定。参考阳性及阴性对照，分别判为阳性（＋）、阴性（－）及可疑（±）。②凡被检样品的 OD 值高于标准阴性血清平均 OD 值 2 倍以上，即判阳性反应。

【注意事项】

1）在各载体中使用最多的为聚苯乙烯塑料板。不同厂牌，甚至不同批号的反应板吸附性能往往有很大差异，因此抗原包被前需要加以选择。方法为：在整块板上测定同一样品，求出每一对孔的平均 OD 值，将此值与该板的总均值相比，其差值需在 ±10%以内。

2）为增加反应板对抗原的吸附作用，可试用鞣酸、牛血清白蛋白等方法处理反应板。

3）由于反应板可能存在边缘效应，因此测定样品时要取每个样品两孔的平均值。

肠道原虫检查技术

任务一 球虫检查技术

项目一 球虫卵囊的收集及镜检技术

【概述】

球虫卵囊的收集及镜检是确诊球虫病的重要诊断方法之一。球虫感染动物（鸡、兔、猪、牛、羊、猫、犬等）后，在宿主体内经裂殖生殖、配子生殖后形成带有卵囊壁的未孢子化卵囊，随粪便排出体外。未孢子化的卵囊在体外合适的条件下经一定时间会完全孢子化。粪便中的卵囊由于密度小于饱和食盐水，因而可以被后者漂浮起来，而卵囊的密度又大于稀释的盐水溶液，故而可以从稀释的盐水中沉淀下来。根据此原理，利用饱和食盐水漂浮粪便中的卵囊，然后将含卵囊的饱和食盐水用水稀释后离心沉淀，即可将卵囊从粪便中分离进而进行显微镜下观察，从而进行球虫病防治。

【任务分析】

1）掌握在实验环境下，球虫卵囊的收集、纯化。

2）显微镜下观察、识别球虫卵囊。

【知识点】

1. 原虫病 原虫为原生动物亚界的单细胞真核动物，其结构主要包括表膜、胞质及胞核三部分；常见的寄生原虫包括利什曼原虫、毛滴虫、艾美耳属球虫、隐孢子虫、肉孢子虫、疟原虫、巴贝斯虫、弓形虫等；原虫的繁殖方式有无性繁殖和有性繁殖，无性生殖包括双分裂、裂体生殖、出芽生殖等，有性繁殖包括结合生殖和配子生殖；原虫感染侵入宿主机体后，宿主体内的虫数可不断增加，造成宿主细胞和组织的破坏、虫体代谢的毒素、变态反应和其他病原协同致病等致病作用。

2. 球虫病 球虫病是由孢子虫纲真球虫目艾美耳科中的各种球虫所引起的一种原虫病。家畜、野兽、禽类、爬虫类、两栖类、鱼类和某些昆虫都有球虫寄生。家畜（禽）中，马、牛、羊、猪、骆驼、犬、兔、鸡、鸭、鹅等，都是球虫的宿主。球虫病对畜禽危害严重，尤其是幼龄动物，常可发生该病的流行和大批死亡。球虫为细胞内寄生虫，通常寄生于肠道上皮细胞，有的种类寄生于胆管或肾脏上皮细胞内。球虫对宿主和寄生部位有严格的选择性，即各种动物都有其专性寄生的球虫，而不能相互感染，且各种球虫只能在宿主的一定部位发育。在兽医学上，重要的有2个属，即艾美耳属和等孢属。艾美耳属的特点是每个卵囊内的子孢子形成4个孢子囊，每个孢子囊内含有2个子孢子；寄生于牛、绵羊、山羊、兔、猪、马、鸡、鸭、鹅等动物。等孢属的特点是卵囊内的子孢子形成2个孢子囊，每个孢子囊内含4个子孢子；通常寄生于人、犬、猫及其他肉食动物。

3. 球虫的生活史 艾美耳球虫的生活史属于直接发育型，不需要中间宿主，需经过3个阶段（图5-1）：①无性生殖阶段，在其寄生部位的上皮细胞内以裂殖生殖法进行。

②有性生殖阶段，以配子生殖法形成雌性细胞，即大配子；雄性细胞，即小配子。两性相互结合为合子，这一阶段也是在宿主上皮细胞内进行的。③孢子生殖阶段，是指合子变为卵囊后，在卵囊内发育形成孢子囊和子孢子；含有成熟子孢子的卵囊称为感染性卵囊。裂殖生殖和配子生殖在宿主体内进行，称为内生性发育；孢子生殖在外界环境中完成，称为外生性发育。当家畜（禽）吞食感染性卵囊污染的饲料和饮水后，感染性卵囊在宿主消化液的作用下，释放出子孢子；这个脱囊过程是在十二指肠进行的。释放出的子孢子迅速侵入肠上皮细胞，变为圆形的裂殖体。裂殖体的核进行多次分裂成为许多小核，小核连同其周围的原生质形成裂殖子。经过裂体增殖产生大量的裂殖子，使被寄生的上皮细胞破坏，裂殖子逸出，又侵入新的上皮细胞，同样进行裂体生殖，如此进行了3个或4个世代后，裂殖子侵入上皮细胞形成配子体即大配子体和小配子体，进而形成大配子和小配子，小配子钻入大配子内融合成合子。合子周围迅速形成一层被膜即成为卵囊。卵囊由上皮细胞进入肠管随动物粪便排出体外。在外界环境适宜时（温度、湿度和充足氧气），经数天发育为孢子化卵囊，被动物吞食后，重新开始在动物体内进行裂殖生殖和配子生殖。柔嫩艾美耳球虫的生活史为7d，包括2代或2代以上的无性繁殖和1代有性繁殖，从宿主排出的卵囊必须在孢子化（第7天）后才具有感染性。这种有侵袭力的卵囊污染了外界环境中的饲料、水源、笼舍等，健康动物因采食或接触而被感染。

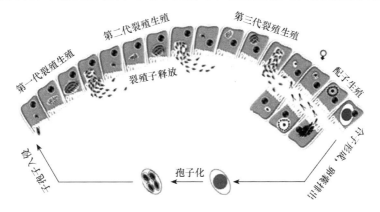

图5-1 球虫生活史

每克粪便中卵囊数量（oocyst per gram，OPG），是计算球虫感染强度的常用指标，应用最广泛的是麦克马斯特氏计数法。麦克马斯特氏计数法的原理是用饱和食盐溶液作为悬浮溶液，把卵囊与密度较大杂质分开，使卵囊漂浮至计数室表层，与计数室上层刻度部分处在同一层面上（或同一视野内）；计数板上每个计数室容积为1cm×1cm×0.15cm=0.15ml（图5-2），镜检计数0.15ml计数室内卵囊数量，最后根据粪便克数和悬液稀释倍数计算OPG值或单位体积内卵囊浓度。

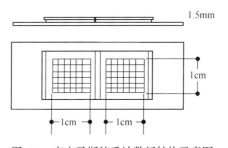

图5-2 麦克马斯特氏计数板结构示意图

【器材准备】

饱和食盐水的制备：在1000ml水中加入380~400g食盐。煮沸使其溶解，待凉后使用

（应注意变凉后的溶液中如出现食盐结晶的沉淀，则说明该食盐溶液饱和，符合要求）。

器材准备：小烧杯、筛网、玻璃棒、细胶头滴管、显微镜、麦克马斯特氏计数板。

【操作程序】

（1）球虫卵囊检查　　取3～5g（七八个粪球）粪便在小烧杯中磨碎，加入少量饱和食盐水，搅拌均匀，再加入适量饱和食盐水，用筛子（40目或60目）将粪便过滤到另一容器内，静置3～5min，此时密度小的虫卵就浮到液体的表面，用细胶头滴管吸取上层液体注入麦克马斯特氏计数板中，放到显微镜下（10×），放置1～2min后观察，若感染，可看到球虫卵囊。也可用直径5～10mm的铁丝圈蘸取表面液膜，抖落于载玻片上，置于显微镜下镜检。

（2）球虫卵囊计数　　取2g新鲜粪便置于干净的100ml烧杯内，先加入8ml饱和食盐溶液，用玻棒捣碎混匀，再加入50ml饱和食盐溶液，混匀后立即用纱布或60目筛网过滤，然后立即吸取滤液充满麦克马斯特氏计数板2个计数室，在显微镜载物台上静置3～5min，在10倍物镜下镜检计数，每个计数室内有100个方格，其体积为1cm×1cm×0.15cm＝0.15ml，分别查完2个计数室100个方格内的卵囊数量n_1和n_2，最后按照如下公式计算每克粪便中卵囊数量（OPG值）：

$$OPG = (n_1 + n_2)/2 \times 0.15 \times 60 \div 2$$

式中，$(n_1 + n_2)/2$为平均每个计数室内卵囊数，0.15为每个计数室有效体积为0.15ml，60为粪液总体积为60ml，2为所用粪便克数为2g。

【操作注意事项及常见错误分析】

1）采集粪便时注意采集新鲜粪便，同时要多采集点，如粪便样品不能立即进行球虫检查，须加入少量重铬酸钾。

2）球虫卵囊计数时需将粪便样品和饱和食盐水混匀后加入麦克马斯特氏计数板中进行计数，若直接将漂浮液加入计数室可能导致结果偏高。

【结果可靠性确认】

镜下观察若发现球虫卵囊即可确诊为球虫感染，按照形态鉴定球虫种类（图5-3）。

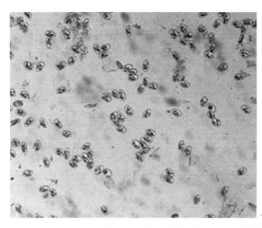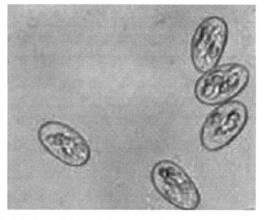

图5-3　镜下观察兔球虫卵囊形态（左为10倍镜；右为40倍镜）

项目二　鸡球虫形态学观察

【概述】

鸡球虫病是由艾美耳科艾美耳属（*Eimeria*）球虫寄生于鸡的肠上皮细胞内所引起的一种原虫病。该病在我国普遍发生，特别是从国外引进的品种鸡。10～40 日龄的雏鸡最容易感染，受害严重，死亡率可达 80% 以上。病愈的雏鸡，生长发育受阻，长期不易复原。成年鸡多为带虫者，但增重和产卵能力降低。球虫在鸡肠上皮细胞寄生，引起细胞崩解，肠黏膜损伤，消化机能受到破坏，肠壁的炎性变化和血管的破裂，引起肠管出血，导致病鸡消瘦、贫血和下痢。崩解的上皮细胞变成有毒物质而引起机体中毒，出现萎顿、昏迷和轻瘫，并易引起细菌的继发性感染而使病势加重。急性发病多见于 2 周至 2 月龄以上的鸡，病状较轻，生长缓慢，产蛋鸡产蛋量减少。

【任务分析】

1）显微镜下识别鸡球虫的种类。

2）能够识别不同发育阶段的鸡球虫，包括未孢子化卵囊、孢子化卵囊、裂殖子。

【知识点】

1. 鸡球虫的种类　　寄生于鸡的艾美耳球虫，全世界报道的有 14 种，但为世界公认的有 9 种。这 9 种在我国均已见报道，即柔嫩艾美耳球虫、巨型艾美耳球虫、堆型艾美耳球虫、和缓艾美耳球虫、早熟艾美耳球虫、毒害艾美耳球虫、布氏艾美耳球虫、哈氏艾美耳球虫和变位艾美耳球虫（图 5-4 和图 5-5）。其中以柔嫩艾美耳球虫和毒害艾美耳球虫致病性最强。对于球虫种类的鉴别传统上依据以下 5 个方面：卵囊特征（包括卵囊形状、大小及颜色，极粒的形状、位置及数目，孢子囊的形状及大小，内外残体的有无）、潜隐期（从感染到排出卵囊所需的时间）、卵囊的孢子化时间、寄生部位、肉眼病变。现在将分子生物学技术引入球虫种类的鉴别，可在基因水平上对球虫进行分类。

2. 流行病学　　鸡感染球虫的途径和方式是食入孢子化卵囊。凡被病鸡或带虫鸡粪便污染过的饲料、饮水、土壤、用具等都有孢子化卵囊存在。其他鸟类、家畜、昆虫以及饲养管理人员均可机械性地传播卵囊。各品种鸡均可感染，但引入品种鸡比土种鸡更为易感，多发生于 15～50 日龄鸡，3 个月龄以上鸡较少发病，成年鸡几乎不发病。该病多发生于温暖潮湿的季节，但在规模化饲养条件下全年都可发生。卵囊对外界不良环境及常用消毒药抵抗力强大。在土壤中可生存 4～9 个月，在有树阴的运动场可生存 15～18 个月。卵囊对高温、低温冰冻及干燥抵抗力较小，55℃或冰冻可以很快杀死卵囊。常用消毒药物均不能杀灭卵囊。饲养管理不良时促进该病的发生，当鸡舍潮湿、拥挤、饲养管理不当或卫生条件恶劣最易发病，往往波及全群。

3. 致病作用　　裂殖体在细胞中大量增殖时，可破坏肠黏膜，引起肠管发炎和上皮细胞崩解，使血液流入肠腔内（如柔嫩艾美耳球虫引起的盲肠出血），导致病鸡消瘦、贫血和下痢。崩解的上皮细胞变为有毒物质，蓄积在肠管中不能迅速排出，使机体发生自

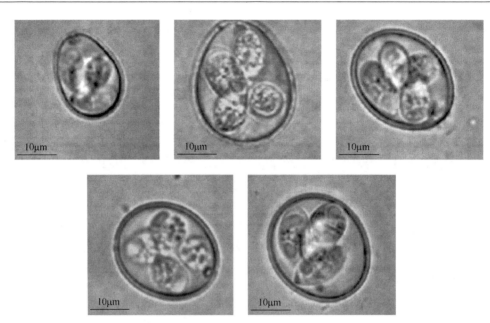

图 5-4　从左至右依次为堆型艾美耳球虫（*E. acervulina*）、巨型艾美耳球虫（*E. maixa*）、柔嫩艾美耳
球虫（*E. tenella*）、毒害艾美耳球虫（*E. necatrix*）、布氏艾美耳球虫（*E. brunetti*）

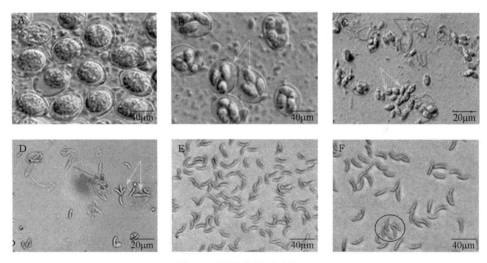

图 5-5　柔嫩艾美耳球虫
A. 未孢子化的卵囊；B. 完全孢子化的卵囊；C. 卵囊壁破碎后的孢子囊；D，E，F. 子孢子

体中毒，临床上出现精神不振、足和翅轻瘫和昏迷等现象。因此可以把球虫病视为一种
全身中毒过程。受损伤的肠黏膜是病菌和肠内有毒物质侵入机体的门户。

4. 症状

（1）急性型　　病程数天至 2～3 周。病初精神不好，羽毛耸立，头卷缩，呆立一
隅，食欲减少，泄殖孔周围羽毛被液体排泄物所污染、黏连。以后由于肠上皮的大量破
坏和机体中毒的加剧，病鸡出现共济失调，翅膀轻痛，渴欲增加，食欲废绝，嗉囊内充
满液体，黏膜与鸡冠苍白，迅速消瘦。粪呈水样或带血。柔嫩艾美耳球虫引起的盲肠球

虫病，开始粪便为咖啡色，以后完全变为血便。末期发生痉挛和昏迷，不久即死亡，如不及时采取措施，死亡率可达50%～100%。

（2）慢性型　病程约数周到数月。多发生于4～6月龄的鸡或成年鸡。症状与急性型相似，但不明显。病鸡逐渐消瘦，足翅轻瘫，有间歇性下痢，产蛋量减少，死亡较少（图5-6）。

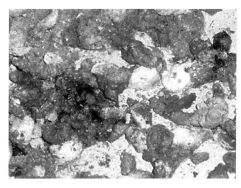

图5-6　病鸡精神沉郁、食欲减退、下痢和便血

5. 病理变化　鸡体消瘦，鸡冠与黏膜苍白或发青，泄殖腔周围羽毛被粪、血污染，羽毛逆立凌乱。体内变化主要发生在肠管，其程度、性质与病变部位和球虫的种别有关。柔嫩艾美耳球虫主要侵害盲肠，为急性型，一侧或两侧盲肠显著肿大，可为正常的3～5倍，其中充满凝固的或新鲜的暗红色血液，盲肠上皮增厚，有严重的糜烂甚至坏死脱落，与盲肠内容物、血凝块混合，形成坚硬的"肠栓"（图5-7）。

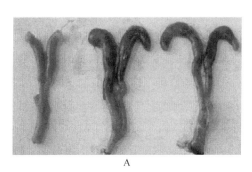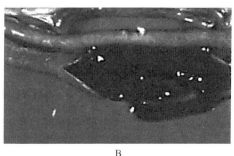

A　　　　　　　　B

图5-7　柔嫩艾美耳球虫造成的盲肠病变
A. 最左侧为对照组，右可见盲肠肿大；B. 盲肠内部充满血液

毒害艾美耳球虫损害小肠中段，可使肠壁扩张、松弛、肥厚和严重坏死。肠黏膜上有明显的灰白色斑点状坏死病灶和小出血点相夹杂。肠壁深部及肠管中均有凝固的血液，使肠外观上呈淡红色或黑色（图5-8）。

堆型艾美耳球虫多在十二指肠和小肠前段，在被损害的部位，可见有大量淡灰白色斑点，汇合成带状横过肠管。

巨型艾美耳球虫损害小肠中段，肠壁肥厚，肠管扩大，内容物黏稠，呈淡灰色、淡

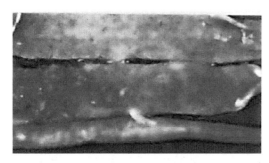

图 5-8　毒害艾美耳球虫造成的病变
肠壁扩张、松弛、坏死，肠黏膜上灰白色坏死病灶和
小出血点

褐色或淡红色，有时混有很小的血块，肠壁上有溢血点。

布氏艾美耳球虫损害小肠下段，通常在卵黄蒂至盲肠连接处。黏膜受损，凝固性坏死，呈干酪样，粪便中出现凝固的血液和黏膜碎片。

早熟艾美耳球虫和和缓艾美耳球虫致病力弱，病变一般不明显，引起增重减少，色素消失，严重脱水和饲料转化率下降。

【器材准备】

显微镜、载玻片、盖玻片、球虫卵囊。

【操作程序】

1）球虫卵囊的收集（见本任务项目一）。
2）用低倍镜观察不同种鸡球虫形态特征。

【结果可靠性确认】

根据临床特征、流行病学资料、粪便镜检发现虫卵和死后剖检发现肠道病变等综合判定进行确诊。

项目三　兔球虫形态学观察

【概述】

兔球虫病是由艾美耳属球虫寄生于家兔肠道或胆管上皮细胞所引起的一种原虫病。兔球虫是一种胞内寄生原虫，按其寄生部位可分肠型球虫病、肝型球虫病和混合型球虫病三种，其中肠型球虫病表现出顽固性下痢、血痢、便秘与腹泻交替发生；肝型球虫病表现为肝肿大、肿区触诊疼痛、黏膜黄染；混合型球虫病表现为食欲减退、精神沉郁、伏卧不动、生长停滞等一系列综合性症状。据报道，断奶仔兔的球虫感染率达到90%，死亡率超过60%。耐过球虫病未死亡的，或经治愈的家兔成为长期带虫者，并成为该病的传染源，造成兔场持续感染，每年给养兔业造成巨大的经济损失。

【任务分析】

1）掌握兔球虫卵囊的收集与纯化。
2）显微镜下观察并识别兔球虫的种类。

【知识点】

1. 兔球虫的种类　自20世纪60年代起，国内外学者对兔球虫的种类进行了大量的调查研究。据文献报道，目前世界各地在家兔体内发现的球虫有17种（图5-9），

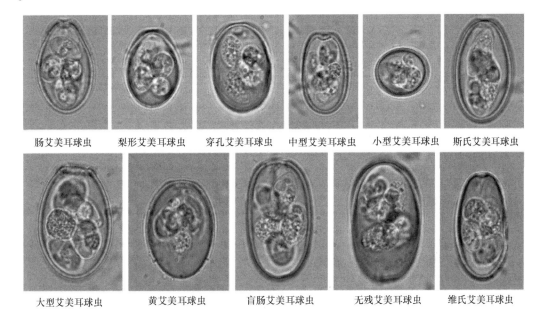

肠艾美耳球虫　　梨形艾美耳球虫　　穿孔艾美耳球虫　　中型艾美耳球虫　　小型艾美耳球虫　　斯氏艾美耳球虫

大型艾美耳球虫　　　黄艾美耳球虫　　　盲肠艾美耳球虫　　　无残艾美耳球虫　　维氏艾美耳球虫

图 5-9　兔艾美耳球虫卵囊形态

其中艾美耳属（*Eimeria*）15 种，等孢子属（*Isospora*）和隐孢子属（*Cryptosporidium*）各 1 种。国际公认有 11 个有效种，即斯氏艾美耳球虫（*E. stiedai*）、盲肠艾美耳球虫（*E. coecicola*）、微小艾美耳球虫（*E. exigue*）、黄艾美耳球虫（*E. flavescens*）、肠艾美耳球虫（*E. intestinalis*）、无残艾美耳球虫（*E. irresidua*）、大型艾美耳球虫（*E. magna*）、中型艾美耳球虫（*E. media*）、穿孔艾美耳球虫（*E. perforans*）、梨形艾美耳球虫（*E. piriformis*）、维氏艾美耳球虫（*E. vejdovskyi*）。其中主要致病虫种为斯氏艾美耳球虫、大型艾美耳球虫、肠艾美耳球虫和黄艾美耳球虫。不同种的兔球虫卵囊大小和形态各不相同，根据其孢子化形态（包括卵囊的形态、大小、颜色、内部构造、卵膜孔的宽度及有无内外残体、孢子囊的大小和形态、有无斯氏体、形状指数及孢子化时间）和遗传学上的差异，可对不同的虫种进行分类（表 5-1）。

表 5-1　不同种属兔球虫寄生部位及裂殖生殖代数

种类	肠段 （除斯氏艾美耳球虫）	在黏膜寄生部位 （除斯氏艾美耳球虫）	裂殖生殖的 代数
盲肠艾美耳球虫	阑尾、圆小囊和派伊尔氏囊	第 1 代在肠相关淋巴组织，第 2～4 代无性生殖和配子生殖在（圆小囊）圆顶上皮	4
微小艾美耳球虫	十二指肠到回肠，从小肠的近端到远端连续移行	微绒毛的顶部	4
黄艾美耳球虫	第 1 代在小肠，第 2～5 代在盲肠	第 1 代在隐窝，第 2～4 代在浅表上皮，第 5 代无性生殖和配子生殖在隐窝	5
肠艾美耳球虫	后端空肠和回肠	第 1、2 代在隐窝，第 3、4 代无性生殖和配子生殖在微绒毛的壁和隐窝	3～4
无残艾美耳球虫	空肠和回肠	第 1 代在隐窝，第 2 代在固有膜，第 3、4 代无性生殖和配子生殖在微绒毛上皮	4

种类	肠段 （除斯氏艾美耳球虫）	在黏膜寄生部位 （除斯氏艾美耳球虫）	裂殖生殖的 代数
大型艾美耳球虫	空肠和回肠	肠绒毛的壁和顶部	4
中型艾美耳球虫	十二指肠到空肠，在回肠有少量寄生虫	肠绒毛的壁和顶部	3
穿孔艾美耳球虫	大量寄生在十二指肠，空肠和回肠也多	在绒毛和隐窝	2
梨形艾美耳球虫	结肠	隐窝	4
维氏艾美耳球虫	回肠	第1~3代在隐窝，第4~5代在绒毛	5
斯氏艾美耳球虫	肝	胆管上皮	5~6

2. 兔球虫形态特征

1）斯氏艾美耳球虫：卵囊较大，长卵圆形，呈淡黄色，卵膜孔的一端较平。卵囊大小为（32.0~37.4）μm×（20.6~22.0）μm，平均为34.6μm×21.2μm，形状指数为1.68。完成孢子发育的最早时间为41h，大部分在51h，孢子囊呈卵圆形，大小为18μm×10μm，有斯氏体，外残体仅少数几个颗粒，内残体呈颗粒状。

2）大型艾美耳球虫：卵囊较大，呈卵圆形。囊壁为黄色或褐色。卵膜孔十分明显，呈堤状突出于卵囊壁之外，这是本种卵囊最明显的特征。卵囊大小为（31.0~40.0）μm×（22.0~26.0）μm，平均为35.0μm×24.0μm，形状指数为1.44。卵囊内有一大的外残体，直径为12μm，孢子囊有斯氏体，有一个呈颗粒状的内残体。完成孢子发育的最短时间为26h，大部分在50h。

3）肠艾美耳球虫：卵囊呈梨形，卵囊光滑，在其窄端有明显的卵膜孔。有外残体，呈颗粒状，直径为3~5μm。卵囊的大小为（27.0~32.0）μm×（17.0~20.0）μm，平均为29.0μm×18.0μm，形状指数为1.53。在室温下卵囊孢子化的时间为24~48h。

4）黄艾美耳球虫：卵囊呈卵圆形，在宽端，卵囊壁趋于增厚。卵膜孔明显，位于宽端，直径为2.3~7.3μm，平均为4.3μm。卵囊大小为（25.0~37.4）μm×（13.9~23.6）μm，平均为31.7μm×21.4μm，形状指数为1.41，无外残体。孢子囊为长卵圆形，在窄端有一小的斯氏体。完成孢子发育的时间为38h。

5）中型艾美耳球虫：卵囊为椭圆形，其大小为（24.7~36.4）μm×（15.2~20.5）μm，平均28.9μm×17.9μm，形状指数为1.65，卵膜孔稍凸出，呈"金字塔"形。卵囊壁均厚，光滑，淡红色。外残体较小、圆形，常常偏于一侧。孢子囊为卵圆形，有内残体，斯氏体不明显。孢子化时间为36h。

6）穿孔艾美耳球虫：卵囊小，呈卵圆形或椭圆形。囊壁光滑，无色或微粉色，卵膜孔不明显，卵囊大小为（13.3~30.6）μm×（10.6~17.30）μm，平均为22.7μm×14.2μm，形状指数为1.65，有外残体。完成孢子发育的最短时间为35h，大部分在51h。

7）微小艾美耳球虫：卵囊呈圆形或近似圆形。卵囊壁光滑，无色。卵膜孔极不明显。卵囊的大小为（10.0~18.0）μm×（9.0~16.0）μm，平均为14.5μm×12.7μm，无外残体。

8）梨形艾美耳球虫：卵囊呈梨形，常不很对称。卵囊壁光滑，为淡黄色或褐色。

卵囊的大小为（26.7～35.6）μm×（17.8～21.4）μm，平均为29.5μm×19.1μm，形状指数为1.53，卵囊的最大宽度位于后端。有明显的卵膜孔，位于卵囊的窄端。完成孢子发育的最早时间为57h。卵囊内无外残体，这是与肠艾美耳球虫重要区别之一，孢子囊有内残体。

9）无残艾美耳球虫：卵囊呈宽椭圆形或卵圆形，卵囊壁呈淡黄色，光滑，有稍向内凹的卵膜孔。卵囊的大小为（35.6～39.2）μm×（24.9～28.5）μm，平均为36.4μm×26.7μm。完成孢子发育的时间为50～72h。无外残体，有内残体。

10）盲肠艾美耳球虫：卵囊呈卵圆形或长柱形，较其他兔球虫虫种窄长。卵囊壁光滑，呈微黄色。有卵膜孔。卵囊大小为（25.0～40.0）μm×（15.0～21.0）μm，平均为32.4μm×18.7μm，形状指数为1.68，有外残体，卵囊在室温下需72h完成孢子化。

11）维氏艾美耳球虫：卵囊近似圆柱或长椭圆形，卵囊壁光滑，呈微黄色，卵膜孔端的囊壁稍增厚，卵膜孔明显。卵囊大小为（33.0～44.0）μm×（16.0～22.0）μm，平均为38.8μm×19.0μm。外残体仅少数几个颗粒，无极粒。孢子囊为卵圆形，大小为20.0μm×10.2μm，有斯氏体。完成孢子发育的时间为50～75h。

3. 流行病学特征　兔球虫通常呈现混合感染，轻者症状不明显，仅粪检发现卵囊，重者出现肠炎、食量减退、消瘦、黄疸和腹水等症状。兔球虫可寄生于肝脏，剖检可见肝脏胆管扩大，胆管上皮内充满发育期的虫体，肝脏外观明显肿大，有白色结节，此外，肝结缔组织明显增生，肝实质细胞变性坏死，肝窦和血管显著扩张充血。寄生肠道的球虫除剖检见灰白色结节和充血病灶外，组织切片见肠黏膜充血水肿和干酪样坏死病变，在绒毛上皮、黏膜可见大量虫体。兔球虫在我国各地均有流行，感染率为30%～70%，是危害我国养兔业的重要疾病之一。

4. 致病作用　球虫对上皮细胞的破坏、有毒物质的产生以及肠道细菌的综合作用是致病的主要因素。病兔的中枢神经系统不断地受到刺激，使之对各个器官的调节机能发生障碍，从而呈现各种临床症状。胆管和肠上皮受到严重破坏时，正常的消化过程陷于紊乱，从而造成机体的营养缺乏，水肿，并出现稀血症和白细胞减少。由于肠上皮细胞的大量崩解，造成有利于细菌繁殖的环境，导致肠内容物中产生大量的有毒物质，被机体吸收后发生自体中毒，临床上表现为痉挛、虚脱、肠膨胀和脑贫血等。

5. 症状　按球虫的种类和寄生部位不同，将球虫病分为三型，即肠型、肝型和混合型，临床上所见的多为混合型。其典型症状是：食欲减退或废绝，精神沉郁，动作迟缓，伏卧不动，眼鼻分泌物增多，口腔周围被毛潮湿，腹泻或腹泻和便秘交替出现。病兔尿频或常作排尿姿势，后肢和肛门周围为粪便所污染。病兔由于肠膨胀、膀胱积尿和肝肿大而呈现腹围增大，肝区触诊有痛感。病兔虚弱消瘦，结膜苍白，可视黏膜轻度黄染。在发病的后期，幼兔往往出现神经症状，四肢痉挛，麻痹，多因极度衰竭而死亡。死亡率一般为40%～70%，有时可达80%。病程为10余天至数周。病愈后长期消瘦，生长发育不良（图5-10）。

6. 病理变化　尸体外观消瘦，黏膜苍白，肛门周围污秽。发生肝球虫病时，肝表面和实质内有许多白色或黄白色结节，呈圆形，如粟粒大至豌豆大，沿小胆管分布。取结节作压片镜检，可以看到裂殖子、裂殖体和卵囊等不同发育阶段的虫体。陈旧病灶中的内容物变性，形成粉粒样的钙化物质。在慢性肝球虫病时，胆管周围和小叶间都有结

图 5-10　病兔及其粪便

A. 腹泻、肛门周围被粪便污染；B. 病变组粪球干而小，对照组湿润、大

缔组织增生，使肝细胞萎缩，肝脏体积缩小（间质性肝炎）。胆囊黏膜有卡他性炎症，胆汁浓稠，内含有许多崩解的上皮细胞。

　　肠球虫病的病理变化主要在肠道，肠道血管充血，十二指肠扩张、肥厚，黏膜发生卡他性炎症，小肠内充满气体和大量黏液，黏膜充血，上有溢血点。在慢性病例，肠黏膜呈淡灰色，上有许多小的白色结节，压片镜检可见大量卵囊，肠黏膜上有小的化脓性、坏死性病灶（图 5-11）。

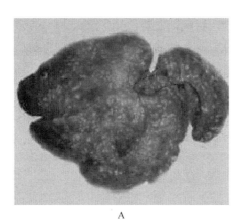

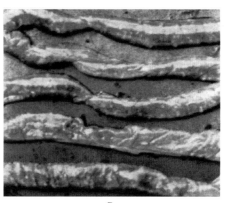

图 5-11　兔球虫病病理变化

A. 肝表面和实质内布满白色结节；B. 肠管肿胀、黏膜充血，上有溢血点

【器材准备】

显微镜、载玻片、盖玻片、球虫卵囊。

【操作程序】

1）兔球虫卵囊的收集，同其他球虫卵囊的收集（见本任务项目一）。

2）用显微镜观察不同种属兔球虫的形态特征。

【结果可靠性确认】

根据临床特征、流行病学资料、粪便镜检发现虫卵和死后剖检发现肝脏、肠道病变等进行综合判定从而确诊。

项目四 牛球虫形态学观察

【概述】

牛球虫病发现于 1878 年，是由牛球虫（coccidia）引起的以出血性肠炎为特征的一种寄生性原虫病。本病对养牛业的危害较大，呈世界性分布。牛球虫在我国除感染奶牛、黄牛外，还普遍感染水牛和牦牛，是畜牧业生产中最重要的，也是最常见的一种原虫病。尤其是在犊牛中，常有本病的广泛流行，可引起大批犊牛的严重发病和死亡，从而对畜牧业造成巨大的经济损失。我国北方地区黄牛和奶牛中最常见的种类是邱氏艾美耳球虫和牛艾美耳球虫；同时，在对牛球虫病的调查中，证实邱氏艾美耳球虫和牛艾美耳球虫的致病力最强。国外报道具有致病力的种类是奥博艾美耳球虫、牛艾美耳球虫和邱氏艾美耳球虫，其中以邱氏艾美耳球虫的致病力最强，牛艾美耳球虫感染最普遍，也是最重要的致病虫种，奥博艾美耳球虫具有中等程度的致病作用。

【任务分析】

1）掌握牛球虫卵囊的收集与纯化。
2）显微镜下观察并识别牛球虫的种类。

【知识点】

1. 牛艾美耳球虫病流行病学特征　各个品种的牛对上述艾美耳球虫都有易感性，但以 2 岁以内的犊牛发病率高，死亡率亦高，老龄牛多为带虫者。球虫病多发于放牧期，潮湿环境有利于球虫的发育和存活。冬季舍养期间也可能发病。饲料、垫草和母牛乳房被粪便污染时，常引起犊牛感染。由舍养改为放牧或由放牧改为舍养时，由于饲料的突然改变，容易诱发本病的发生。患某种传染病时（如口蹄疫等），由于机体的抵抗力减弱，也容易诱发本病。犊牛的肠道线虫有诱发本病发生的作用。实验感染证明，感染少量牛艾美耳球虫的感染性卵囊时，不至于引起疾病的发生，反而能激发一定的免疫力；但感染 10 万个以上卵囊时，可产生明显的症状；感染 25 万个以上时，可致犊牛死亡。

2. 牛球虫形态　牛球虫在分类上属于顶复门（Apicomplexa）孢子虫纲（Sporozoa）球虫亚纲（Coccidiasina）真球虫目（Eucoccidiorida）艾美耳亚目（Eimeriorina）艾美耳科（Eimeridae）艾美耳属（*Eimeria*）。在外界环境中可以见到的球虫是其孢子化阶段的虫体——卵囊（oocyst）。未孢子化的卵囊呈卵圆形或近似圆形，少数呈椭圆形或梨形等。多数卵囊无色或灰白色，个别的种可带有黄色、红色或棕色。其大小因种而异，多数长为 25～30μm，最大的种长度可达 90μm，最小的种只有 8～10μm。卵囊壁一般有两层，外层为保护性膜，结实，有较大的弹性，化学成分类似角质蛋白；内层是由大配子在发育过程中形成的小颗粒构成的，其化学成分属类脂质。某些种在卵囊的一端具有微孔（有的称卵膜孔 micropore），某些种在微孔上有极帽（polar cap），也有称微孔极帽（micropyle）。在卵囊中含有圆形的原生质团，即合子。合子发育后，在卵囊中形成若干孢子囊，在孢子形成的过程中有时可见到极粒（polar granule）。有些种在孢子囊形成后余下一团颗粒状的团块，称为卵囊残体（有的称卵囊余体 oocyst residual body）。一些种在孢子囊的一端有折光性小体，称为斯氏体（stiedabody）。孢子囊一般呈椭圆形、圆形或梨形，孢子囊内含有一定数量的子孢子（sporozoites）。子孢子一般呈香肠形或逗号形，中央有一个核，在两端可见有强折光性的、球状的折光体（refractilegrobule），有些种的孢子囊内子孢子之间有团颗粒状的团体，称孢子囊残体（有的称孢子囊余体 sporocystic residual body）。每个属的球虫卵囊内孢子囊和每一孢子囊内含有子孢子的数目是恒定的，而不同的属则有差异，并以此作为艾美耳科中各属鉴定的主要根据。球虫卵囊的形态特征是球虫虫种鉴定的主要依据之一。

到目前为止，全世界已经报道的牛球虫共有 19 种，但较为公认的为 15 种，我国报道的牛球虫有 11 种（图 5-12 和图 5-13）分别为：邱氏艾美耳球虫（*Eimeria zurnii*）、牛艾美耳球虫（*Eimeria bovis*）、亚球形艾美耳球虫（*Eimeria subspherica*）、椭圆艾美耳球虫（*Eimeria ellipsoidallis*）、柱状艾美耳球虫（*Eimeria cylindrica*）、皮利他艾美耳球虫（*Eimeria pellita*）、加拿大艾美耳球虫（*Eimeria canadensis*）、阿拉巴艾美耳球虫（*Eimeriaalabamensis*）、怀俄明艾美耳球虫（*Eimeria wyomingensis*）、巴氏艾美耳球虫（*Eimeria bareillyi*）、云南艾美耳球虫（*Eimeria yunnanensis*）。在我国青海的牦牛中还发现另外两种艾美耳属球虫，它们是奥博艾美耳球虫（*E. auburnensis*）和巴西艾美耳球虫（*E. brasiliensis*）。除此之外，在国外的文献中还报道有斯密氏艾美耳球虫（*E. smithi*）、拨

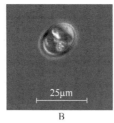

图 5-12　牛球虫形态特征
A～D 依次为亚球形艾美耳球虫、邱氏艾美耳球虫、牛艾美耳球虫、奥博艾美耳球虫

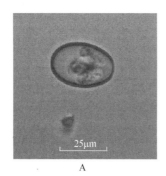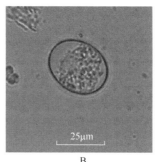

图 5-13　孢子化的椭圆艾美耳球虫（A）和未孢子化的邱氏艾美耳球虫（B）

克朗艾美耳球虫（*E. bukidonensis*）、奥氏艾美耳球虫（*E. orlovi*）、艾地艾美耳球虫（*E. ildefonsoi*）、伊利诺斯艾美耳球虫（*E. illinoseensis*）、苛氏艾美耳球虫（*E. kosti*）、西氏艾美耳球虫（*E. thianethi*）和阿沙卡等孢球虫（*Isospora aksaica*）8 种。

3. 流行病学 牛球虫病多发生于春、夏、秋三季，特别是多雨连阴季节，在低洼潮湿的地方放牧，以及卫生条件差的牛舍，都易使牛感染球虫。各品种的牛都有易感性，2 岁以内的犊牛发病率较高，患病严重。成年牛患病治愈或耐过者，多呈带虫状态而散播病原。牛患其他疾病或使役过度及更换饲料时其抵抗力下降易诱发该病。

4. 致病作用 裂殖体在牛肠上皮细胞中增殖，破坏肠黏膜，黏膜下层出现淋巴细胞浸润，并发生溃疡出血。肠黏膜破坏之后，造成有利于腐败细菌生长繁殖的环境，其所产生的毒素和肠道中的其他有毒物质被吸收后，引起全身中毒，导致中枢神经系统和各种器官的机能失调。

5. 症状 潜伏期 15～23d，有时多达 1 个多月。发病多为急性型，病期通常为 10～15d，个别情况下在发病后 1～2d 内引起犊牛死亡。病初精神沉郁，被毛粗乱无光泽，体温略高或正常，母牛产乳量减少。约 7d 后，牛精神更加沉郁，体温升高到 40～41℃。瘤胃蠕动和反刍停止，肠蠕动增强，排带血的稀粪，内混纤维素性薄膜，有恶臭。后肢及尾部被粪便污染。后期粪呈黑色，或全部便血，甚至肛门哆开，排粪失禁，体温下降至 35～36℃，在恶病质和贫血状态下死亡。慢性型的病牛一般在发病后 3～6d 逐渐好转，但下痢和贫血症状持续存在，病程可能拖延数月，最后因极度消瘦、贫血而死亡（图 5-14）。

图 5-14 病牛精神沉郁并出现血便

6. 病理变化 尸体消瘦，可视黏膜苍白，肛门松弛、外翻，后肢和肛门周围被血粪污染。牛直肠病变明显，直肠黏膜肥厚，有出血性炎症变化；淋巴滤泡肿大突出，有白色和灰色小病灶，同时在这些部位常常出现直径 4～15mm 的溃疡。其表面覆有凝乳样薄膜。直肠内容物呈褐色，带恶臭，有纤维素性薄膜和黏膜碎片。肠系膜淋巴结肿大发炎。

【器材准备】

显微镜、载玻片、盖玻片、球虫卵囊。

【操作程序】

1）球虫卵囊的收集（见本任务项目一）。

2）用显微镜观察不同种属牛球虫的形态特征。

【结果可靠性确认】

根据临床特征、流行病学资料、粪便镜检发现虫卵和死后剖检发现肠道病变等综合判定进行确诊。

项目五　猪球虫形态学观察

【概述】

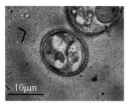
极细艾美耳球虫

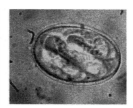
光滑艾美耳球虫

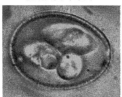
粗糙艾美耳球虫

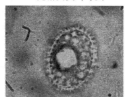
有刺艾美耳球虫

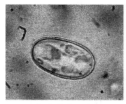
蒂氏艾美耳球虫

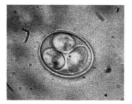
猪艾美耳球虫

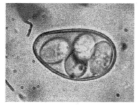
豚艾美耳球虫

图 5-15　猪艾美耳属球虫形态

猪球虫病是由艾美耳属（*Eimeria*）和等孢属（*Isospora*）球虫引起的可致仔猪消化道疾病、腹泻、消瘦及发育受阻。成年猪多为带虫者。猪球虫的生活史与其他动物的球虫一样，在宿主体内进行无性世代（裂殖生殖）和有性世代（配子生殖）两个世代繁殖，在外界环境中进行孢子生殖。

【任务分析】

1）掌握猪球虫卵囊的收集与纯化。

2）显微镜下观察并识别猪球虫的种类。

【知识点】

1. 猪球虫形态　　文献记载的猪球虫有 16 种。国内报道的猪球虫分 2 属共 8 种，即粗糙艾美耳球虫（*Eimeria scabra*）、光滑艾美耳球虫（*E. cerdonis*）、蒂氏艾美耳球虫（*E. debliecki*）、猪艾美耳球虫（*E. suis*）、有刺艾美耳球虫（*E. spinosa*）、极细艾美耳球虫（*E. perminuta*）、豚艾美耳球虫（*E. porci*）和猪等孢球虫（*Isospora sitis*）（图 5-15 和图 5-16）。其中以猪等孢球虫的致病力最强。猪等孢球虫卵囊呈球形或亚球形，囊壁光滑，无色，无卵膜孔。卵囊的大小为（18.5～23.9）μm×

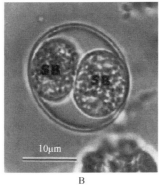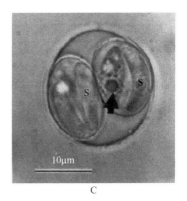

图 5-16　猪等孢球虫
A. 卵囊（20～50μm），箭头所指为模糊体；B. 已经有两个孢子囊的卵囊；
C. 完全孢子化的卵囊，孢子囊内含残体，箭头所指为残体，S 为孢子

（16.9～20.1）μm。囊内有 2 个孢子囊，每个孢子囊内有 4 个子孢子，子孢子呈腊肠形（图 5-17）。孢子化最短时间为 63h。

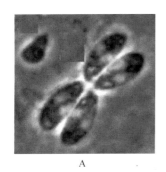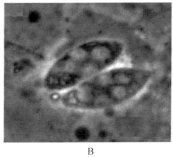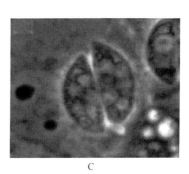

图 5-17　猪等孢球虫
A. 成对的 1 型裂殖子；B. 双核的 1 型裂殖体；C. 2 型裂殖体

2. 流行病学　　猪球虫孢子化卵囊污染了饲料及饮水，猪食入孢子化卵囊而感染。各种品种猪均有易感性，1～5 月龄猪感染率较高，发病严重，6 月龄以上的猪很少感染。成年猪多为带虫者，是该病的主要传染源。仔猪出生后即可感染。该病多发生于气候温暖、雨水较多的夏秋季节。患其他传染病和肠道线虫病的猪，抵抗力降低，易感染球虫病。

3. 症状　　病猪排黄色粪便，初为黏性，1～2d 后排水样稀粪，腹泻可持续4～8d，导致仔猪脱水、失重，在其他病原体协同作用下往往造成仔猪死亡，死亡率可达 10%～50%（图 5-18）。存活的仔猪生长发育受阻。寒冷和缺奶等因素能加重病情。病程经过与转归，取决于摄入的球虫种类及感染性卵囊的数量。仔猪球虫病主要是由猪等孢球虫引起的。

4. 病理变化　　病变主要在空肠和回肠，肠黏膜上常有异物覆盖，肠上皮细胞坏死并脱落。在组织切片上可见肠或绒毛萎缩和脱落，还可见不同内生性发育阶段的虫体（裂殖休、配子体等）。

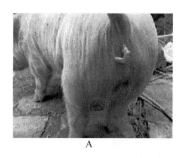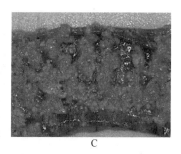

图 5-18　病猪症状
A. 泻便主要为糊状，似"挤黄油"；B. 病便在空肠和回肠；C. 剖检后的肠黏膜

【器材准备】

显微镜、载玻片、盖玻片、球虫卵囊。

【操作程序】

1）球虫卵囊的收集（见本任务项目一）。
2）用低倍镜观察球虫未孢子化卵囊、孢子化卵囊、熟悉其形态结构。

【结果可靠性确认】

根据临床特征、流行病学资料、粪便镜检发现虫卵及死后剖检发现肠道病变等综合判定从而确诊猪球虫病。

项目六　羊球虫形态学观察

【概述】

羊球虫病是由艾美科艾美耳属球虫寄生于羊肠道所引起的一种原虫病，发病羊只呈现下痢、消瘦、贫血、发育不良等症状，严重者导致死亡，主要危害羔羊。该病呈世界性分布。

【任务分析】

1）掌握羊球虫卵囊的收集与纯化。
2）显微镜下观察并识别羊球虫的种类。

【知识点】

1. 羊球虫种属特征　寄生于绵羊和山羊的球虫种类很多，文献记载有 15 种。我国报道的有 12 种，分别是阿撒他艾美耳球虫（*E. ahsata*）、阿氏艾美耳球虫（*E. arloingi*）、槌形艾美耳球虫（*E. crandallis*）、颗粒艾美耳球虫（*E. granulosa*）、浮氏艾美耳球虫（*E. faurei*）、刻点艾美耳球虫（*E. punctata*）、错乱艾美耳球虫（*E. intrincata*）、袋形艾突耳球虫（*E. marsica*）、雅氏艾美耳球虫（*E. ninakohlyakimovae*）、小型艾美耳球虫（*E. parva*）、温布里艾美耳球虫（*E. weybridgensis*）、爱缪拉艾美耳球虫（*E. aemula*）。有人认为苍白艾美耳球虫（*E. pallida*）是小型艾美耳球虫的同物异名。寄生于羊的各种球虫中，以阿撒他艾美耳球虫致病力最强，也最为常见。部分羊艾美耳球虫见图 5-19。

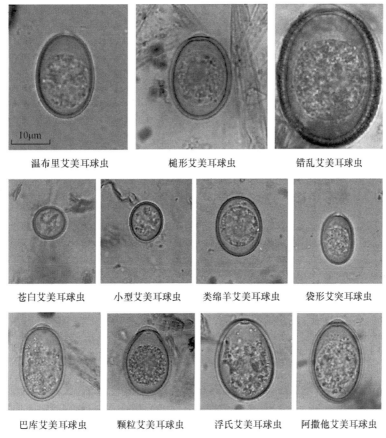

<table>
<tr><td>温布里艾美耳球虫</td><td>槌形艾美耳球虫</td><td>错乱艾美耳球虫</td></tr>
<tr><td>苍白艾美耳球虫</td><td>小型艾美耳球虫</td><td>类绵羊艾美耳球虫</td><td>袋形艾美突耳球虫</td></tr>
<tr><td>巴库艾美耳球虫</td><td>颗粒艾美耳球虫</td><td>浮氏艾美耳球虫</td><td>阿撒他艾美耳球虫</td></tr>
</table>

图 5-19　羊球虫种属特征

2. 流行病学　　各品种的绵羊、山羊对球虫均有易感性，但山羊感染率高于绵羊；1 岁以下的感染率高于 1 岁以上的，成年羊一般都是带虫者。据调查在内蒙古牧区和河北农区，1～2 月龄春羔的粪便中，常发现大量的球虫卵囊。流行季节多为春、夏、秋三季。感染率和强度依不同球虫种类及各地的气候条件而异。冬季气温低，不利于卵囊发育，很少发生感染。

3. 症状　　人工感染的潜伏期为 11～17d。该病可能依感染的种类、感染强度、羊只的年龄、抵抗力及饲养管理条件等不同而取急性或慢性过程。急性经过的病程为 2～7d，慢性经过的病程可长达数周。病羊精神不振，食欲减退或消失，体重下降，可视黏膜苍白，腹泻，粪便中常含有大量卵囊。体温上升到 40～41℃，严重者可导致死亡，死亡率常达 10%～25%，有时可达 80% 以上。

4. 病理变化　　小肠病变明显，肠黏膜上有淡白、黄白圆形或卵圆形结节，粟粒大至豌豆大，常成簇分布，也能从浆膜面看到。十二指肠和回肠有卡他性炎症，有点状或带状出血。尸体消瘦，后肢及尾部污染有粪便。

【器材准备】

显微镜、载玻片、盖玻片、球虫卵囊。

【操作程序】

1）球虫卵囊的收集（见本任务项目一）。

2）用低倍镜观察球虫未孢子化卵囊、孢子化卵囊，熟悉其形态结构。

【结果可靠性确认】

根据临床特征、流行病学资料、粪便镜检发现虫卵和死后剖检发现肠道病变等进行综合判定进行确诊。

任务二　隐孢子虫检查技术

项目一　隐孢子虫粪便学检查技术

【概述】

粪便学检测法具有简便、快速、对仪器要求不高的特点，是目前检测隐孢子虫病的有效方法之一。主要有漂浮法和染色法。

【任务分析】

掌握用饱和蔗糖溶液漂浮法检测隐孢子虫。

【知识点】

1. 隐孢子虫及隐孢子虫病　　隐孢子虫是一种寄生在人或动物的消化道上皮细胞能引起严重水样腹泻的呈世界性分布的人畜共患的机会致病性原虫。隐孢子虫可经空气、土壤、食物和水等多种途径广泛散播病原，可感染哺乳动物、禽类、两栖动物、野生类、爬行动物和人类等多种脊椎动物，可引发动物的消化道等系列疾病。隐孢子虫可通过血脑屏障，导致颅腔内部的感染，严重威胁动物生命健康。我国重要的经济动物牛、羊、猪都是隐孢子虫的主要寄生宿主，感染后临床表现为腹泻腹痛、食欲减退、呕吐、发热、厌食消瘦、生长受阻等症状，最终导致动物生产性能下降或者死亡；艾滋病患者感染隐孢子虫的概率高达48%，引起的霍乱样腹泻综合征是艾滋病患者的主要致死因素之一，常引起致命性顽固性腹泻综合征，导致全身器官功能性衰竭，加速艾滋病患者的死亡。隐孢子虫病在家畜、家禽中流行广泛，还严重威胁野生动物和经济动物，给养禽业、畜牧业及经济野生动物等带来巨大的经济损失。隐孢子虫病对人类和动物健康造成了严重的威胁，已被美国疾病预防控制中心和世界卫生组织列为新发传染病，对隐孢子虫病的研究已成为国内外寄生虫学领域研究的热点话题。

2. 隐孢子虫形态　　隐孢子虫是一种体积微小的球虫类寄生虫，在分类上属于真球虫目隐孢子虫科隐孢子虫属隐孢子虫种（图5-20）。大小为（3.2～5.1）μm×（8.0～8.5）μm，极微小，为无法以肉眼辨识的单细胞寄生虫。隐孢子虫卵囊为圆形或者椭圆形，卵囊壁很光滑，其中一端有缝隙，直径为4~8μm，成熟的隐孢子虫卵囊含有裸露的4个香蕉状的子孢子、1个颗粒结晶状物和空泡组成的残体。成熟的小配子体包含有16个无鞭毛且呈子弹头形状的小配子。隐孢子虫主要寄生于宿主细胞内。隐孢子虫种间形态学相似，无严格的宿主特异性，具有纲特异性，不同种类之间可交叉感染。

3. 隐孢子虫的种类　已知的隐孢子虫有效种达20个，包括安氏隐孢子虫、贝氏隐孢子虫、牛隐孢子虫、犬隐孢子虫、鸡隐孢子虫、人隐孢子虫、微小隐孢子虫、蛇隐孢子虫等，有61个基因型。可通过多种途径感染包括人类在内的240多种动物。目前在鸟类检测到的隐孢子虫有火鸡隐孢子虫（*C. meleagridis*），贝氏隐孢子虫（*C. baileyi*），鸡隐孢子虫（*C. galli*）3种；在爬行动物检测到的有蜥蜴隐孢子虫（*C. varanii*），蛇隐孢子虫（*C. serpentis*）2种；在两栖动物检测到的有摩氏隐孢子虫（*C. molnari*）1种；哺乳动物感染隐孢子虫阳性率较高，主要有猪隐孢子虫（*C. suis*）、犬隐孢子虫（*C. canis*）、猫隐孢子虫（*C. felis*）等15种，其中寄生于牛的有4个有效种，分别为微小隐孢子虫（*C. parvum*）、安氏隐孢子虫（*C. andersoni*）和牛隐孢子虫（*C. bovis*）、瑞氏隐孢子虫（*C. ryanae*）。

2000年以前从牛和啮齿类动物体内分离出来的隐孢子虫都认为是鼠隐孢子虫，后研究发现，牛体内分离的隐孢子虫不能感染免疫抑制或免疫力正常的小鼠，与啮齿类动物的鼠隐孢子虫遗传特性不同，Lindsay等在2000年将牛体内分离的隐孢子虫命名为安氏隐孢子虫（*C. andersoni*），安氏隐孢子虫寄生于胃，卵囊指数1.35。主要感染成年奶牛和肉牛，感染率极高且危害性较大（图5-21）。安氏隐孢子虫与鼠隐孢子虫（*C. muris*）在形态大小上相似，主要引起牛的胃肠道感染，且感染持续时间较长，引起奶牛不同程度的体重下降，产奶量降低，饲料报酬下降，降低生产经济效益，严重影响畜牧业的健康发展。安氏隐孢子虫是牛隐孢子虫病的重要病原体之一，已有报道人也有感染安氏隐孢子虫的病例。

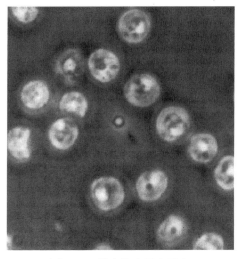

图5-20　微小隐孢子虫形态

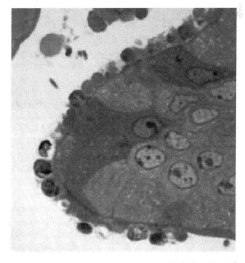

图5-21　小鼠肠上皮细胞，上面覆盖着正在发育的微小隐孢子虫，即安氏隐孢子虫（*C. andersoni*）

牛隐孢子虫（*C. bovis*）主要寄生于牛的小肠，卵囊指数 1.06。与微小隐孢子虫（*C. parvum*）卵囊形态大小较为相似。11 月龄的小牛主要感染牛隐孢子虫，感染牛隐孢子虫的奶牛无明显临床症状。

瑞氏隐孢子虫（*C. ryanae*）与安氏隐孢子虫、微小隐孢子虫和牛隐孢子虫的卵囊形态相比较小，可感染初生牛犊。

4. 隐孢子虫生活史 隐孢子虫属于单宿主寄生虫，不需要中间宿主，直接发育成型。虫体在宿主体内的发育阶段为内生阶段，虫体随宿主粪便排出成熟卵囊，卵囊时期为感染阶段，人和动物都是隐孢子虫的易感宿主，易感宿主吞食成熟卵囊后，在宿主消化液的作用下子孢子在小肠内脱囊而出。隐孢子虫的发育过程史主要有裂殖生殖、配子生殖和孢子生殖三个过程。孢子化的隐孢子虫卵囊随患病宿主粪便排出体外，易感宿主摄入隐孢子卵囊，卵囊进入体内后，子孢子从卵囊内逸出后寄生在宿主的胃肠道或呼吸道黏膜的上皮细胞，脱囊后的子孢子被微绒毛包裹后寄生于细胞膜内。子孢子继续分化为球形滋养体，经核分裂后形成Ⅰ型裂殖体，继续发育形成成熟的裂殖子，成熟后的裂殖子从裂殖体分离出来感染另外宿主细胞后发育形成Ⅱ型裂殖体，分化形成 4 个裂殖子，开始隐孢子虫的有性繁殖过程，裂殖子发育形成雌性配子体、雄性配子体，雌雄配子体受精发育成隐孢子虫卵囊，卵囊成熟后进入下一步生活史阶段。经过裂体增殖和配子增殖进一步发育成卵囊，宿主体内的卵囊以孢子的形式排出。隐孢子虫病的潜伏期为 36～48h 到 7～12d，病程为 2～14d。隐孢子虫的生活周期需 5～11d 完成（图 5-22）。

5. 隐孢子虫流行病学特征 1895 年，Clarke 第一次在小鼠的胃黏膜上皮细胞观察到隐孢子虫。1907 年，捷克寄生虫学家 Tyzzeer 首次在实验小鼠的胃肠组织中发现了鼠隐孢子虫（*C. muris*），命名为小鼠隐孢子虫，只把它当作偶然寄生物。1912 年，Tyzzer 又发现了隐孢子虫的新种类——微小隐孢子虫（*C. parvum*），该虫种形体比鼠隐孢子虫小，内生发育阶段局限于小肠上皮细胞，小鼠感染后无任何临床症状，故当作非致病性原虫。1925 年，Triffit 发现蛇体存在响尾蛇隐孢子虫。1968 年，Anderson 也报道发现了蛇体内存在响尾蛇隐孢子虫。Pailciera 等在美国于 1971 年首次发现了一头 8 月龄小母牛感染隐孢子虫后发生的腹泻等症状。Nime 等在 1976 年首次报道了人的隐孢子虫病。Currrent 于 1982 年报道了健康人群接触犊牛后感染了隐孢子虫病，艾滋病患者感染隐孢子虫病后腹泻严重导致死亡，逐渐开始引起医学界的重视。1993 年，美国由于水源被污染引起 40 多万人感染隐孢子虫病，隐孢子虫病受到广泛关注。此后，隐孢子虫病相继在美国、亚洲、欧洲、中南美洲、非洲和澳大利亚等地区被报道，并认为是引起犊牛群腹泻的病因之一。

6. 隐孢子虫传播流行的主要影响因素

（1）传染源 隐孢子虫病主要的传染来源是病畜和带虫者，牛、羊、犬、猫等哺乳动物均可感染隐孢子虫。进入畜舍的麻雀、猫、鼠、狗、禽等也是传染来源。患病的动物和人的粪便和呕吐物中含有大量的隐孢子虫卵囊，隐孢子虫患者携带隐孢子虫卵囊随排泄物排出体外，牛、羊、猪等动物的隐孢子虫卵囊可以传播人。

（2）传播途径 隐孢子虫病为人畜共患疾病，动物与人可相互接触感染传播。食用含隐孢子虫卵囊污染的食物或水是主要传播方式。传播可发生于直接或间接与粪便接

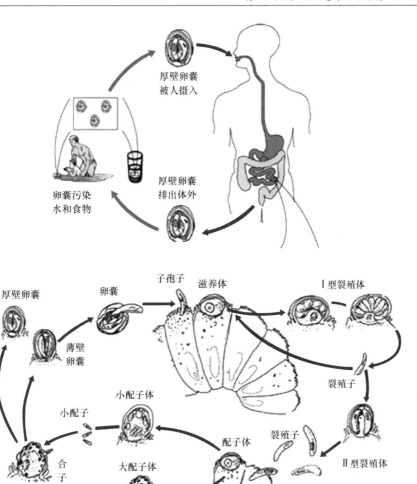

图 5-22　隐孢子虫生活史

触，隐孢子虫主要通过粪、口、手等途径传播至易感动物，患病者的感染性卵囊随粪便排出体外后污染水源、空气或者食物，人或动物接触或摄食了隐孢子虫的卵囊而受到感染。近年来，英、美等国均有水源污染引起暴发流行的报道，如只有 6 万人口的佐治亚州，有 13 000 人发生了胃肠炎，其中 39% 粪检卵囊阳性。有研究报道隐孢子虫可以通过公共用水进行传播。隐孢子虫在水中沉降速度较慢，故隐孢子虫病可通过公共用水或游泳池传播，有研究证实饮用水中的氯不能杀灭隐孢子虫。隐孢子虫病是水源性疾病的重要病原之一。旅游者亦常通过饮用污染的水源而造成暴发流行。此外，同性恋者之间的肛交也可导致本虫传播，痰中有卵囊者可通过飞沫传播。

（3）易感者　隐孢子虫的易感宿主主要有人、哺乳动物、鱼类、爬行动物、两栖动物等 240 多种动物。其中艾滋病患者、免疫力低下或免疫抑制的患者以及幼龄动物更容易感染隐孢子虫病。欧洲有 11%～21% 的艾滋病患者腹泻便中发现该虫卵囊，而在非洲等发展中国家可达 12%～48%。隐孢子虫的宿主特异性表现不显著，各动物之间存在交义感染，同一纲动物间有广泛交叉感染特点，如反刍动物、猪、犬、兔、猫、鼠等。

但是鸟纲和哺乳纲之间无交叉感染，禽类的隐孢子虫寄生宿主有鸡、鸭、鹅、鹦鹉、火鸡、鸽子等。

7. 隐孢子虫致病机制及症状　　隐孢子虫主要寄生在小肠上皮细胞的纳虫空泡内，虫体寄生最多的部位在空肠近端，严重者会扩散到整个消化道。还可以寄生在肺脏、胆管、扁桃体、胰脏、呼吸道和胆囊等器官。隐孢子虫体会加速肠上皮黏膜细胞的老化和脱落，小肠黏膜广泛受损，肠黏膜表面积缩小，破坏胃肠道的吸收功能，导致糖类和脂肪吸收功能的严重障碍，丢失大量的水和电解质，同时由于多种消化道黏膜酶大量减少，导致患者出现严重的持续性腹泻。还可引起艾滋病患者的坏疽样坏死和急性炎症等并发症。病程长短和临床症状的严重程度取决于患者自身的免疫功能，免疫功能正常的宿主一般症状较轻，潜伏期为3~8d，发病呈急性经过，主要临床症状为腹泻，粪便呈水样或糊状，无脓血，日排便20多次。幼儿感染可能出现喷射样水样粪便。伴有腹痛腹胀、恶心呕吐、食欲缺乏或厌食、发热等症状。大多为自限性，病程可持续7~14d，少数患者迁延不愈转化为慢性反复发作。免疫功能受损的宿主临床症状较为严重，出现持续性的霍乱水样腹泻，伴有剧烈严重腹泻腹痛，电解质和水代谢紊乱，出现酸中毒。病程迁延数月至一年。患者常伴有肠外器官隐孢子虫病，使病情更为严重复杂。隐孢子虫感染常为艾滋病患者腹泻死亡的原因之一。

8. 隐孢子虫粪便学检查技术漂浮法　　分别有饱和蔗糖溶液漂浮法、饱和食盐水漂浮法、饱和硫酸锌漂浮法、饱和硫酸镁漂浮法、甲醛乙醚沉淀法、甘油漂浮、G3耐酸漏斗过滤浓集法等。目前使用较多的是饱和蔗糖溶液漂浮法，此方法检出率和回收率都较高，但是由于白糖黏性较大，限制了卵囊与杂质的分离，故回收的隐孢子虫卵囊杂质较多，纯度较低。

【器材准备】

饱和蔗糖溶液的制备：在500ml水中加入650g蔗糖。煮沸使其溶解，即得到比重为1.27的饱和蔗糖溶液。

器材准备：小烧杯、筛网、玻璃棒、细胶头滴管、显微镜、麦克马斯特氏计数板。

样品：新鲜的粪便样品。

【操作程序】

称取0.5g粪便，放入15ml离心管中，加少量饱和蔗糖液，充分搅拌后，加饱和蔗糖液至略隆起于试管口，静置30min，镜检计数。

【结果可靠性确认】

根据临床特征、流行病学资料、粪便镜检发现虫卵和死后剖检发现肠道病变等综合判定进行确诊。

项目二　隐孢子虫抗酸染色法

【概述】

目前在粪便中检查出隐孢子虫卵囊是该病的病原诊断依据，粪便检查法多从两方面着手：即浓集技术及染色方法。前者包括饱和蔗糖溶液浮聚法、Ritchie 福尔马林乙酸乙酯沉淀法、饱和硫酸锌浮聚法等；染色方法有吉姆萨染色法、改良抗酸染色法、直接免疫荧光染色法（IFA）、番红 - 亚甲蓝染色法、金胺 - 酚染色法等。对于基层单位，由于条件有限，缺乏高档进口仪器，有些染色法不适用，但是改良抗酸染色法简便、实用性强、不需加温、染色时间控制不严格、特异性强，适合基层单位使用。

【任务分析】

掌握改良抗酸染色法检测隐孢子虫方法。

【知识点】

抗酸染色法原理：分枝杆菌的细胞壁内含有大量的脂质，主要是分枝菌酸，它包围在肽聚糖的外面，所以分枝杆菌一般不易着色，要经过加热和延长染色时间来促使其着色。但分枝杆菌中的分枝菌酸与染料结合后，很难被酸性脱色剂脱色，故名抗酸染色。齐 - 尼氏抗酸染色法是在加热条件下使分枝菌酸与石炭酸复红牢固结合成复合物，用盐酸乙酸处理也不脱色。当再加碱性美兰复染后，分枝杆菌仍然为红色，而其他细菌及背景中的物质为蓝色。

【器材准备】

阳性样品：实验室保存的含有各种球虫、隐孢子虫的粪样材料。

待检样品：待检样品来源于养殖场采集的牛、羊等含有隐孢子虫、球虫等相近原虫卵的粪样。

染液：石炭酸复红液、3% 盐酸乙醇、碱性亚甲蓝溶液。

其他：接种环、酒精灯、载玻片等。

【操作程序】

取材：采集动物的粪便用饱和蔗糖溶液漂浮法浓缩卵囊。

检查方法：

1）直接涂片：上述取材可直接涂片，检出卵囊。这种方法检出率极低。

2）特殊染色：改良抗酸染色法应用最广，是确诊隐孢子虫感染的可靠方法。

改良抗酸染色法的步骤：

1）初染：用玻片夹夹持涂片标本，滴加石炭酸复红 2～3 滴，在火焰高处徐徐加热，切勿沸腾，出现蒸汽即暂时离开，若染液蒸发减少，应再加染液，以免干涸，加热 3～5min，待标本冷却后用水冲洗。

2）脱色：3% 盐酸乙醇脱色 30～60s；用水冲洗。

3）复染：用碱性亚甲蓝溶液复染 1min，水洗，用吸水纸吸干后用显微镜观察。

【操作注意事项及常见错误分析】

粪便中存在的酵母菌及念珠菌在大小和形态上可与卵囊混淆，其鉴别点是：真菌胞壁不耐酸，在复染后一般呈淡蓝色，如复染过度亦可染成红色；真菌一般较大（6～10μm）。

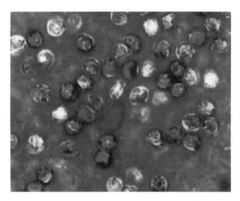

图 5-23　显微镜下观察隐孢子虫卵囊形态

可借这些特点鉴别。

【结果可靠性确认】

显微镜下发现上述卵囊（图 5-23），可诊断为"隐孢子虫"感染。标本经抗酸染色后，卵囊呈红色或桃红色，圆形或略带卵圆形；成熟卵囊内可见 4 个纺锤形子孢子。由于卵囊保存时间、成熟程度不尽相同，染色后囊合子的形态和染色深浅可有变异。

任务三　贾第鞭毛虫检查技术

【概述】

贾第鞭毛虫病是由贾第属（*Giardia*）的一些原生动物寄生于肠道引起的疾病。该属原虫形态很相似，但具有宿主特异性，因此，根据不同的宿主分为不同的种，如牛贾第虫（*G. hovis*）、山羊贾第虫（*G. caprae*）、犬贾第虫（*G. canis*）、蓝氏贾第虫（*G. lamhiia*）（宿主为人）等。它们是一种显微镜可见的、梨形的微生物，有时也可以描述成网球拍状的。其具有吸盘，可以黏附在宿主的小肠黏膜上。尽管贾第虫不入侵肠黏膜但是可以在肠道中进行分裂生殖。所以一个虫体往往可以发育成很多个虫体。贾第虫的检查通过临床症状以及粪便虫体检查来进行。

【任务分析】

在实验环境下，学习贾第虫的收集、显微镜下观察、虫体识别，并学习贾第虫生活史、致病性，从而进一步掌握贾第虫病的防控技术。

【知识点】

1. 病原形态　　虫体有滋养体和包囊 2 种形态。滋养体形如对切的半个梨形，前半部呈圆形，后部逐渐变尖，长 9～20μm。有 2 个核，4 对鞭毛位置分别为前、中、腹、尾。体中部尚有一对中体。包囊呈卵圆形，长 9～13μm，宽 7～9μm，虫体可在包囊中增殖。由此可见囊内有 2 个核或 4 个核，少数有更多的核（图 5-24～图 5-27）。

2. 生活史　　贾第虫的包囊被人或动物吞食，到十二指肠后脱囊形成滋养体。其寄生在十二指肠和肠上段，偶尔也可进入胆囊，靠体表摄取营养，以纵二分裂法繁殖。当肠内干燥或排至结肠后，滋养体即变为包囊，并在囊内分裂或复分裂，随宿主粪便排至外界。一般在正常粪便中只能查到包囊，在腹泻粪便中可查到滋养体。包囊对外界抵抗力强，在冰水里可存活数月；0.5% 氯化消毒水内可存活 2～3d；在蝇类肠道内存活 24h；在粪便中活力可维持 10d 以上。但在 50℃ 或干燥环境中很容易死亡（图 5-28）。

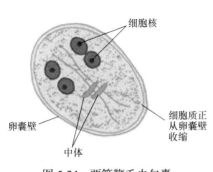

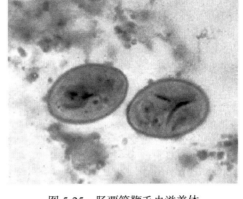

图 5-24　贾第鞭毛虫包囊

图 5-25　肠贾第鞭毛虫滋养体

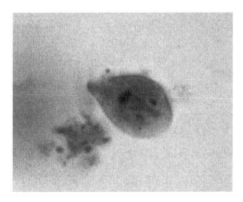

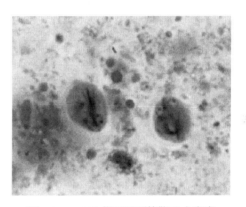

图 5-26　1000 倍下肠贾第鞭毛虫滋养体
（深色部位为细胞核）

图 5-27　1000 倍下肠贾第鞭毛虫卵囊

3.症状　　人和动物感染该虫后，其症状基本相同，但在不同宿主间，感染过程可能差异很大。据报道，犬、猫、大鼠、小白鼠、牛、羊、猿猴和人均可感染发病。在犬以 1 岁龄以内幼犬症状比较明显，呈现伴有黏液和脂肪的腹泻、厌食、精神不振和生长迟缓等症状，严重者可导致死亡。猫的主要症状为体重减轻，排稀松黏液样粪便，粪便中含有分解和未分解的脂肪组织。人患该病可呈现全身症状、胃肠道症状和胆囊、胆道症状之类。全身症状为失眠、神经兴奋性增高，头痛、眩晕、乏力、眼发黑、出汗；由于长期腹泻导致贫血，发育不良，体重下降，该类症状儿童常见。胃肠道症状以腹泻、腹痛、腹胀、厌食等多见。该虫寄生于胆管系统，可引起胆囊炎或胆管炎，呈现上腹部疼痛、食欲缺乏、发热、肝肿大等症状。

【器材准备】

粪样：样品或为新鲜的粪便，或为聚乙烯醇（PVA）固定的粪样。将粪样涂抹在载玻片上，放在空气中自然干燥（或者 60℃ 烘干）。

70% 乙醇碘液：首先配置储存液，加碘颗粒到 70% 乙醇中直至获得深色的溶液。用70% 的乙醇稀释到溶液为棕红色为止。

90% 乙酸乙醇：99.5ml 90% 乙醇＋0.5ml 冰醋酸。

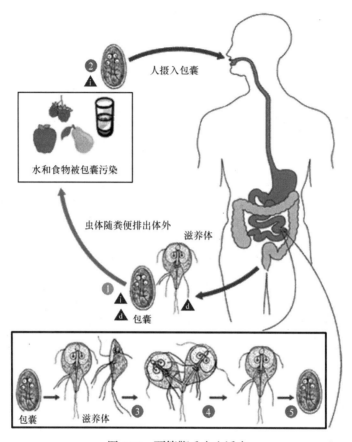

图 5-28 贾第鞭毛虫生活史

△表示感染阶段；△表示诊断阶段。1. 包囊随粪便排出体外；2. 包囊污染水和食物；
3. 包囊在体内形成滋养体；4. 滋养体分裂形成更多滋养体；5. 滋养体形成包囊

其他：三色染色试剂、70% 乙醇、95% 乙醇、100% 乙醇、二甲苯或其替代物、显微镜。

【操作程序】

1）将玻片放在 70% 乙醇碘液中 10min。

2）将玻片放在 70% 乙醇中 5min，再放入新鲜的 70% 乙醇中 3min。

3）玻片放在三色染液中 10min。

4）用 90% 乙酸乙醇脱色 1～3s。

5）用 100% 乙醇浸泡几次。放在新鲜的 100% 乙醇中浸泡 3min。

6）将玻片放在二甲苯中 10min。

7）用封片剂盖上盖玻片，油镜下进行观察。

【操作注意事项及常见错误分析】

1）采集粪便时注意采集新鲜粪便，同时要多点采集，如粪便样品不能立即进行检查，须加入聚乙烯醇进行固定。

2）用生理盐水涂片法检查滋养体，经碘液染色涂片检查包囊，也可用甲醛乙醚沉淀或硫酸锌浓集法检查包囊。通常在成形粪便中检查包囊，而在水样稀薄的粪便中查找滋养体。由于包囊形成有间歇性的特点，故检查时以隔天粪检并连续 3 次以上为宜。

【结果可靠性确认】

镜下观察若发现包囊或滋养体即可确诊为贾第虫感染（图 5-29）。

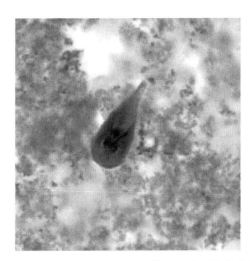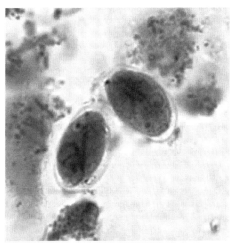

图 5-29　镜下观察贾第虫形态（左为滋养体，右为包囊）

任务四　结肠小袋纤毛虫检查技术

【概述】

猪小袋纤毛虫是由纤毛虫纲小袋科小袋属的结肠小袋纤毛虫（*Balantidium coli*）寄生于猪大肠内所引起的原虫病。多见于仔猪，呈现下痢、衰弱、消瘦等症状；严重者可导致死亡。除猪外，也可感染人、牛、羊等，因此该病为一种人畜共患原虫病。该病呈世界性分布，多发于热带和亚热带，在我国的河南、广东、广西、吉林、辽宁等 15 个省（自治区、直辖市）均有人体感染的病例报道。

【任务分析】

在实验环境下，学习结肠小袋纤毛虫的收集、显微镜下观察、虫体识别，并学习结肠小袋纤毛虫生活史、致病性，从而进一步掌握结肠小袋纤毛虫病的防控技术。

【知识拓展】

1. 病原形态　虫体在发育过程，有滋养体和包囊 2 种形态。滋养体呈卵圆形或梨形，大小为（30～150）μm×（25～120）μm（图 5-30）。身体前端有一略为倾斜的沟，沟的底部为胞口，向下连接一管状构造，以盲端终止于胞质内。身体后端有胞肛，为

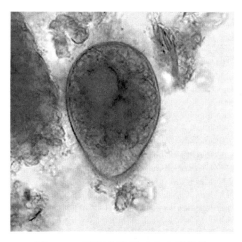

图 5-30　结肠小袋纤毛虫虫滋养体

排泄废物之用。有一大的腊肠样主核，位于体中部，其附近有一小核。胞质内尚有空泡和食物泡等结构。全身覆有纤毛，胞口附近纤毛较长，纤毛作规律性摆动，使虫体较快速度旋转向前运动。包囊不能运动，呈球形或卵圆形，大小为 40～60μm，有 2 层囊膜，囊内有 1 个虫体，在新形成的包囊内，可清晰见到滋养体在囊内活动（图 5-31），但不久即变成一团颗粒状的细胞质，包囊内虫体含有 1 个大核和 1 个小核，还有伸缩泡、食物泡。有时包囊内有 2 个处于接合过程的虫体（图 5-32）。

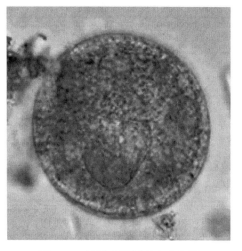

图 5-31　结肠小袋纤毛虫虫包囊

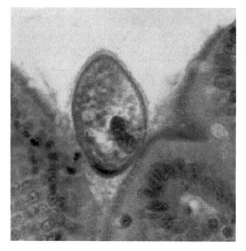

图 5-32　肠上皮细胞间结肠小袋纤毛虫滋养体

2. 生活史　散播于外界环境中的包囊污染饲料及饮水，被猪或人吞食后，囊壁在肠内被消化，囊内虫体逸出变为滋养体，进入大肠内寄生，以淀粉、肠壁细胞、红细胞和白细胞及细菌作为食物，然后以横二分裂法繁殖，即小核首先分裂，继而大核分裂，最后细胞质分开，形成 2 个新个体。经过一定时期的无性繁殖之后，虫体进行有性的接合生殖，然后又进行二分裂繁殖。在不利的环境或其他条件下，部分滋养体变圆，分泌坚韧的囊壁包围虫体成包囊，随宿主粪便排出体外。滋养体也可以随宿主粪便排出体外后，在外界环境中形成包囊（图 5-33）。包囊抵抗力较强，在 -28～-6℃能存活 100d，在常温 18～20℃可存活 20d。在尿液内可生存 10d，高温和阳光对其有杀害作用。包囊在 2% 克辽林、4% 甲醛溶液、10% 漂白粉液内均能保持其活力。

3. 致病作用及症状　虫体以肠内容物为食，少量寄生对肠黏膜并无严重损害，但如宿主的消化功能紊乱或肠黏膜有损伤时，小袋纤毛虫就可乘机侵入，破坏肠组织，形

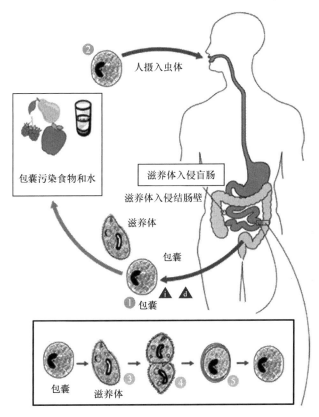

图 5-33　结肠小袋纤毛虫生活史

🔺表示感染阶段；🔻表示诊断阶段。1. 包囊随粪便排出体外；2. 包囊污染水和食物；
3. 包囊在体内形成滋养体；4. 滋养体分裂形成更多滋养体；5. 滋养体形成包囊

成溃疡。溃疡主要发生在结肠，其次是盲肠和直肠。在溃疡的深部，可以找到虫体。该病多发于冬春季节。常见于饲养管理较差的猪场，呈地方性流行。临床上主要见于 2～3 月龄的仔猪，往往在断乳期抵抗力下降时，暴发该病。潜伏期 5～16d。病程有急性和慢性两型。急性型多突然发病，可于 2～3d 内死亡。慢性型可持续数月或数周。两型的共同表现是精神沉郁，食欲废绝或减退，喜欢卧地，有颤抖现象，体温有时升高。由于虫体深深地侵入肠壁、腺体间和腺腔内，致使肠黏膜显著肥厚、充血、发生坏死，组织崩溃，发生溃疡，所以临床上病猪常有腹泻，粪便先为半稀，后水泻，带有黏膜碎片和血液，并有恶臭。重剧病例可引起猪死亡。成年猪常为带虫者。已知有 33 种动物能感染小袋纤毛虫，其中以猪最为严重，感染率为 20%～100%。人感染结肠小袋纤毛虫时，病情较为严重，常引起顽固性下痢，病灶与阿米巴痢疾所引起的病灶相似，直肠和结肠的深层发生溃疡。

【器材准备】

1）粪样：样品或为新鲜的粪便，或为聚乙烯醇（PVA）固定的粪样。将粪样涂抹在载玻片上。

2）载玻片、盖玻片、显微镜。

【操作程序】

采用微生物诊断方法，直接制作粪便样本涂片，于显微镜下 40 倍镜检。镜检下可见虫体呈椭圆形，无色透明，表面覆盖纤毛，可借纤毛的摆动迅速旋转前进。虫体柔软，易变形，胞质可见内含食物泡。综合发病猪的临床症状符合结肠小袋纤毛虫感染症状。

【操作注意事项及常见错误分析】

采集粪便时注意采集新鲜粪便，同时要多点采集，如粪便样品不能立即进行检查，须加入聚乙烯醇进行固定。粪便中排虫常呈间歇性，一般应反复检查。检查时须注意挑取黏液部分直接生理盐水涂片观察，必要时可作铁苏木素染色。结肠小袋纤毛虫应注意与溶组织内阿米巴滋养体、动物纤毛虫和其他自由生活纤毛虫相区别。鉴别特征是本虫较大、椭圆形、前端有纵裂的胞口及核。

【结果可靠性确认】

镜下观察若发现包囊或滋养体即可确诊为结肠小袋纤毛虫感染（图 5-34）。

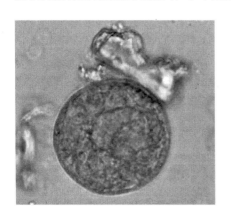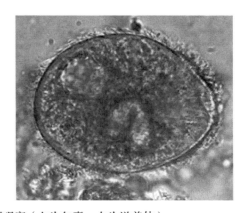

图 5-34   结肠小袋纤毛虫镜下观察（左为包囊，右为滋养体）

第六单元 血液原虫检查技术

任务一 血液涂片检查技术

项目一 血涂片制备技术

【概述】

常见的血液原虫包括伊氏锥虫、血孢子虫、梨形虫和弓形虫。伊氏锥虫呈细长的柳叶状，前端尖，后端钝，以虻和吸血蝇类为传播媒介，可引起牛、马和骆驼等家畜的锥虫病；血孢子虫包括疟原虫科的住白细胞原虫属、血变原虫属和疟原虫属，以蚋、蚊或虻蝇等为传播媒介，可引起畜禽血孢子虫病，如住白细胞原虫病、鸡疟原虫病和鸽血变原虫病；梨形虫呈圆形、梨形、杆形和逗号形等形态，包括巴贝斯虫和泰勒虫，以蜱为传播媒介，可引起牛、羊和马等家畜梨形虫病；弓形虫速殖子呈香蕉形、半月形或弓形，可导致人和家畜弓形虫病。

血涂片制备是血液学检查的重要基本技术之一。

【任务分析】

熟练掌握血涂片的操作方法。

【知识点】

血涂片制作原理：使用推片将血液在载玻片上制成血膜。

【器材准备】

载玻片（清洁、干燥、无尘、无油脂、大小 25cm×75cm、厚度 0.8～1.2mm）、推片、盖玻片、脱脂棉、刺血针、松柏油、显微镜。

【操作程序】

（1）血液样品采集　采取时机：应该在治疗之前采集血液，进行检查。对于梨形虫和疟原虫的检查，应该立即进行。因为寄生虫血症会有波动，所以应该在不同的时间点采集血液，制备多量的涂片。

（2）血样的类型　静脉血样品对于血液寄生虫的诊断可以提供有效的信息。对于丝虫和疟原虫的诊断，一般需要进行样品浓缩。然而对于一些寄生虫的诊断，抗凝剂可能会影响虫体的形态和染色过程。因此，在这些情况下，毛细血管的血液更为合适。

（3）针刺采集毛细血管血样

1）在玻片上标记动物种类、采样日期。

2）用乙醇清洁采样部位，自然晾干。

3）针刺乙醇清洁部位。

4）用干净的纱布擦去第一滴血。

5）至少准备厚血膜片和薄血膜片各两张。

（4）静脉穿刺采集静脉血

1）在采血管、预清洁的玻片上标记动物种类和采样日期。

2）用乙醇清洁采样部位，自然晾干。

3）用真空采血管采集动物静脉血。

4）至少准备厚血膜片和薄血膜片各两张。

（5）厚膜血片制备　厚膜血片包括一层较厚的去血红蛋白的细胞。厚膜血片比薄膜血片浓缩大约30倍。因此，厚膜血片可以提高虫体检出的灵敏性。然而，对于虫种的鉴别，厚膜血片并不合适。每个样品至少准备两张片子。

1）从指尖或耳垂取血1滴（约20μl）于载玻片中央。

2）用推片的一角将血由内向外旋转涂布，制成厚薄均匀、直径约1.5cm的圆形血膜（合适的密度应该是可以透过血膜看到下面报纸上的字）。

3）自然干燥后，滴加数滴蒸馏水，使红细胞溶解，脱去血红蛋白。倾去水后血膜呈灰白色，干后染色镜检。厚血膜片因取血量多，待检成分较集中，因此特别适合疟原虫、丝虫的微丝蚴等的检查。

（6）薄血膜制片　每个样品至少准备两张片子。

1）在载玻片1/3与2/3交界处蘸血一小滴（约2μl）。

2）以一端缘光滑的载片为推片，将推片一端置于血滴之前，并与载片形成30°～45°的夹角。

3）待血液沿推片端缘扩散时，均匀而迅速地适当用力向前推成薄血膜。

4）血量不宜太多或太少，两玻片间的夹角要适当，否则血膜会过厚或过薄。推片时用力要均匀，一次推成，切勿中途停顿或重复推片。理想的薄血膜，应是血细胞分布均匀，无裂缝，整个血膜呈舌形。

5）将制成的血膜在空气中挥动，使其迅速干燥，以免血细胞皱缩。

6）血片充分晾干，用甲醇固定薄血膜。

【注意事项】

1）要制备良好的血细胞涂片，玻片必须干净。新购置的载玻片常带有游离碱质，必须用约1mol/L HCl浸泡24h后，再用清水彻底冲洗，擦干后备用。用过的载玻片可放入含适量肥皂或其他洗涤剂的清水中煮沸20min，洗净，再用清水反复冲洗，蒸馏水最后浸洗后擦干备用。边缘破碎、玻面有划痕的玻片不能再用。使用玻片时，只能手持玻片边缘，切勿触及玻片表面，以保持玻片清洁、干燥、中性、无油腻。

2）最好使用非抗凝血制备血涂片，也可用EDTA抗凝血制备。使用抗凝血标本时，应充分混匀后再涂片。抗凝血标本应在采集后4h内制备血涂片，时间过长可引起嗜中性粒细胞和单核细胞的形态学改变。制片前标本不宜冷藏。涂片的厚度和长度与血滴的大小、推片与载玻片之间的角度、推片时的速度及红细胞比容有关。一般认为血滴大、血黏度高、推片角度大、速度快则血膜厚，反之则血膜薄。故针对不同患者应有的放矢，对血细胞比容高、血黏度高的患者应采用小血滴、小角度、慢推；而贫血患者则应采用大血滴、大角度、快推。

3）血膜应厚薄均匀适度，头尾及两侧有一定的空隙。如血膜面积太小，可观察的部分会受到局限，故应以在离开载玻片另一端 2cm 的地方结束涂抹为宜。一些体积特大的特殊细胞常在血膜的尾部出现，因此画线应注意保存血涂片尾部细胞。

4）血涂片必须充分干燥后方可固定染色，如果细胞尚未牢固地吸附在玻片上，在染色过程中容易脱落。

【结果可靠性确认】

血涂片制备是血液学检查的重要基本技术之一。一张良好的血片，厚薄要适宜，头、体、尾要明显，细胞分布要均匀，膜的边缘要整齐，并留有一定的空隙。

血涂片制备时手工推片法用血量少、操作简单，是最广泛应用的方法。除可获得满意的血涂片外，抗凝的血液标本离心后取其灰白层涂片，可提高阳性检出率。此外，还可根据不同需要（如疟原虫、微丝蚴检查等）采用厚血涂片法。随着当今的自动化的发展，出现了自动血液涂片和染色装置。自动的血液涂抹装置主要有两类，一类是离心法，可以将少量细胞浓缩涂片；另一类是机械涂片法，其模拟手工涂片，适用于大量血涂片的制备。一般来说自动血液涂片装置可获得细胞分布均匀、形态完好的血片，但尚未普遍推广。

项目二　血涂片瑞士染色法

【概述】

此法操作简便，适用于临床诊断，但甲醇蒸发甚快，掌握不当易在血片上发生染液沉淀，并较易褪色，保存时间不长，多用于临时性检验。

【任务分析】

熟练掌握瑞士染色法的原理、操作步骤。

【知识点】

瑞士染色法的原理　瑞氏染粉是由伊红和亚甲蓝混合后组成的一种中性盐染料。伊红是一种酸性染料，为伊红钠盐，其有色部分为阴离子；亚甲蓝是一种碱性染料，为氯化亚甲蓝，有色基团为阳离子。如以 M^+ 代表亚甲蓝，以 E^- 代表伊红，其反应式为

$$M^+Cl^- + Na^+E^- \longrightarrow ME\downarrow + NaCl$$
　　　亚甲蓝　伊红　　　　伊红化亚甲蓝（瑞氏染料）

将适量的 ME 溶解在甲醇中，即成为瑞氏染液。甲醇的作用可使 ME 溶解，解离为亚甲蓝和伊红，这两种有色离子可以选择性地吸附血细胞内的不同成分而着色。甲醇的另一个作用是有很强的脱水作用，可将细胞固定为一定形态，当细胞发生凝固时，蛋白质被沉淀为颗粒状或者网状结构，增加细胞结构的表面积，提高对染料的吸附作用，增强染色效果。细胞的着色过程是染料透入被染物并存留其内部的一种过程，此过程既有物理吸附作用，又有化学亲和作用。各种细胞及细胞的各种成分由于其化学性质不同，对各种染料的亲和力也不一样，因此，在血片上可以见到不同的着色。细胞中碱性物质

与酸性染料伊红结合染成红色，因此该物质又称为嗜酸性物质。例如，红细胞中的血红蛋白，嗜酸性粒细胞胞质中的颗粒为碱性物质，这些物质可与伊红结合染成红色。细胞中的酸性物质可与染液中的碱性染料亚甲蓝结合染成蓝色，该物质又称嗜碱性物质，例如，嗜碱性粒细胞中的颗粒为酸性物质可与碱性染料亚甲蓝结合染成亚甲蓝。细胞核主要由脱氧核糖核酸和强碱性的组蛋白、精蛋白等形式的核蛋白所组成，这种强碱性的物质与瑞氏染液中的酸性染料伊红结合成红色，但因为核蛋白中还有少量的弱酸性物质，它们又与染料中的碱性染料亚甲蓝作用染成蓝色。但因含量太少，蓝色反应极弱，故核染色呈现紫红色。幼红细胞的胞质和细胞核的核仁中含有酸性物质，它们与染液中的碱性染料亚甲蓝有亲和力，故染成蓝色。当细胞含酸、碱性物质各半时，它们既与酸性染料作用，又与碱性染料作用，染成红蓝色或灰红色，即所谓多嗜性。当胞质中的酸性物质消失时，只与染液中的伊红起作用，则染成红色，即所谓正色性。

【器材准备】

1）瑞氏染液：瑞氏染料（粉）1.0g，纯甲醇（AR级以上）600.0ml，将全部染料放入乳钵内，先加少量甲醇慢慢地研磨（至少半小时），以使染料充分溶解，再加一些甲醇混匀，然后将溶解的部分倒入洁净的棕色瓶内，乳钵内剩余的未溶解的染料，再加入少许甲醇细研，如此多次研磨，直至染料全部溶解，甲醇用完为止。密闭保存。

2）磷酸盐缓冲液（pH6.4~6.8）：磷酸二氢钾（KH_2PO_4）0.3g，磷酸氢二钠（Na_2HPO_4）0.2g，蒸馏水加至1000.0ml。配好后用磷酸盐溶液校正pH，如无缓冲液可用新鲜蒸馏水代替。

【操作程序】

1）用蜡笔在血膜两头画线，以防染液溢出，然后将血膜平放在染色架上。

2）用瑞氏染液3~5滴覆盖整个血膜，固定细胞0.5~1min。

3）滴加等量或稍多的缓冲液，用吸耳球将其与染液吹匀，或者摇动玻片染色5~10min。

4）慢慢摇动玻片，然后用流动水从玻片的一侧冲去染液，待血片自然干燥后（或用滤纸吸干），即可镜检。

【注意事项】

1）血膜要干透后才能染色，否则染色时易脱落。

2）染色时间与染液浓度、室温及有核细胞多少有关，一般染液淡、室温低，有核细胞多，染色时间长。

3）染液不能过少，以防蒸发沉淀。

4）冲洗时不能先倒掉染液，应以细流水从一边开始冲，防染料沉着，冲洗时间也不能过长。

5）染色过淡时可复染，复染时先将染料稀释好。

6）染色过深可用水冲洗或浸泡，还可用甲醇脱色。

7）分类最佳区域为体、尾交界处。

【结果可靠性确认】

1）外观：淡紫红色。

2）镜下：红细胞—粉红色碟状白细胞—胞核、胞质及颗粒显示特有的染色特征。

项目三　血涂片吉姆萨染色法

【概述】

吉姆萨染色原理和结果与瑞士染色法基本相同。但该法对细胞核和寄生虫着色较好，结构显示更清晰，而胞质和中性颗粒则着色较差。为兼顾二者之长，可用复合染色法。即以稀释吉姆萨液代替缓冲液，按瑞氏染色法染10min或先用瑞士染色法染色后，再用稀释吉姆萨复染。

【任务分析】

熟练掌握吉姆萨染色原理及操作步骤。

【知识点】

吉姆萨染色原理：吉姆萨染液由天青、伊红组成。染色原理和结果与瑞士染色法基本相同。嗜酸性颗粒为碱性蛋白质，与酸性染料伊红结合，染粉红色，称为嗜酸性物质；细胞核蛋白和淋巴细胞胞质为酸性，与碱性染料亚甲蓝或天青结合，染紫蓝色，称为嗜碱性物质；中性颗粒呈等电状态与伊红和亚甲蓝均可结合，染淡紫色，称为中性物质。

【器材准备】

1）器材：生物显微镜（带油镜镜头）、载玻片、注射针头、剪刀、染色缸。

2）试剂：吉姆萨染料、甘油、甲醇、香柏油。

3）实验动物：鸡。

4）示教标本：伊氏锥虫、双芽巴贝斯虫、环形泰勒虫、卡氏住白细胞虫、沙氏住白细胞虫。

【操作程序】

1. 吉姆萨染色液的配制

（1）吉姆萨染色液原液配方

吉姆萨染色粉	0.5g
中性纯甘油	25ml
无水中性甲醇	25ml

（2）吉姆萨染色液原液配制过程

1）先将吉姆萨染色粉置研钵中，加少量甘油充分研磨，再加甘油再研磨，直至甘油全部加完为止。将其倒入棕色小口试剂瓶中，在研钵中加入少量甲醇以冲洗甘油染液，冲洗液仍倒入上述瓶中，再加甲醇再洗再倒入，直至25ml甲醇全部用完为止。

2）塞紧瓶盖，充分摇匀，而后将瓶置于 65℃温箱中 24h 或室温 3～5d，并不时摇动，然后过滤到棕色小口试剂瓶中，即为原液。

2. 血涂片的制备　见本任务项目一。

3. 血液涂片的吉姆萨染色过程

1）血片用甲醇固定 2min。

2）将血片浸于用 10 份蒸馏水加 1 份染液稀释的染色液缸中 30min（过夜最好）。或将蒸馏水与染液按 2∶1 稀释好的染色液直接滴加于血片上，染色 10min。

3）血片取出后，用洁净的水冲洗。待干镜检。

【注意事项】

1）配制染色液时吉姆萨染料必须充分研磨。

2）采血前先用乙醇消毒待干，以免皮屑污染血片和乙醇溶血。

3）取血滴时必须在针头刺破后流出的表层血液用玻片迅速蘸取，以免血液凝固。

4）注意在病畜出现高温期，未作药物处理前采血，以提高虫体检出率。

【结果可靠性确认】

见本单元任务二血液原虫形态学观察。

任务二　血液原虫形态学观察

项目一　伊氏锥虫形态学观察

【概述】

伊氏锥虫病是由吸血昆虫传播所引起的马、牛和骆驼等家畜的一种血液原虫病。病原体为锥虫科锥虫属的伊氏锥虫（*Trypanosoma evansi*）。马、骡一般呈急性经过，不进行治疗，几乎可全部死亡。

【任务分析】

1）掌握伊氏锥虫血涂片检查方法。

2）能够在显微镜下识别伊氏锥虫。

【知识点】

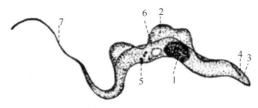

图 6-1　伊氏锥虫的形态
1. 核；2. 波动膜；3. 动基体；4. 生毛体；5. 颗粒；
6. 空泡；7. 游离鞭毛

1. 病原形态　伊氏锥虫（图 6-1）呈细长的柳叶状，前端尖，后端钝，虫体长 18～34μm，宽 1～2μm，平均 24μm×2μm，不同宿主和不同地理区域的虫株平均长度有所不同。虫体中央有一个椭圆形的核（或称主核），距虫体后端 1.5μm 有一小点状的动基体（kinetoplast），靠近动基体为生毛体，由生毛体长出鞭毛 1 根，沿虫体表面螺旋式地向前伸延，并借助膜与虫体相连，鞭毛远端游离，游离鞭毛的长度约 6μm。当虫体运动时鞭毛旋转，膜也随之波动，所以称为波动膜（undulating membrane）。虫体胞质中有时可见到空泡和染色质颗粒。在吉姆萨染色的血片中，虫体的核和动基体呈深红紫色，鞭毛呈红色，波动膜呈粉红色，原生质为天蓝色。

2. 生活史　伊氏锥虫由吸血蝇类机械性传播，在媒介昆虫体内不进行循环发育，锥虫滞留在昆虫的喙中。常见的媒介是虻属昆虫。虫体寄生在宿主血液（包括淋巴液）和造血器官中，以纵二分裂法进行繁殖（图6-2）。媒介昆虫的传播纯粹是机械性的，即虻等在吸血后，锥虫进入虻体内并不进行任何发育，生存时间亦较短暂。当虻等再吸食其他动物血液时，即将虫体传入后者体内。人工抽取病畜的带虫血液，注射入健畜体内，能成功地将病原传播给健畜。

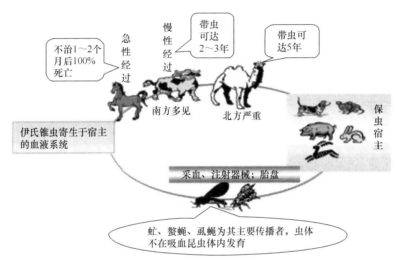

图 6-2　伊氏锥虫生活史

3. 致病性　锥虫进入宿主机体后，在血液中迅速增殖，产生大量的有毒代谢产物。同时，宿主针对虫体很快生产特异性抗体，这些抗体在补体的作用下使锥虫溶解，释放出毒素。毒素首先作用于中枢神经系统，引起体温升高和运动障碍。毒素侵害造血器官，使红细胞生成减少，同时导致红细胞溶解，从而引起病畜贫血、黄疸、血液稀薄、凝固不良。毒素对肝脏的损伤，造成肝脏不能正常进行肝糖贮存调节，加之虫体对糖的大量消耗，从而导致出现低血糖和酸中毒。伊氏锥虫体表的可变表面糖蛋白（variable surface glucoprotein，VSG），具有极强的抗原变异特性，起到免疫逃避作用，使家畜体内的虫血症出现周期性变化。不断脱落的表面糖蛋白与血液中的特异性抗体结合，形成大量可溶性免疫复合物，这种免疫复合物沉积于血管壁可引起血管壁的通透性增加，引起水肿和出血等。

4. 防治手段　治疗性药物和使用方法如下：萘磺苯酰脲，牛和马属动物剂量均为 10～15mg/kg 体重，用生理盐水配成 10% 的溶液，静脉注射；喹嘧胺，牛按 3～5mg/kg 体重，马按 4～5mg/kg 体重，用蒸馏水配成 10% 的溶液，皮下或肌肉注射，隔日注射一次，连用 2～3 次；贝尼尔，牛 3.5～5mg/kg 体重，用灭菌蒸馏水配成 5% 溶液，深部肌肉注射，每天 1 次，连用 2～3d；氯化氮胺菲啶盐酸盐，按 0.25～1mg/kg 体重，用生理盐水配成 2% 溶液，深部肌肉注射，当药液总量超过 15ml 时应分两点注射；锥净，是我国自行研制出的特效药，黄牛的剂量为 0.5mg/kg 体重，水牛的剂量为 1.5mg/kg 体重，配成 0.5%～1% 水溶液进行肌肉注射。对动物的伊氏锥虫病，应做到早发现早治疗，治疗药量要足，观察时间要长。同时，还要严格动物检疫，防治吸血昆虫传播病原，做好锥虫病预防。

【器材准备】

1）仪器设备：生物显微镜（带油镜镜头）、载玻片、注射针头、剪刀、染色缸。

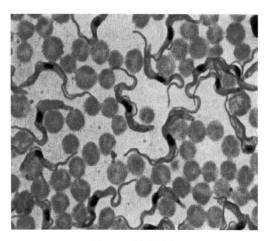

图 6-3　伊氏锥虫

2）试剂：吉姆萨染料、甘油、甲醇、香柏油。

3）示教标本：伊氏锥虫血涂片标本。

【操作程序】

见本单元任务一。

【结果可靠性确认】

伊氏锥虫为细长柳叶形，长 18～34μm，宽 1～2μm；细胞核位于中央；动基体位于虫体后端；生毛体发出的鞭毛以波动膜与虫体相连并最后形成游离鞭毛（图 6-3）。

项目二　梨形虫形态学观察

【概述】

梨形虫病是由梨形虫目原虫（包括巴贝斯虫和泰勒虫）经蜱传播所导致的牛、马和羊等家畜血液原虫病。其中，巴贝斯虫病发病特征主要表现为发热、血红蛋白尿、溶血性贫血和死亡；泰勒虫病的发病特征主要表现为高热、贫血、出血、消瘦和体表淋巴结肿胀。

【任务分析】

1）掌握梨形虫的种类。
2）能够进行梨形虫检查。
3）能够识别巴贝斯虫、泰勒虫。

【知识点】

1. 病原形态

（1）双芽巴贝斯虫　寄生于牛红细胞中（图 6-4），是一种大型的虫体，大小为 4.5μm×2.0μm，虫体长度大于红细胞半径；其形态有梨籽形、圆形、椭圆形及不规则形

图 6-4 红细胞内的双芽巴贝斯虫

等。典型的形状是成双的梨籽形，尖端以锐角相连。每个虫体内有一团染色质块。虫体多位于红细胞的中央，每个红细胞内虫体数目为 1～2 个，很少有 3 个以上的。虫体经吉姆萨法染色后，胞质呈淡蓝色，染色质呈紫红色。

（2）环形泰勒虫　寄生于红细胞内的虫体称为血液型虫体，虫体很小，形态多样。有圆环形、杆形、卵圆形、梨籽形、逗号形、圆点形、十字形、三叶形等各种形状。其中以圆环形和卵圆形为主；寄生于巨噬细胞和淋巴细胞内进行裂体增殖所形成的多核虫体为裂殖体，有时称石榴体或柯赫氏蓝体。裂殖体呈圆形、椭圆形或肾形，位于淋巴细胞或巨噬细胞胞质内或散在于细胞外。用吉姆萨法染色，虫体胞质呈淡蓝色，其中包含许多红紫色颗粒状的核。

2. 生活史

（1）双芽巴贝斯虫　巴贝斯虫需要通过两个宿主的转换才能完成其生活史，且只能由蜱传播，其他传播媒介还未被证实。巴贝斯虫具有典型的孢子虫的三阶段生活史，包括裂殖生殖、配子生殖和孢子生殖三个发育阶段（图 6-5）。

（2）环形泰勒虫　蜱在牛体吸血时，子孢子随蜱的唾液进入牛体，首先侵入局部淋巴结的巨噬细胞和淋巴细胞内进行裂殖生殖，形成大裂殖体（无性型）。大裂殖体发育成熟后，破裂为许多大裂殖子。伴随虫体在局部淋巴结反复进行裂殖生殖的同时，部分大裂殖子可随淋巴和血液向全身播散，侵袭实质器官中的的巨噬细胞和淋巴细胞，并进行裂殖生殖。裂殖生殖进行到一定时期后，可形成小裂殖体（有性型）。小裂殖体发育成熟后破裂，里面的许多小裂殖子进入红细胞内变为环形配子体（血液型虫体）。幼蜱或若蜱在病牛身上吸血时，把带有配子体的红细胞吸入胃内，配子体由红细胞逸出并变为大小配子，二者结合形成合子，进而发育成为棍棒形能动的动合子。动合子穿入蜱的肠管及体腔等各处。当蜱完成其蜕化时，动合子进入蜱唾液腺，开始孢子生殖，产生许多子孢子。在蜱吸血时，子孢子被接种到牛体内，重新开始其在牛体内的发育和繁殖（图 6-6）。

3. 致病性

（1）双芽巴贝斯虫　巴贝斯虫引起的疾病通常会因其本身所具有的酶的作用，使得感染动物血液中出现大量的扩血管活性物质，如激肽释放酶、血管活性肽等，从而导致低压性休克综合征。同时，虫体在红细胞内繁殖的过程中，因机械性损伤作用和掠夺营养，可造成动物红细胞大量破坏，发生溶血性贫血，致使病畜结膜苍白和黄染。染虫红细胞和非染虫红细胞大量发生凝集及附着在毛细血管内皮细胞，致使循环血液中红细胞数和血红蛋白量显著降低，血液稀薄，血内胆红素增多而导致黄疸。红细胞数目减少、血红蛋白量的降低，会引起动物机体组织供氧不足，正常的氧化 - 还原过程破坏，全身代谢障碍和酸碱平衡失调，因而出现实质细胞（如肝细胞、心肌细胞、肾小管上皮细胞）变性，甚至坏死，某些组织淤血、水肿；加之虫体毒素和代谢产物在体内蓄积，可作用

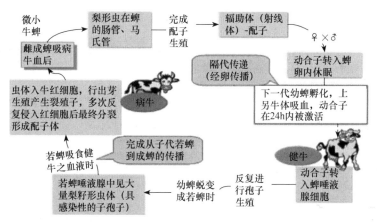

图 6-5 双芽巴贝斯虫在微小牛蜱体内发育史示意图

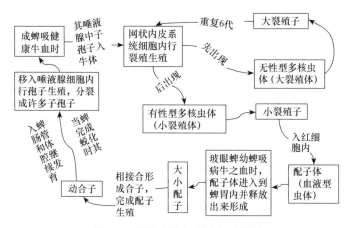

图 6-6 环形泰勒虫生活史示意图

于中枢神经系统和自主神经系统，引起动物体温中枢的调节功能障碍及自主神经机能紊乱，动物出现高热、昏迷。上述病变和症状随高温的持续和虫体的进一步增殖而加重，最后因严重贫血、缺氧、全身中毒和肺水肿而死亡。

（2）环形泰勒虫　环形泰勒虫子孢子进入牛体后，侵入局部淋巴结的巨噬细胞和淋巴细胞内反复进行裂殖生殖，形成大量的裂殖子，在虫体对细胞的直接破坏和虫体毒素的刺激下，使局部淋巴结巨噬细胞增生与坏死崩解，引起充血、出血等病理过程。临床上局部淋巴结出现肿胀、疼痛等急性炎性症状；泰勒虫在局部淋巴结大量繁殖时，部分虫体随淋巴和血液散播至全身各器官的巨噬细胞和淋巴细胞中进行同样的裂殖生殖，并引起与前述相同的病理过程，在淋巴结、脾、肝、肾、皱胃等一些器官出现相应的病变，临床上呈现体温升高、精神不振、食欲减退等前驱症状；病牛由于大量细胞坏死和出血所产生的组织崩解产物以及虫体代谢产物进入血液，导致严重的毒血症，临床上呈现高热稽留、精神高度沉郁、贫血、出血等症状。重症病例这些症状通常出现在 5～7d 内，由于重要器官机能进一步紊乱和全身物质代谢严重障碍而死亡。

4.防治手段　巴贝斯虫病要及时确诊，尽快治疗。除了应用特效的药物杀灭虫体外，还应结合对症和支持疗法，常用的药物和使用剂量如下：①三氮咪（Diminazene，别名贝尼尔 Berenil）性状为三氮脒粉剂，临用时配成 5% 溶液作深部肌肉注射和皮下注射。黄牛剂量 3～7mg/kg 体重，水牛剂量 1mg/kg 体重，乳牛剂量 2～5mg/kg 体重。可根据情况重复应用，但不得超过 3 次，每次用药要间隔 24h。②吖啶黄（Acriflavine）又名黄色素、锥黄素。牛、羊剂量为 3～4mg/kg 体重，极量为 2g/ 头。用生理盐水或蒸馏水配成 0.5%～1.0% 溶液，静脉注射。注射前加温至 37℃。必要时 24h 后再次用药。③咪唑苯脲（Imidocarb）又名咪唑啉卡普。配成 10% 的水溶液肌肉注射或皮下注射。牛 1～3mg/kg 体重，必要时每天 1～2 次，连续 2～4 次。④硫酸喹啉脲（Quinuronium sulfate）又名阿卡普林，抗焦素。配成 5% 溶液按 1mg/kg 体重作皮下或肌肉注射。如疑有代谢失调或有心脏和血液循环疾患时，应分 2～3 次注射，每隔数小时注射一次。预防措施包括灭蜱、药物预防和疫苗预防。

【器材准备】

1）仪器设备：生物显微镜（带油镜镜头）、载玻片、注射针头、剪刀、染色缸。
2）试剂：吉姆萨染料、甘油、甲醇、香柏油。
3）示教标本：环形泰勒虫血涂片标本、双压巴贝斯虫血涂片标本。

【操作程序】

见本单元任务一。

【结果可靠性确认】

梨形虫形态学观察：梨形虫包括巴贝斯科（Babesiidae）和泰勒科（Theileriidae）原虫。
1）双芽巴贝斯虫为大型虫体，长度大于红细胞半径；红细胞内多为 2 个虫体，呈梨籽形，尖端以锐角相连（图 6-7）。

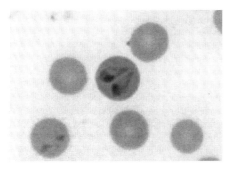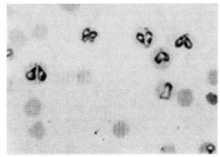

图 6-7　双芽巴贝斯虫

2）牛巴贝斯虫寄生于黄牛、水牛的红细胞内，是一种小型虫体，虫体长度小于红细胞半径，双梨籽形虫体以尖端连成钝角，位于红细胞边缘或偏中央。每个红细胞内有 1～3 个虫体（图 6-8）。
3）环形泰勒虫在红细胞内的血液型虫体（配子体）小，多形态（圆形、杆形、十字形、逗号形），大小为 0.6～1.6μm；巨噬细胞和淋巴细胞内的多核虫体，即裂殖体（石榴

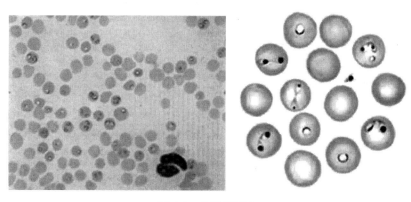

图 6-8　牛巴贝斯虫

体或柯赫氏蓝体），为圆形、椭圆形等；吉姆萨染色可见裂殖体内胞质蓝染而核为红紫颗粒状（图 6-9）。

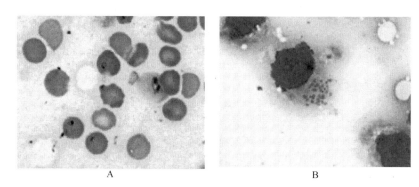

A　　　　　　　　　　　　　　B

图 6-9　环形泰勒虫
A. 为红细胞中的虫体；B. 为石榴体

项目三　弓形虫形态学观察

【概述】

弓形虫病（toxoplasmosis）是一种由广泛寄生于人和动物的寄生原虫刚地弓形虫（*Toxoplasma gondii*）引起的人兽共患病。刚地弓形虫的属名来自希腊语，"Toxon"的意思是弓形，因而 toxoplasma 形象地描述了虫体细胞的形态；其种名来自另一种生物北非刚地梳趾鼠（*Ctenodactylus gundii*）。1908 年，Charles Nicolle 和 Louis Manceaux 发现了刚地弓形虫。尽管弓形虫只有一个种，但世界范围内已分离并确认了多个分离株。这些分离株在小鼠中的致病性表现出明显的差异，如毒力最强的 RH 株只需 1 个虫体感染即可致死小鼠，而毒力较弱的 CL14 株则半数致死量超过 1000 个虫体。在人群中弓形虫的毒力可能也存在株间差异。弓形虫呈世界性分布，全球人群中弓形虫血清学调查阳性率可达 25%～50%，部分地区如巴黎甚至高达 80%。最新的调查数据显示，我国人群的弓形虫总体感染率为 12.3%。由于弓形虫能感染几乎所有的温血动物，其广泛的宿主谱成为其在人群及动物中流行的重要因素。在家养动物中，牛、羊、猪、犬和鸡等都有着较高的

感染率（我国进行的动物血清学调查中，绵羊的最低感染率为 6.2%，而猪最高的感染率
为 33%）。

【任务分析】

1）能够熟练进行弓形虫血涂片检查。

2）能够识别弓形虫形态。

【知识点】

1. 病原特征　　弓形虫病的病原是原生动物门孢子虫纲的刚第弓形虫。该病的病原
是一种寄生于人和多种动物体内的寄生虫，它具有五个不同的发育阶段，分别是滋养体、
包囊、裂殖体、配子体和卵囊，具有感染能力的是滋养体、包囊和卵囊。

2. 弓形虫的生活史　　弓形虫卵囊可经口感染包括猫在内的多种动物以及人。卵囊
在肠道内释放出子孢子，后者入侵肠壁，经血流或淋巴液进入全身各处器官内进行繁殖。
虫体通过二分裂形式增殖并形成包含于假包囊内的速殖子。当中间宿主吞食了含有速殖
子的假包囊及含缓殖子的包囊后也会在细胞内进行速殖子生殖。当宿主细胞破裂时，速
殖子释出并再入侵临近有核细胞（图 6-10）。这种快速繁殖激活正常宿主的免疫系统，从
而对大量虫体进行杀伤。

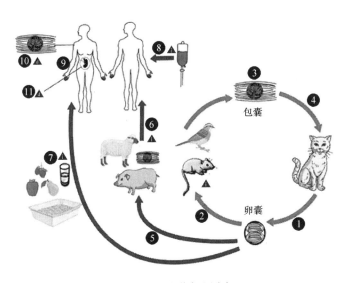

图 6-10　弓形虫生活史

⚠表示感染阶段；⚠表示诊断阶段。1. 猫排出卵囊；2. 卵囊被鸟类和啮齿类吞食；3. 卵囊在动物体内形成包囊；
4. 包囊被猫吞食；5. 卵囊被动物吞食；6. 动物体内的包囊被人类摄入；7. 卵囊污染水和食物；8. 通过输血和器官移
植在人与人之间传播；9. 虫体通过母体感染胎儿；10. 虫体在人体内形成包囊；11. 虫体存在胎儿体内

少量虫体由于转换为缓殖子并形成包囊，从而躲过宿主免疫系统的攻击并长期存活
于宿主的脑、眼和骨骼肌等部位。包囊内的虫体可在宿主体内存活数年或更长时间。当
机体免疫力低下时，缓殖子重新活化而增殖，造成全身感染，引起严重的弓形虫病或继
发其他病原感染。

猫科动物食入卵囊或者捕食鼠类等动物而食入假包囊或包囊后，子孢子或者速殖子、缓殖子则分别在肠道内释出并入侵肠上皮细胞，在其中进行裂殖生殖。经过数代裂殖生殖后开始配子生殖——部分裂殖子发育为雄配子体，而另一部分则发育为雌配子体，二者分别形成的雄配子和雌配子结合形成合子，合子则继续发育为卵囊。卵囊随猫粪便排出，在适宜的环境中完成孢子化，形成感染性卵囊。

3. 流行病学特征　弓形虫是一种多宿主原虫，对中间宿主的选择不严。可感染多种动物并引起发病，猪发病多见于3～4月龄，死亡率较高。本病无明显的季节性。有些地方以6～9月份的夏秋炎热季节多发。从终末宿主排出的卵囊在外界可存活100d至1年半，一般消毒药无作用。速殖子的抵抗力弱，在生理盐水中几小时就丧失感染力，各种消毒药均能将其迅速杀死。

4. 防治措施　加强饲养管理，保持猪舍卫生。消灭鼠类，控制猪猫同养，防止猪与野生动物接触。治疗本病有效的药物是磺胺类药，抗生素类药物无效。

【器材准备】

1）仪器设备：生物显微镜（带油镜镜头）、载玻片、注射针头、剪刀、染色缸。
2）试剂：吉姆萨染料、甘油、甲醇、香柏油。
3）示教标本：刚地弓形虫血涂片标本。

【操作程序】

见本单元任务一。

【结果可靠性确认】

弓形虫速殖子虫体一端钝圆而另一端稍尖，一侧较平而另一侧稍弯曲，呈新月形或香蕉形。虫体大小为（4～7）μm×（2～4）μm。细胞核位于虫体中央（图6-11）。当速殖子在宿主体内增殖到一定阶段，部分速殖子转化为慢殖子，进入慢性感染阶段。此时形成包囊，其多位于脑、心肌、骨骼肌和视网膜等处。

包囊呈卵圆形，大小从含数个缓殖子、直径仅5μm到含有数千虫体、直径达100μm（图6-12）。

弓形虫卵囊平均大小为12μm×10μm，体外孢子化后含有两个孢子囊（sporocysts），每个孢子囊内有4个子孢子（图6-13）。

项目四　微丝蚴形态学观察

【概述】

丝虫寄生在与外界不相通的组织或腔道中，如淋巴和血液等处，以节肢动物为中间宿主，如蚊、蝇。幼虫叫微丝蚴，存于终末宿主血液中或皮下结缔组织中。犬心丝虫属于双瓣科恶丝虫属，患犬可能发生慢性心内膜炎、心脏肥大及右心室扩张，严重时因静脉淤血导致腹水和肝大。患犬可表现为咳嗽、心悸亢进、脉细弱、心内有杂音、腹围增大、呼吸困难等。后期贫血增进，逐渐消瘦衰弱而死。

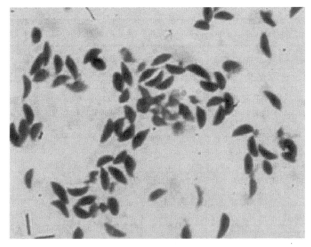

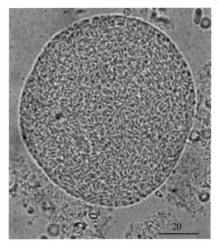

图 6-11　弓形虫的速殖子［大小（4～7）μm×（2～4）μm］　　　　图 6-12　弓形虫的包囊

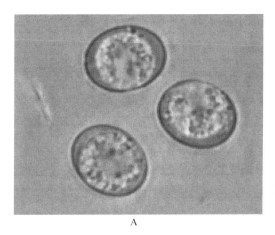

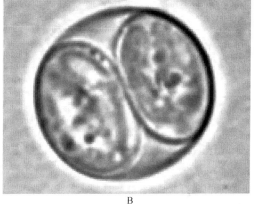

A　　　　　　　　　　　　　　　　　　　B

图 6-13　弓形虫卵囊
A.未孢子化（直径 50～60μm）；B.孢子化（直径 50～60μm）

【任务分析】

1）掌握微丝蚴的检查方法。

2）显微镜下观察微丝蚴形态特征。

【知识点】

1. 微丝蚴的分类　　班氏微丝蚴，体态柔和，弯曲自然，无小弯；头隙较短，长度与宽度相等；体核为圆形或椭圆形，大小均匀，排列整齐，相互分离，清晰可数；排泄孔较小，排泄细胞在排泄孔旁；肛孔小，常不显著；尾部后 1/3 尖细，无尾核。马来微丝蚴，体态僵直，大弯上有小弯；头隙较长，长度为宽度的两倍；体核不规则，大小不等，排列密集，常相互重叠，不易分清；排泄孔较大，排泄细胞离排泄孔较远；肛孔较大，尾部自肛孔后突然变细，有两个尾核，前后排列，尾核处膨大。

2. 微丝蚴的生活史 多种蚊（包括蚤）为中间宿主。成虫寄生于右心室和肺，直接产幼虫——微丝蚴，无鞘，出现于外周血液中。幼虫还可经胎盘感染胎儿。

犬、猫感染后，8～9个月发育成熟，寄生于右心室和肺动脉。在动物体内可寄生数年之久。成虫直接产幼虫——微丝蚴，幼虫无鞘，出现于外周血液中，在外周血液中出现的周期性不明显，但是夜晚较多。蚊虫叮咬吸血时将微丝蚴吸入，再蚊体内经2～3周后发育至感染性阶段，当其再次叮咬其他动物时进行传播（图6-14）。

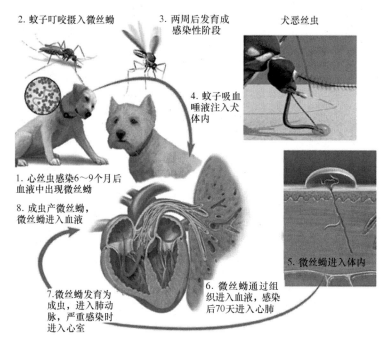

图6-14 犬心丝虫生活史

【器材准备】

1）仪器设备：生物显微镜（带油镜镜头）、载玻片、注射针头、剪刀、染色缸。

2）试剂：吉姆萨染料、甘油、甲醇、香柏油。

3）示教标本：微丝蚴血涂片标本。

【操作程序】

见本单元任务一。

【结果可靠性确认】

微丝蚴虫体细长，头端钝圆，尾端尖细，外被有鞘膜。体内有很多圆形或椭圆形的体核，头端无核区为头间隙，在虫体前端1/5处的无核区为神经环，尾逐渐变细，近尾端腹侧有肛孔。尾端有无尾核因种而异（图6-15）。

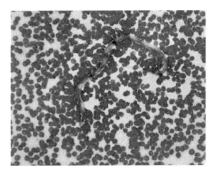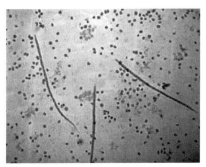

图 6-15　犬心丝虫微丝蚴

任务三　淋巴结穿刺检查法

【概述】

淋巴结穿刺检出率低于骨髓穿刺，但方法简便、安全。对于以往治疗的患者，因其淋巴结内原虫消失较慢，故仍有一定诊断价值。穿刺部位一般选腹股沟部，先将局部皮肤消毒，用左手拇指和食指捏住一个较大的淋巴结，右手用一干燥无菌 6 号针头刺入淋巴结。稍待片刻，拔出针头，将针头内淋巴结组织液滴于载玻片上，做涂片染色检查。

【任务分析】

熟练掌握淋巴穿刺技术的操作过程。

【知识点】

淋巴结穿刺术（lymph node puncture）原理，通过浅表淋巴结穿刺，取得组织标本进行微生物、细胞或组织学等检查方法。

适应证：原因未明的淋巴结肿大，如急、慢性感染，淋巴结结核，恶性淋巴瘤，肿瘤转移至巴结，白血病，恶性组织细胞病，结节病等。

禁忌证：①出血性疾病及接受抗凝治疗者。②有精神疾病或检查不合作者。③局部皮肤感染者（应在感染控制后进行）。

【器材准备】

清洁盘、20ml 注射器、7 号或 8 号针头及无菌包 1 件、无菌生理盐水一小瓶、1%～2%利多卡因 2～5ml、清洁玻片数张。

【操作程序】

1）常规消毒欲穿刺的部位，穿刺者左手拇指、食指及中指用乙醇擦洗后，固定欲穿刺的淋巴结。

2）抽取 2% 利多卡因 1～2ml，在欲穿刺点的表面，做局部浸润麻醉。

3）右手持注射器，将针头以垂直方向或 45°方向刺入淋巴结中心，左手固定针头和针筒，右手抽针筒活塞至 5ml 刻度，抽成负压，用力抽取内容物 2～3 次，然后放松活塞，拔出针头，勿使抽吸物进入注射器内。如未见任何抽出物，可取下注射器，吸取生理盐水0.5ml左右，将其注入淋巴结内再行抽吸；如抽出液很少，可将注射器与针头分离，抽吸空气再套上针头推，这样可将针头内抽出液射在玻片上进行涂片染色。若抽出量较多也可注入10%甲醛溶液固定液内作浓缩切片病理检查。抽取毕，拔出针头，局部涂碘伏，用无菌纱布覆盖并按压片刻（3min）。

4）抽出物做涂片送病理检查。

【注意事项】

1）淋巴结局部有明显炎症反应或即将溃烂者，不宜穿刺。具有轻度炎症反应而必须穿刺者，可从健康皮肤由侧面潜行进针，以防瘘管形成。

2）刺入淋巴结不宜过深，以免穿通淋巴结而损伤附近组织。

3）穿刺一般不宜选用腹股沟淋巴结。

第七单元 寄生虫标本制作技术

任务一　蠕虫的固定与保存

【概述】

对于所获得的寄生虫，为方便研究、学习或送有关单位鉴定，必须固定保存。固定是将虫体杀死，使其在短时间内迅速死亡，保持虫体原有的形态、构造。所以获得标本后应尽快固定，然后选择适当的保存方法，才能长期保存。此外还须写清标本的采集地点、宿主、寄生部位、采集日期及采集人、固定液等。

【任务分析】

1）学会固定液的配制。
2）掌握蠕虫的固定与保存方法。

【知识拓展】

蠕虫的固定与保存这一部分，主要掌握常用的固定液配制方法和蠕虫的常见染色试剂。最常见的固定液是乙醇和甲醛溶液，针对不同种的蠕虫和不同大小的蠕虫采用不同的试剂浓度和固定时间，具体实验可灵活根据实际情况来处理标本。吸虫的染色常用苏木素法。

【器材准备】

1）虫体：未经固定的蠕虫。
2）器材：器械体视解剖显微镜、透视生物显微镜、解剖刀、解剖剪、镊子、黑色浅盘、标本瓶、酒精灯、毛笔、铅笔、玻璃铅笔、载片、压片用玻璃板、带胶皮头玻璃滴管等。
3）药品：食盐、乙醇、甘油、甲醛、蒸馏水、升汞溶液、乙酸、二甲苯等。

【操作程序】

1. 蠕虫的固定　　在固定之前，必须将虫体放在1%盐水中充分洗净，为了使虫体松弛，也可将其放入含1%氨基甲酸乙酯的生理盐水中一定时间，有利于虫体充分伸展，便于以后观察。从水中将蠕虫取出，放在滤纸上吸干。较大较厚的虫体，为了以后制作压片标本的方便。可用两片载玻片将虫体压薄，为了不使虫体压得过薄可在玻片两端垫以适当厚度的纸片，玻片两端用棉线或胶皮圈绑扎紧，在玻片间夹的小纸片上写明动物编号等资料。对于较小的虫体，可先在薄荷脑溶液［配制方法：取薄荷脑（Menthol）24g溶于10ml95%乙醇中，即为薄荷脑饱和乙醇溶液］。使用时将此液1滴加入100ml水中即可使虫体松弛。然后将虫体投入固定液中固定。

如欲做瓶装陈列标本，以甲醛溶液固定为好。绦虫有时很长（可达数米），易于断裂而又易于相互缠结，故固定时应注意，可将虫体排列在玻璃板上，用线扎起来，或者将虫体缠绕在玻璃瓶上。

固定蠕虫时常用的固定液有如下 4 种。

（1）劳氏（Looss）固定液　　适用于小型吸虫。取饱和升汞溶液（约含升汞7%）100ml，加冰醋酸2ml，混合即成。固定虫体时，将虫体放于一小试管中，加入盐水，达试管的 1/2 处，充分摇洗，再加入劳氏固定液摇匀。12h 后，将虫体取出移入加有 0.5%碘的 70% 乙醇中，并更换溶液数次，直到溶液不再褪色为止，再将虫体移到 70% 乙醇溶液中保存，若欲长期保存应在乙醇中加 5% 甘油。

（2）乙醇 - 甲醛溶液 - 乙酸固定液（F.A.A 固定液）　　本液以 95% 乙醇 50 份、40% 甲醛溶液 10 份、乙酸 2 份、水 40 份混合而成。大型的已夹于玻片间的虫体可浸入此固定液中过夜。小的虫体可先放于充满 2/3 生理盐水的小瓶内，用力摇振。待虫体疲倦而伸展时，将盐水倾去 1/2，再加入本固定液（投入时应慢慢由一端先投入，便于将空气赶出），视虫体大小至少固定 24h。次日将虫体取出，保存于加有 5% 甘油的 70% 乙醇中。

（3）甲醛固定液　　一般用 10% 甲醛（即取甲醛 1 份与 9 份水混合即得）或 4% 甲醛作固定液。将小型吸虫虫体或夹于玻片间的虫体投入固定液中，经 24h 即固定完毕。较大的夹于两玻片间的吸虫。固定液较难渗入。可在固定数小时后。将两玻片分开，这时虫体将贴附于一玻片上。将附有虫体的玻片继续投入固定液中过夜。最后将虫体置3%～5% 的甲醛溶液中保存或用于制片。

（4）乙醇固定液　　用 70% 乙醇固定 0.5～3h，视虫体大小而定，再移至新的 70% 乙醇中保存。

经以上 4 种方法中任何一种固定的标本，在保存时均应给以标签。标签应用较硬的纸片（如胶版印刷纸）用铅笔书写，内容应包括标本编号、采集地点、宿主及其产地、寄生部位、虫名、保存液种类和采集时间，将以上内容一式两份书写，一份与虫体一同放于瓶内，另一份贴于瓶外。

2. 蠕虫的染色和制片　　蠕虫标本的形态观察常需制成染色装片标本或切片标本。切片标本的制作与组织切片相同。如需要做成染色整体装片标本，则把投入上述乙醇、甲醛固定液内固定的夹于两玻片之间的虫体取出，经水洗后进行染色、调色、脱水、透明、封固、干燥，制成永久性玻片标本。整体装片标本的制片方法有以下数种。

（1）苏木素法　　常用的为德氏（Delafield）苏木素染液，其配法如下：先将苏木素 4g 溶于 95% 乙醇 25 ml 中。再向其中加入 400ml 的饱和铵明矾（ammonium alum）溶液（约含铵明矾 11%）。将此混合液曝晒于日光及空气中 3～7d（或更长时间），待其充分氧化成熟，再加入甘油 100ml 和甲醇 100ml 保存，并待其颜色充分变暗，滤纸过滤，装于密闭的瓶中备用。

染色步骤如下：

1）将保存于甲醛溶液中的虫体，取出以流水冲洗。如虫体原保存于 70% 乙醇中，则先后将虫体移入 50% 和 30% 乙醇中各 1h，再移入蒸馏水中。

2）将德氏苏木素染液加蒸馏水 10～15 倍，使呈浓葡萄酒色。将以上虫体移入此稀释的染液内，染色过夜。

3）取出染色后的虫体，在蒸馏水中除去多余的染液，再依次通过 30%、50%、70% 乙醇各 0.5～1h。

4）虫体移入酸乙醇中褪色（酸乙醇是在 80% 乙醇 100ml 中加入盐酸 2ml），待虫体变成淡红色。

5）再将虫体移回 80% 乙醇中，再循序通过 90%、95% 和 100% 乙醇中各 0.5～1h。

6）将虫体由 100% 的乙醇中移入二甲苯或水杨酸甲酯（亦称冬绿油或冬青油）中，透明 0.5～lh。

7）将透明的虫体放于载玻片上，滴 1 滴加拿大树胶，加盖玻片封固，待干，即成。

（2）卡红染色法　　以卡红为原料，常用的染色液有盐酸卡红和硼砂卡红等。

盐酸卡红的配制是以蒸馏水 15ml 加盐酸 2ml 煮沸，趁热加入卡红染粉 4g，再加入 85% 乙醇 95ml，再滴加浓氨水以中和，等出现沉淀，放凉，过滤，滤液即为盐酸卡红染液。

硼砂卡红是以 4% 硼砂（$Na_2B_4O_7$）溶液 100ml，加入卡红染粉 1g，加热使其溶解，再加入 70% 乙醇 100 ml，过滤，滤液即为硼砂卡红染液。

染色方法：

1）原保存于 70% 乙醇内的标本，可直接取出投入染色液中染色。保存于甲醛溶液内的虫体标本，应先取出水洗 1～2h，尔后循序通过 30%、50%、70% 的乙醇各 0.5～1h，再投入染液中，在染液中过夜使虫体染成深红色。

2）自染液中取出虫体，放入酸乙醇中褪色（酸乙醇是以 70% 乙醇 100ml 加浓盐酸 2ml），使颜色深浅分明，即虫体外层呈淡红色，内部构造呈深红色。

3）虫体移入 80%、95% 和 100% 乙醇中各 0.5～1h。

4）移入二甲苯或水杨酸甲酯中透明。

5）已透明的虫体，移置载玻片上，加 1 滴加拿大树胶，加盖玻片封固。

【注意事项】

1）各种寄生虫都有自己的固定寄生部位，在进行畜禽全身解剖、检查并采集寄生虫时，解剖某器官组织时，应注意到该器官、组织部位可能有什么寄生虫的寄生而进行仔细的观察与检查。有些季节性寄生虫，还应注意剖检的季节。有些寄生虫受年龄免疫的影响，则应考虑到年龄问题，避免某些寄生虫被遗漏。

2）检查过程中，若脏器内容物不能立即检查完毕，可在反复水洗沉淀后，在沉淀物内加 4% 的甲醛溶液保存，以后再详细进行检查。

3）注意观察寄生虫所寄生器官的病变，对虫体进行计数，为寄生虫病的准确诊断提供依据。病理组织或含虫组织标本用 10% 的甲醛溶液固定保存。对有疑问的病理组织应做切片检查。

4）采集的寄生虫标本分别置于不同的容器内。按有关各类寄生虫标本处理方法和要求进行处理保存（具体方法参见寄生虫标本的固定与保存部分），以备鉴定。由不同脏器、部位取得的虫体。应按种类分别计数，分别保存，均采用双标签，即投入容器中的内标签和在容器外再贴上外标签，最后把容器密封。内标签可用普通铅笔书写，标签上应记明畜别、编号、虫体类别、数目以及检查日期等。

在采集标本时，应有登记本或登记表，将标本采集时的有关情况，按标本编号，对蠕虫幼虫样本更应在样本来源上详记中间宿主的名称，或用人工培养而得的记录。对虫体所引起的宿主的主要病理变化也应做详细的记载。然后统计寄生虫的种类、感染率和感染强度，以便汇总。

5）不论采集什么虫种，用什么方法和工具都必须尽可能地使采到的标本保持完整。尤其绦虫的头节，线虫的头、尾等都是鉴定的重要部位。

6）防止在采集标本过程中感染寄生虫。除应具备必要的寄生虫基础理论知识外，还要采取必要的防护和消毒措施。例如，在进行尸体和动物解剖时，要戴上口罩、平镜与橡皮手套，穿好防护工作服，当解剖完毕，须将解剖用具和试验台清洗消毒，以免污染或传播。

7）染色时染液不宜过浓。若提高稀释倍数而延长染色的时间，染色的效果反而更佳。稀释染液时，所用液体的含水量尽量与固定液的含水量相同或接近。

8）染色时所用的染缸可根据实际需要选择大小，若一次染的虫体数量多，且虫体也较大，则用大一些的染缸，反之则用小的。但是不管用哪一种型号的染缸，最好在每一步换液时，不移出虫体而仅仅移换所加的液体以减少对虫体的机械损伤。

9）换液时将胶帽吸管尖端与染缸底壁接触，吸出缸中废液弃掉，注意尽量不要碰着虫体（以免造成对虫体结构的损伤，影响将来观察），如此反复多次将染液完全吸出弃掉后，再倒入下一步骤的新液体。

10）当需要移动虫体时或染色过程中虫体重叠过多需要翻动时，均需避免用尖锐的器具。除非虫体过小，非解剖针不能挑出的而外，其他情况一律尽量用末端是圆头的工具。例如，将玻璃棒放酒精喷灯上加热而后拉长，最后断开。这样制作的前部呈细长针状，但顶端稍呈球形的细玻璃棒有时候可以成为得心应手的工具。

11）配制和稀释染液所用的水应为无离子水，即新鲜的双重蒸馏水。

12）脱水彻底与否的标准是：虫体翻动，说明内外渗透压不一，虫体不动，说明内外渗透压一致脱水完全。

13）封固片时盖玻片要平放，以防产生气泡。

14）干烤、晒片时可放入恒温箱内 3～5h 后，检查加的胶是否充满盖片下。应及时添加不足者并刮去多余的胶。

15）最后贴标签标明虫名、动物、寄生部位、时间地点，这是刮检、鉴定等各项工不能缺少的关键一步。

【结果可靠性确认】

固定好的吸虫在解剖镜下观察，与课本中的各类吸虫的一般形态特征进行比较，确认其完整性和种类。

任务二　蜱、螨与昆虫的固定与保存

【概述】

蜱、螨与昆虫所引起的疾病诊断是以临床症状和病原诊断为依据的，从各种病料中检出病原体是诊断的重要手段。病原体的形态结构是诊断的主要依据，所以要通过本实验掌握蜱、螨与昆虫的形态特点和疾病的诊断方法。

【任务分析】

1）学会固定液的配制。

2）掌握蜱、螨及昆虫的常用固定方法。

3）掌握蜱、螨及其病料的采集方法；认识各种蜱螨的一般形态特点；掌握疥螨、痒螨的主要区别；掌握螨病的诊断方法；了解蜱螨对畜禽健康的危害方式。

【知识拓展】

蜱、螨用液体固定可使标本保持原来形态。固定液通常为70%乙醇或5%～10%的甲醛溶液。固定液体积须超过所固定标本之体积的10倍以上，标本方能不坏。如此保存的蜱、螨标本可供随时观察。

昆虫一般采用干燥保存。

【器材准备】

1）虫体：未经固定的蜱、螨与昆虫。

2）器材：器械体视解剖显微镜、透视生物显微镜、解剖刀、解剖剪、昆虫针、镊子、浅盘、标本瓶、酒精灯、铅笔、玻璃铅笔、载片、压片用玻璃板等。

3）药品：乙醇、甘油、甲醛等。

【操作程序】

一、蜱、螨与昆虫的采集

采集这些标本，首先应了解这些采集对象的发育规律和生活习性。例如，有些昆虫常以较长的时间寄生于畜体的皮肤和体表。但另一些昆虫仅短时间地附着于畜体上吸血，这样其采集方法自应有所不同。

采集昆虫和蜱螨标本时，还必须记住昆虫和蜱螨都是雌雄异体的，尤其是蜱，雌雄虫体的差异极大。雌虫较雄虫要大得多，如不注意，则采集的结果将均为大型的雌虫，而遗漏了雄虫，但雄虫却正是鉴定虫体时的主要依据，缺少雄虫将给鉴定带来困难。

二、保存

收集到的虫体，根据其种类的不同或今后工作的需要，采用下列方法之一保存。

1. 浸渍保存 适用于无翅昆虫等（如虱、虱蝇、蚤和蜱，以及各种昆虫的幼虫和蛹）。如采集的标本饱食有大量血液，则在采集后应先存放一定时间，待体内吸食的血液消化吸收后再固定。

固定液可用 70% 乙醇或 5%～10% 的甲醛溶液。但用专门的昆虫固定液效果更好，其配法是在 120ml 的 75% 乙醇中，溶解苦味酸 12g，待溶后再加入氯仿 20ml 和冰醋酸 10ml。当虫体较大时，浸入 75% 乙醇中的虫体，于 24 h 后，应将原浸渍的乙醇倒去，重换 70% 乙醇。在昆虫固定液中固定的虫体，经过一夜后，也应将虫体取出，换入 75% 乙醇中保存。在保存标本用的 70% 乙醇中，最好加入 5% 甘油。浸渍标本加标签后，保存于标本瓶或标本管内，每瓶中的标本约占瓶容量的 1/3，不宜过多，保存液则应占瓶容量的 2/3，加塞密封。

2. 干燥保存 本法主要是保存有翅昆虫，如蚊、虻、蝇等的成虫，又分为针插保存和瓶装保存 2 种。

采集到的有翅昆虫，应先放入毒瓶中杀死，毒瓶的制备如下：氯仿毒瓶是取一大标本管（长 10cm，直径 3cm），在管底放入碎橡皮块，约占管高的 1/5；注入氯仿，将橡皮块淹没，用软木塞塞紧（不可用橡皮塞）过夜；此时氯仿即被橡皮块吸收，然后剪取一与管口内径相一致的圆形厚纸片，其上用针刺穿若干小孔，盖于橡皮块上即可。氯仿用完后，应将圆纸片取出，再度注入氯仿，处理方法同前。使用时，将活的昆虫移入瓶内，每次每瓶放入的昆虫不宜过多。昆虫入毒瓶后，很快即昏迷而失去运动能力，但到完全死亡，则需待 5～7h 之后。死后，将昆虫取出保存。

（1）针插保存 本法保存的昆虫，能使体表的毛、刚毛、小刺、鳞片等均完整无缺，并保有原有的色泽，是较理想的方法。昆虫针是用不锈钢制成的，用于固定虫体位置。其长短粗细都有一定的标准，型号分为 00、0、1、2、3、4、5 共 7 种。0 与 00 号是昆虫针中最短小的，长度仅有 1cm，顶端不膨大。00 号最细，直径约为 0.3mm，又叫二重针，是专门制作微小昆虫标本时使用的。1～5 号昆虫针都长约 4cm，顶端有膨大的圆头，号数越大，直径越粗（图 7-1）。

针插保存具体有如下几个步骤。

1）插制。对大型昆虫，如虻蝇等，可将虫体放于手指间以 2 号或 3 号昆虫针，自虫体的背面中胸的偏右侧垂直插进。针由虫体腹面穿出，并使虫体停留于昆虫针上部的 2/3 处。注意保存虫体中胸左侧的完整，以便鉴定。对小型昆虫如蚊、蚋、蠓等，应采用二重插制法（图 7-2）。

即先将二重针插入一硬纸片或软木条（硬纸片长 15 mm。宽 5 mm）的一端，并使纸片停留于针的后端，再将此针向昆虫胸部腹面第 2 对足的中间插入，但不要穿透。再以一根 3 号昆虫针在硬纸片的另一端。针头与微针相反而平行的方向插入，即成。在缺少微针时，可用硬纸片胶粘法。即取长 8mm 和底边宽 4mm 的等腰三角形硬纸片，在三角形的顶角蘸取加拿大树胶少许，粘在昆虫胸部的侧面。再将此硬纸片的另端，以 3 号昆虫针插入。插制昆虫标本，应在新采集到时进行。如虫体已干，则插制前应使虫体回软，以免断裂。

2）标签。标签用硬质纸片制成，长 15mm，宽 15mm，以黑色墨水写上虫名、采集地点、采集日期等。并将其插于昆虫针上，虫体的下方。

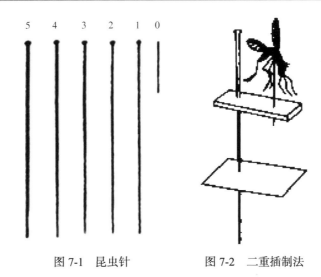

图 7-1　昆虫针　　　　　　　图 7-2　二重插制法

3）整理与烘干。将插好的标本，以解剖针或小镊子将虫体的足和翅等的位置加以整理，使保持生活状态时的姿势，再插于软木板上，放入 20～35℃温箱中待干。

4）保存。将烘干的标本，整齐地插入标本盒中，标本盒应有较密闭的盖子。盒内应放入樟脑球（可用大头针烧热，插入球内，再将其插在标本盒的四角上），盒口应涂以二二三软膏，以防虫蛀。标本盒应放于干燥避光的地方。在梅雨季节，尤应减少开启次数，以防潮湿发霉。

（2）瓶装保存　　大量同种的昆虫，不需个别保存时。可将经毒瓶毒死的昆虫，放在大盘内，在纱橱中或干燥箱内干燥，待全部干燥后，放于广口试剂瓶中保存。在广口试剂瓶底部先放一层樟脑粉，在樟脑粉上加一层棉花压紧，在棉花上再铺一层滤纸。将已干的虫体逐个放入，每放入少量后，可放一些软纸片或纸条，以使虫体互相隔开，避免挤压过紧。最后在瓶塞上涂以木馏油或二二三软膏，塞紧。在瓶内和瓶外应分别贴上标签。

三、观察和制片

多数昆虫和蜱、螨的鉴定分类，均以其外部形态结构为依据。可直接在解剖镜下或低倍显微镜下观察，也可制成永久装片标本观察。

干燥保存的标本，在虫体取出后，脆而易碎，应先经过回软（瓶装干燥标本，如再行针插，也应先经过回软）。回软是在干燥器内进行的，在干燥器底部铺一薄层洗净的沙粒，沙中加少量的清水。再滴几滴石炭酸。放上有孔的瓷隔板，然后将要回软的标本放在隔板上。加盖，经 2～8h 后即可达到回软的目的。

1. 直接观察　　将浸渍的昆虫标本或回软的标本直接放于解剖镜下或放大镜下观察。必要时可在解剖镜镜台上放一小玻皿，内加清水或浸渍液，使被检虫体浸没于液体中，可减少折光，便于观察。

2. 制成标本　　为了作的需要，可将小昆虫的整个虫体或昆虫身体的某些部位制成装片标本。制片的准备工作是先将虫体或其局部浸入 10% 氢氧化钾溶液中，煮沸数分钟使虫体内部的肌肉和内脏溶解。并使体表软化透明，便于制片观察。较大的虫体，浸入氢氧化钾溶液后，尚可用昆虫针在虫体上刺些小孔，以利虫体内部组织的溶出。身体较柔软的昆虫或幼虫，也应浸入 10% 氢氧化钾溶液中，待虫体软化透明后制片。经氢氧化钾处理后的虫体应在水中洗去其碱液再行制片，其后的操作如下。

（1）加拿大树胶封片　取已准备好的昆虫虫体或虫体的一部分，经 30%、50%、70%、85%、90%、95% 各级乙醇逐级脱水，最后移入无水乙醇中，使完全脱水；再移入二甲苯或水杨酸甲酯中透明，透明后，取出放在载玻片上。滴一些加拿大树胶，覆以盖玻片即成。本法经过各级乙醇所需的时间，按虫体的大小而有所不同。一般需15～30min，较大的虫体时间要长一些。

（2）洪氏液封片　取洪氏液滴于载玻片上，再取以氢氧化钾处理过并经洗净的小型昆虫虫体，无需脱水，直接移入洪氏液中，加盖玻片盖好即成。洪氏液是以蛋清 50ml、甲醛溶液 40ml、甘油 40ml 三者混匀于瓶中，加塞振荡。彻底均匀后待其中气泡上升逸去，最后倒入平皿中，置干燥器内吸去其中水分。待液体仅占原容量的 1/2 时，即可取出装入瓶中，密封待用。

（3）甘油明胶封片　甘油明胶是在 6 份水中溶入 1 份明胶，溶后，加入甘油 7 份混匀，并在其中加石炭酸 1%，加温 15min 制成。另可用培氏胶液（Berlese's fluid），培氏胶液是用阿拉伯胶 15g 溶于 20ml 蒸馏水中，再加入葡萄糖浆（每 100ml 水中含糖 68g）10ml、乙酸 5ml，再加入水化氯醛 100g，即成。用以上两种封片剂的任何一种时，氢氧化钾处理过的虫体经洗净后均无需脱水，直接放于载玻片上，除去多余的水分，滴加甘油明胶或培氏胶液，加盖玻片封固即可。

以上各法中，以加拿大树胶封制的装片保存较久；其余各法的封固剂，时间过久后，会失去水分而干裂。有时在盖片周围用油漆环封，以减少水分散失，延长保存时间。但并不能完全阻止水分的丧失。

【注意事项】

1）每个寄生虫标本采集后，一定要有详细的记录。记录内容包括采集地点、日期、标本来源、宿主种类以及寄居于宿主的部位和采集人姓名等，以备查核。对昆虫标本除应详记采集地点、日期外，并应详细记录采集场所以及其他必要的资料，如气候信息、宿主种类等。

2）不论采集什么虫种，用什么方法和工具都必须尽可能地使采到的标本保持完整。尤其是昆虫的足或翅、体毛和鳞片等都是鉴定的重要部位。

3）蜱、螨都是雌雄异体的，尤其是蜱，雌雄虫体的大小差异极大，雌虫较雄虫要大得多，如不注意，则采集到的将均为体型较大的雌虫，而遗漏了雄虫，但雄虫却正是鉴定虫体时的主要依据，缺少雄虫将给种类鉴定带来困难。

4）如采到的虫体饱食有大量的血液，则在采集后因先存放一定时间，待体内吸食的血液消化吸收后再行固定，否则血凝结在消化道内不易溶解，制片后不透明。

5）蜱多在春夏季活动，螨多在冬季活动。硬蜱寻找寄主吸血多在白天，软蜱吸血多在夜间。蜱、螨对于寄生部位也有一定的选择性，多数寄生于寄主体表皮肤柔软而毛少的部位。根据蜱、螨的发育规律和生活习性，确定采集虫体的时间和部位。

6）防止寄生虫感染。为了防止在采集标本过程中避免寄生虫的感染，除应具备必要的寄生虫基础理论知识外，还要采取必要的防护和消毒措施。例如，在进行尸体和动物解剖时，要戴上口罩、平镜与橡皮手套，穿好防护工作服，当解剖完毕，须将解剖用具和试验台清洗消毒，以免污染或传播。在采集病媒昆虫标本时，应注意防止吸血节肢动物如蚊、蛉等叮咬，可在皮肤上涂擦驱避剂或穿防护服。在啮齿动物体上采取蚤、螨等标本时，更应严密防止虫体散播侵袭人体并发生传播疾病的可能。

7）虫体和病料采取中应严防散布病原。

【结果可靠性确认】

固定好的蜱、螨及昆虫在解剖镜下观察，与课本中的各类虫体的一般形态特征进行比较，确认其完整性和种类。

任务三　虫卵的固定与保存

【概述】

为了教学与研究的需要，常需将蠕虫虫卵保存，留待以后检查。

【任务分析】

了解蠕虫虫卵收集和保存方法。

【知识点】

虫卵的保存与固定比较简单，所用材料与蠕虫的保存固定相似。

【器材准备】

1）虫体：蠕虫虫卵。

2）器材：器械体视解剖显微镜、透视生物显微镜、解剖刀、解剖剪、镊子、黑色浅盘、酒精灯、毛笔、铅笔、玻璃铅笔等。

3）药品：食盐、乙醇、甘油、甲醛、蒸馏水、甘油、明胶等。

【操作程序】

一、虫卵材料的采集

1）自患畜粪便中收集虫卵，可参照蠕虫卵的各种集卵法。自家畜粪便中收集虫卵的缺点在于多数家畜体内常有多种寄生虫同时寄生，不易获得单一种的虫卵。

2）将解剖家畜时所采集的每种寄生虫挑入生理盐水中，此时虫体尚未死亡，常可在盐水中继续产出一部分虫卵。然后将虫体取出，将此盐水静置沉淀，待虫卵集中于底部后收集之。

3）将解剖家畜时所采集的寄生虫虫体，按其构造特点，取其虫体中含虫卵部分（吸虫剪取其子宫部，绦虫取孕节，线虫取其子宫后部），在乳钵中研碎，使其中虫卵分离；加水，通过铜筛，滤去其粗大的虫体碎片。收集滤液，沉淀虫卵。此法所得虫卵有些尚未完全成熟，是其缺点。

后两法所得虫卵，因为未经肠道与粪便混合，所以是无色的，与粪便中所见虫卵在颜色上有所不同。为此可将取得的虫卵混入粪便中，存放数天，使之染色。

二、虫卵标本的保存

1. 将虫卵保存于瓶内 将含有虫卵的沉淀倾入一小烧杯中，加入已加热到75～80℃的巴氏液，待冷后，保存于小口试剂瓶内，用时吸取沉淀，放玻片上检查。巴氏液是用甲醛溶液 30ml、氯化钠 7.5g、水 1000ml 混合而成。在以上操作中，保存液的加热很重要。否则有些虫卵在保存液中，仍然存活并继续发育或变形。有建议改用下液加入虫卵沉淀中以保存虫卵者：甲醛溶液 10ml，95% 乙醇 30ml，甘油 40ml，蒸馏水 56ml。

2. 制成虫卵玻片标本 将收集到的虫卵，先在 10% 甲醛热溶液中固定后，移入水中，待其沉淀；吸去上液，在沉渣中加入 30% 乙醇，待沉淀后，将 30% 乙醇吸去，再换入 50% 乙醇，再沉淀，再换入 70% 乙醇；最后使虫卵留于甘油 5 份和 70% 乙醇 95 份的混合液内。放 50℃温箱中，待 5～6d 后乙醇完全挥发时，虫卵即留于甘油内。取含虫卵的甘油 1 滴放载玻片上，加 1 滴甘油明胶，覆以盖玻片，即成。甘油明胶是用甘油 100ml、明胶 20g、蒸馏水 125ml、石炭酸 2.5g 配成。

也可将已固定的虫卵材料少量，加洪氏液 1 滴，覆上盖玻片封固。洪氏液是以蛋清 50ml、甲醛溶液 40ml、甘油 10ml 三者混匀于瓶中，加塞振荡，彻底均匀后待其中气泡上升逸去，最后倒入平皿中，置干燥器内吸去其中水分，待液体仅占原容量的 1/2 时，即可取出装入瓶中，密封待用。

【注意事项】

同本单元任务一。

【结果可靠性确认】

固定好的虫卵在解剖镜下观察，与课本中的各类蠕虫卵的一般形态特征进行比较，确认其完整性和种类。

第八单元 寄生虫病综合防控技术

随着人们对寄生虫的危害及其危害严重性认识的逐渐加深，在畜牧业生产中已加强对寄生虫的综合防控。目前对许多寄生虫的防控已经积累了丰富的经验，特别是随着国际文化技术的交流与行业间交往的加深，寄生虫综合防控技术现代化与国际化程度也不断提高。本单元将综合防控技术划分为六大任务，在任务的驱动下，以项目为引领开展寄生虫的综合防控。

任务一 吸虫病综合防控技术

吸虫是扁形动物门吸虫纲的动物，包括单殖吸虫、盾殖吸虫和复殖吸虫三大类。吸虫病是由扁形动物门吸虫纲（Trematoda）寄生虫引起的人、家畜、家禽、毛皮兽、鱼类和野生动物的消化系统（胃、肠、肝、胆管、胰管）、门脉、肺脏、输卵管等处疾病的一类蠕虫病的总称。家畜吸虫病的病原均属复殖亚纲，常见的有片形吸虫、歧腔吸虫、阔盘吸虫、裂体吸虫、姜片吸虫、支睾吸虫和前殖吸虫，以及前后盘科各属的吸虫等。其中有的危害严重，呈现地方性流行，如肝片吸虫病和血吸虫病。患吸虫病的畜禽因感染程度、健康状况、年龄不同表现的症状各异，幼畜患病症状比较严重。同时因内、外感染不同或吸虫寄生的部位不同症状也不一样。寄生在肝脏的吸虫能引起急性或慢性肝炎，出现黄疸和消化不良；寄生在瘤胃和肠道的吸虫则导致消化障碍和腹泻；寄生于肺脏的吸虫则会出现咳嗽或胸膜炎，而当吸虫移行到皮下时则形成囊肿；家禽输卵管寄生吸虫，可产无壳蛋和软壳蛋等。不同的吸虫病防控方法有所不同，但综合预防措施大致相同，如果加强饲养管理，增进畜禽抗病能力，消灭外界虫卵和幼虫，扑灭中间宿主，以及定期药物驱虫等，就能取得较好的防控效果。

项目一 片形吸虫病综合防控技术

【概述】

片形吸虫病是指由肝片吸虫和大片吸虫寄生于草食性哺乳动物的肝胆管内或人体，而引起人兽共患的寄生虫病，是牛、羊等动物严重的寄生虫病之一，感染率高达20%～60%，严重危害畜牧业发展。肝片吸虫对终宿主选择不严格，人体并非其适宜宿主，故异位寄生较多，临床表现较为复杂多样，并较为严重，主要为由幼虫在腹腔及肝脏所造成的急性期表现及由成虫所致胆管炎症和增生为主的慢性期表现。

【任务分析】

掌握片形吸虫的生活史；认识中间宿主；掌握消灭外界虫卵和幼虫的最佳时机；认识灭虫杀卵的药物，并掌握使用方法；学会定期药物驱虫；学会设计与实施灭吸虫方案；掌握吸虫病的综合防控技术。

【知识点】

片形吸虫的生活史。片形吸虫的发育需要淡水螺作为它的中间宿主。肝片吸虫的主要中间宿主为小土蜗,还有椭圆萝卜螺。大片吸虫的主要中间宿主为耳萝卜螺。成虫寄生于动物的肝脏胆管内,产出的虫卵随胆汁入肠腔,经粪便排出体外。虫卵在适宜的温度(25~26℃)、氧气和水分及光线条件下,经11~12d孵出毛蚴。毛蚴游动于水中,遇到适宜的中间宿主如淡水螺,即钻入其体内。经无性生殖发育为胞蚴、雷蚴和尾蚴,其发育期的长短与外界温度、湿度、营养条件有关,如温度适宜,在22~28℃需经35~38d从螺体内逸出尾蚴。尾蚴游动于水中,经3~5min便脱掉尾部,以其成囊细胞分泌的分泌物将体部覆盖,黏附于水生植物的茎叶上或浮游于水中而成囊蚴。牛、羊吞噬了含囊蚴的水或水草而遭受感染。囊蚴于动物的十二指肠脱囊而出,童虫穿过肠壁进入腹腔,后经肝包膜钻入肝脏。在肝实质中的童虫,经移行后到达胆管,发育为成虫。潜隐期为2~3个月。成虫以红细胞为营养,在动物体内可存活3~5年。

【器材准备】

选择片形吸虫病临床症状较典型的养殖场进行实际操作;准备各种驱虫药物;临床检查所需的听诊器、体温计、便携式B超仪、样品及容器;三目体视显微镜、三目生物显微镜;手套、盆、三角瓶、烧杯、塑料袋、记号笔、小桶等。

【操作程序】

1. 预防

1)加强放牧与饲养管理,避免或防止牛、羊摄入囊蚴,囊蚴多附着在小土蜗孳生的水边草茎叶上,所以,牛、羊不应在这些地区放牧,也不宜在沟旁、水田埂等处割草喂牛、羊、兔。冬季饲草必须晒干,牛、羊饮水要清洁。就某一地区而言,小土蜗分布是局限的,山坡、林间草地、路旁、旱地是安全放牧地带。

2)粪便无害化处理。畜舍及运动场的粪便应及时清除,运至贮粪场高温堆肥杀灭虫卵。亦可将牛、羊的底料晒干做蘑菇生产,变废为宝,增加经济收入,同时达到灭卵的目的。禁止用牛、羊生粪作水田施肥。

2. 治疗

(1)定期驱虫 根据当地的流行情况,确定牛、羊群受侵袭主要季节,结合感染率与感染强度提出驱虫计划。在感染率70%以上的重流行地区,每年定期进行2~3次普遍驱虫。轻流行区每年进行1~2次驱虫。驱虫前进行畜粪检查,阳性者驱虫,并在4周后复查效果。仍然阳性者继续驱虫1次。在多雨年份,应周密注意虫情动态,防范急性肝片吸虫病暴发,及时采取措施,杀灭幼龄肝片吸虫。

(2)消灭中间宿主——螺 在我国传播肝片吸虫的中间宿主小土蜗,分布于流动浅水的水田、灌溉沟、小水沟,土壤腐殖质丰富处更易孳生。其中以水田、灌溉沟、低洼湿地及小水塘为主。灭螺方法有多种,化学灭螺可用氯硝柳胺(2.5mg/L)进行喷洒茶子饼撒粉、喷洒、浸杀等视具体情况而定。五氯酚钠、石灰氮、硫酸铜等均具有灭螺效果。生物灭螺可以利用鸭群放牧于水田、灌溉沟,任其采食。据观察鸭子能大量捕食小土蜗。

牛、羊的同盘吸虫、列叶吸虫、野牛平腹吸虫等防制措施可参照表8-1施行。

表8-1　抗蠕虫药对牛、羊片形吸虫的疗效

| 药物 | 剂量/（mg/kg） | | 成虫 | 6～12周龄虫体 | 1～6周龄虫体 | 适用 | | 备注 |
	牛	羊				P	M	
五氯柳胺（oxyclozanide）	10～20	15～20	＋	－	－	＋	＋	治疗羊肝片吸虫急性感染剂量增至45mg/kg。对绦虫也有效
碘硝氯胺（nitroxynil）	10	10	＋	＋	－	＋	－	治疗羊肝片吸虫急性感染剂量增至15mg/kg。对血矛线虫、食道口线虫、仰口线虫也有效
碘醚柳胺（rafoxanide）	口服7.5 肌注3.0	7.5～15	＋	＋	－	＋	－	对羊鼻蝇蛆也有效
卤硫柳胺（brotianide）	不适用于牛	6～11.5	＋	＋	－	＋	－	
丙硫咪唑（albendazole）	10	7.5	＋	－	－	＋	＋	对羊肝片吸虫有效剂量怀孕的前2个月不能用。对胃肠道线虫、绦虫、肺线虫也有效
氨苯氧烷（diamphenethide）	75～100	80～100	±	＋	＋	＋		急性感染的选用药
硝氯酚（niclofolanum）	口服3 肌注1～2	3～4 1～2	＋	－	－			对成虫的作用较童虫强
硫双二氯酚（bithionolum）	口服40～60 肌注1～2	75～100 1～2	＋	－	－	＋	＋	对同盘吸虫、莫尼茨绦虫、无卵黄腺绦虫、禽绦虫也有效
溴酚磷脂（bromfenolos）	10～12.5	10～12.5	＋	±	－			

注：＋表示对特定虫种有效；－表示对特定虫种无效；P表示孕畜；M表示奶畜

【操作注意事项及常见错误分析】

1. 驱虫注意事项

1）到正规兽药店购买正规厂家生产的、在有效保质期内、包装完好、质量准确、效果明显的驱虫药，过期、变质、没有生产信息的驱虫药不但没有效果，甚至还会有较大的毒副作用。

2）动物寄生虫种类繁多，寄生方式、生活史、发病季节、药物敏感性各不相同，所以购买驱虫药时应根据驱虫目的、病原种类选用相应的驱虫药。

2. 用药时间

1）一般每半年预防驱虫一次，发现寄生虫病时应及时驱虫治疗。转换饲养方式时应驱虫，如放牧动物在由放牧转为舍饲时应驱虫。蛋鸡在 60～70 日龄时和开产前驱虫，其余时间不用驱虫。

2）驱虫一般选在饲喂前半个小时或饲喂后 2h 饲喂驱虫药，这样有利于驱虫药的迅速吸收，提高血药浓度，在最短的时间内达到驱虫目的。

3）孕期的动物和高产期的奶牛、奶山羊、蛋鸡不能预防驱虫，以防影响动物的生产性能和动物产品的质量。必须驱虫时，休药期内的动物产品不能食用。种用动物应在空怀期驱虫。

4）动物驱虫治疗时，驱虫药只能杀死虫体而不能杀死虫卵，因此需连续用药 2～3次，每次间隔 5～7d，以防寄生虫病的再次发生。

3. 用量和方法　应严格按照动物种类和寄生虫种类掌握用药剂量和使用方法，方法错误或剂量不准确都达不到预期的驱虫效果，剂量过大会导致动物中毒。例如，有些驱虫药只能外用，体内给药时就会引起中毒；有些体内给药外用时，达不到驱虫效果。

4. 无害化处理　动物用药后，其粪便、接触的物品、场所应及时无害化处理，以防其携带的虫卵对动物进行二次侵害。定期驱虫后的粪便要经高温处理或经堆积发酵以杀灭虫卵。放牧的牛、羊尽可能选择高燥地区。饮用水最好用自来水、井水、流动的河水。

5. 注意操作人员安全　与患畜及污染物直接接触的操作人员也要做好安全防护，以免感染。

【结果可靠性确认】

通过对比驱虫前后的各项检测结果，来评定驱虫效果。评定项目如下。

1）发病率和死亡率：对比驱虫前后的发病率和死亡率。

2）营养状况：对比驱虫前后营养状况的变化。

3）临床表现：对比驱虫前后临床症状减轻与消失的情况。

4）生产能力：对比驱虫前后的生产性能。

5）寄生虫情况：通过虫卵减少率、虫卵转阴率和驱虫率来确定，必要时进行剖检计算粗计和精计驱虫效果。

项目二　姜片吸虫病综合防控技术

【概述】

布氏姜片吸虫属肠道寄生大型吸虫，人体感染是因生食水生植物茭白、荸荠和菱角等所致。感染主要引起消化道症状，如腹痛、腹泻、营养不良等。布氏姜片吸虫的流行病学规律是：上半年，其中间宿主扁卷螺开始繁殖，同时毛蚴也开始侵袭螺体，经过在螺体内的各期发育，于下半年从螺体内逸出尾蚴，形成囊蚴，开始引起猪、人的感染。因此，其防控措施在时间上：上半年抓灭螺，下半年抓消灭囊蚴，秋后着重驱虫，全年加强饲养管理，管好粪便。

【任务分析】

掌握姜片吸虫的生活史；认识中间宿主；掌握消灭外界虫卵和幼虫的最佳时机；认识灭虫杀卵的药物，并掌握使用方法；学会定期药物驱虫；学会设计与实施灭吸虫方案；掌握吸虫病的综合防控技术。

【知识点】

姜片吸虫生活史：成虫寄生于人或猪的小肠内，偶见于大肠，虫卵随粪便排出，落入水中，在一定温度下（2~32℃）经3~7周孵出毛蚴，毛蚴在水中找到中间寄主扁卷螺，便钻入螺体经过胞蚴、雷蚴和第二代雷蚴阶段而发育成许多尾蚴，尾蚴从螺体内逸出，在水中游动，遇到菱角、荸荠、茭白等水生植物，即吸附于其表面，脱尾而成囊蚴。囊蚴扁平略呈圆形，囊蚴具有感染性，借水生植物的媒介作用（人或猪生食带囊蚴的菱角、荸荠等），或猪用牙啃咬外皮时，囊蚴即被吞入，在小肠上段经过消化液和胆汁的作用，囊壁破裂，幼虫脱囊而出，吸附在十二指肠或空肠黏膜上，约经3个月发育为成虫，并开始产卵。成虫以肠内的食物为营养，一般可存活2年左右。

【器材准备】

选择姜片形吸虫病临床症状较典型的养殖场进行实际操作；准备各种驱虫药物；临床检查所需的听诊器、体温计、便携式B超仪、样品及容器；三目体视显微镜、三目生物显微镜；手套、盆、三角瓶、烧杯、塑料袋、记号笔、小桶等。

【操作程序】

1. 饲养　加强水生饲料与饮水的管理。

1）灭囊。根据姜片吸虫各期幼虫发育所需时间，下半年开始有囊蚴附着于水生植物与水草上。所以，此时养猪不能把水生植物做饲料生喂，必须做灭囊蚴处理。水生植物如菱角应煮熟后吃，荸荠应削皮后吃，茭白应去外皮后炒熟吃。喂猪的水草如水浮莲、水葫芦、革命草、日本水仙等应青贮杀灭囊蚴。将水草切碎加10%~30%糠类等粉碎饲料，装入青贮窖中压实密封，排除浸出的多余水分在厌气状态下经1个月，囊蚴死亡。青贮料在窖中保存半年至1年，有利于青饲料的调节供应，适口性好。

2）注意饮水卫生。最好用自来水或井水，不能饮用有病原体存在的河沟、池塘生水。必须饮用时需经煮沸。

3）猪实行圈养。

4）防止冲洗猪栏粪尿水流入水生饲料种植池塘内。

2. 驱虫　猪（人）吃了于6月开始形成的囊蚴后，于9月后陆续发育为成虫，并向外排卵。在流行区域内，秋后应定期进行粪检，检出虫卵，随即进行驱虫，消灭病原体。投药2周后，粪检考核效果仍然阳性的，再进行驱虫至彻底驱净为止。

硫双二氯酚100~200mg/kg拌料喂服，是驱除猪姜片吸虫的良好药物。还可用辛硫磷0.12mg/kg或硝硫氰胺3~6mg/kg或敌百虫100mg/kg口服。

3. 预防

（1）消灭扁卷螺　　每年3~4月扁卷螺开始繁殖，5月左右始受毛蚴侵袭。灭螺的时机应选择螺繁殖旺期，于尾蚴尚未成熟逸出螺体之前，故灭螺的时间应在5月以前。若此次未能灭净或灭后又再孳生，夏秋季的螺仍可繁殖并受毛蚴侵袭，应继续开展灭螺。冬季结合清塘积肥，消灭藏匿于底土中越冬的螺种。

（2）杀灭扁卷螺　　可在池塘、河沟中放养黑鲩鱼、鲤鱼、非洲鲫鱼等食肉性鱼类，吞食扁卷螺。定期向池塘放养鸭群，也能采食扁卷螺。化学灭螺用茶子饼20~200mg/L、石灰氮500mg/L、硫酸胺100mg/L、生石灰100mg/L、硫酸铜1~5mg/L，均能杀死螺类。但使用上述药物时，尽可能使药液与池水混匀而不接触露出水面的水生植物，养鱼的池塘不能施用化学药物。

管好粪便防止虫卵下水——将人粪、猪粪作高温堆肥或作沼气原料。

项目三　日本血吸虫病综合防控技术

【概述】

血吸虫病是由日本血吸虫寄生于人体引起的地方性寄生虫病。本病流行于中国、日本、菲律宾等地。我国常见于长江流域和长江以南的13个省（自治区、直辖市）的333个县市。各种动物的感染率和感染强度，在家畜中以耕牛的感染率为高，与我国南方耕牛在水田耕作或在河边沟渠边放牧食草有关。因此，防控必须遵循养、防、检、治的原则，制定完整的综合防控计划。

【任务分析】

掌握日本血吸虫的生活史；认识中间宿主；掌握消灭外界虫卵和幼虫的最佳时机；认识灭虫杀卵的药物，并掌握使用方法；学会定期药物驱虫；学会设计与实施灭吸虫方案；掌握吸虫病的综合防控技术。

【知识点】

日本血吸虫生活史：日本血吸虫的生活史比较复杂，包括在终宿主体内的有性世代和在中间宿主钉螺体内的无性世代的交替。生活史分成虫、虫卵、毛蚴、母胞蚴、子胞蚴、尾蚴、童虫等7个阶段。日本血吸虫成虫寄生于人及多种哺乳动物的门脉-肠系膜静脉系统。雌虫产卵于静脉末梢内，虫卵主要分布于肝及结肠肠壁组织，虫卵发育成熟后，肠黏膜内含毛蚴虫卵脱落入肠腔，随粪便排出体外。含虫卵的粪便污染水体，在适宜条件下，卵内毛蚴孵出。毛蚴在水中遇到适宜的中间宿主钉螺，侵入螺体并逐渐发育。先形成袋形的母胞蚴，其体内的胚细胞可产生许多子胞蚴，子胞蚴逸出，进入钉螺肝内，其体内胚细胞陆续增殖，分批形成许多尾蚴。尾蚴成熟后离开钉螺，常常分布在水的表层，人或动物与含有尾蚴的水接触后，尾蚴经皮肤而感染。尾蚴侵入皮肤，脱去尾部，发育为童虫。童虫穿入小静脉或淋巴管，随血流或淋巴液带到右心、肺，穿过肺泡小血管到左心并运送到全身。大部分童虫再进入小静脉，顺血流入肝内门脉系统分支，童虫在此暂时停留，并继续发育。当性器官初步分化时，遇到异性童虫即开始合抱，并移行到门脉-肠系膜静脉寄居，逐渐发育成熟交配产卵。

【器材准备】

选择日本血吸虫病临床症状较典型的养殖场进行实际操作；准备各种驱虫药物；临床检查所需的听诊器、体温计、便携式B超仪、样品及容器；三目体视显微镜、三目生物显微镜；手套、盆、三角瓶、烧杯、塑料袋、记号笔、小桶等。

【操作程序】

1. 养

1）加强粪便和用水管理。患者和病畜的粪便中带有大量虫卵，未经灭卵处理的粪便是污染环境、传播病原的根本原因。

2）实行安全放牧。多种家畜主要是通过放牧接触带尾蚴的疫水而感染，同时放牧的家畜排出大量带卵的粪便，又造成牧地钉螺感染。因此，改善饲养加强牧场管理，实行安全放牧，是控制本病的又一举措。

2. 防　　消灭中间宿主。日本血吸虫在无中间宿主——钉螺存在时便无法完成其生活史。因此，灭螺是整个防控工作的关键。对人畜所到之处的水源、牧地、钉螺孳生地都要定期查螺灭螺。

3. 检　　定期普查与检测。在流行区内应建立定期普查制度，一般每年普查两次，对已宣布消灭或基本消灭的地区也必须继续检测数年，以掌握疫情，采取措施。近村镇的地方应定期捕捉野鼠；对山区、湖区应注意检查螺情及野生动物疫情，防止生成自然疫源地。

4. 治　　治疗病畜。本病虽感染多种家畜，但从流行病学意义考虑，治疗应以耕牛为重点，其他家畜可采取加强饲养管理，防止感染等预防措施。

1）敌百虫（dipterex）适用于治疗水牛，用兽用精制敌百虫，按15mg/kg体重剂量，以清洁水溶解灌服，每天1次，连续5d，总剂量25mg/kg体重，最大个体总量以300kg为限。

2）硝硫氰胺（amosconate）（7505）对黄牛、水牛、山羊、绵羊、猪等家畜均有良好疗效，但必须用直径3～6μm的微粉。按60mg/kg体重剂量1次口服，体重限量黄牛为300kg，水牛400kg，山羊、绵羊可按实际体重投药。该药疗效确实，使用方便、安全，无特殊禁忌证。不宜采用水悬液静脉注射，因为此药物不溶于水。

3）吡喹酮（praziquantel）粉剂或片剂口服具有很好的疗效。剂量：黄牛、水牛均以30mg/kg体重1次口服，限量黄牛为300kg，水牛为400kg，山羊以20mg/kg体重1次口服。该药安全性好，使用方便，无特殊禁忌证。

项目四　歧腔吸虫病综合防控技术

【概述】

歧腔吸虫病是由歧腔科歧腔属的矛形歧腔吸虫和中华歧腔吸虫寄生于牛羊肝脏胆管中引起的疾病。人也有感染的报道。本病分布广泛，在我国主要分布在东北、华北、西北、西南等省区。辽宁省广泛存在矛形歧腔吸虫病，对个别地区辽宁绒山羊的调查结果表明，感染率在 80% 以上，而中华歧腔吸虫病感染相对较少。根据这类吸虫的生活史及传播途径，其防控重点为"养"与"治"，尽可能配合防，消灭其中间宿主。

【任务分析】

掌握歧腔吸虫的生活史；认识中间宿主；掌握消灭外界虫卵和幼虫的最佳时机；认识灭虫杀卵的药物，并掌握使用方法；学会定期药物驱虫；学会设计与实施灭吸虫方案；掌握吸虫病的综合防控技术。

【知识点】

1）歧腔吸虫生活史：歧腔吸虫在其发育过程中，需要两个中间宿主参加，第一中间宿主为陆地螺（蜗牛），第二中间宿主为蚂蚁。虫卵随终末宿主的粪便排出体外，被第一中间宿主蜗牛吞食后，在其体内孵出毛蚴，进而发育为母胞蚴、子胞蚴和尾蚴。在蜗牛体内的发育期为 82～150d。尾蚴从子胞蚴的产孔逸出后，移行至螺的呼吸腔，在此，每数十个至数百个尾蚴集中在一起形成尾蚴群囊，外被覆黏性物质成为黏球，从螺的呼吸腔排出，粘在植物或其他物体上。当含尾蚴的黏球被第二中间宿主蚂蚁吞食后，尾蚴在其体内形成囊蚴。牛、羊等吃草时吞食了含囊蚴的蚂蚁而感染。囊蚴在终末宿主的肠内脱囊，由十二指肠经胆总管到达肝脏胆管内寄生，需 72～85d 发育为成虫，成虫在宿主体内可存活 6 年以上。

2）阔盘吸虫生活史：阔盘吸虫的生活史要经过虫卵、毛蚴、母胞蚴、子胞蚴、尾蚴、囊蚴（后尾蚴）、童虫及成虫各个阶段。成虫寄生在宿主的胰管中，虫卵随胰液到消化道后随粪便排出。虫卵被陆地蜗牛吞食后，在蜗牛靠近内脏团的上段肠管中孵出毛蚴。毛蚴穿过肠壁到达肠结缔组织中发育形成母胞蚴，后产生子胞蚴和尾蚴。包裹着尾蚴的成熟子胞蚴离开原来母胞蚴着生的部位上行到蜗牛的气室，经呼吸孔排出到外界。从蜗牛吞食虫卵到排出成熟子胞蚴（内含百余个短球尾型尾蚴），在 25～32℃ 条件下需 5～6个月。成熟子胞蚴被第二中间宿主草螽或针蟀吞食，其内的尾蚴便在体内脱去球尾，穿过胃壁到达血腔中形成囊蚴。山羊等动物吃草时吞食含有成熟囊蚴的草螽或针蟀而感染，特别在深秋季节，昆虫类的活跃能力降低时更易被羊只吞食。当囊蚴到达十二指肠，由于胰酶的作用，囊壁溶解，童虫逸出，并进入胰管中发育为成虫。阔盘吸虫的整个发育时间较长，从毛蚴进入蜗牛体内到成熟的子胞蚴排出需半年至 1 年；童虫进入终末宿主胰管中至发育为成虫约需 100d。故整个生活史共需 10～16 个月才能完成。

【器材准备】

选择歧腔吸虫病临床症状较典型的养殖场进行实际操作；准备各种驱虫药物；临床检查所需的听诊器、体温计、便携式 B 超仪、样品及容器；三目体视显微镜、三目生物显微镜；手套、盆、三角瓶、烧杯、塑料袋、记号笔、小桶等。

【操作程序】

1. 养 加强饲养管理，搞好厩舍卫生及周围的清洁卫生，对粪便应进行堆肥发酵处理；歧腔吸虫的终宿主以放牧的草食动物为主，对放牧时的粪便管理较为困难，但对于厩舍和系留地的粪便、褥草等应尽可能做灭卵处理。歧腔吸虫的抵抗力极强，50℃下一昼夜不死，-23℃下也难以杀死，甚至可耐-50℃低温。因此，一定要进行完善的发酵处理，使之产生70℃左右高温并保持相当时日方达到理想效果。

2. 防　采用生物灭螺，消灭第一中间宿主。家禽喜食蜗牛，而歧腔吸虫对家禽无感染性，因此，可在中间宿主密集处有计划放养家禽。

3. 治

1）吡喹酮：40mg/kg体重剂量口服，对歧腔吸虫的驱虫率达到88.5%～100%。

2）丙硫咪唑：以15～20mg/kg体重口服，对歧腔吸虫的驱虫效果达98%以上。

3）海托林：牛按40mg/kg体重、羊50mg/kg体重一次口服，对歧腔吸虫有效。

对阔盘吸虫的防控，基本与歧腔吸虫相同，用吡喹酮50mg/kg体重驱虫，可基本驱净。

项目五　并殖吸虫病综合防控技术

【概述】

并殖吸虫属扁形动物门吸虫纲复殖目并殖科。寄生于犬、猫、人及多种动物的肺组织内。该虫主要分布于东亚及东南亚诸国。在我国的东北、华北、华南、中南、西南等地区的18个省（自治区、直辖市）均有报道，是一种重要的人兽共患寄生虫病。

【任务分析】

掌握并殖吸虫的生活史；认识中间宿主；掌握消灭外界虫卵和幼虫的最佳时机；认识灭虫杀卵的药物，并掌握使用方法；学会定期药物驱虫；学会设计与实施灭吸虫方案；掌握吸虫病的综合防控技术。

【知识点】

并殖吸虫生活史：并殖吸虫生活史过程包括卵、毛蚴、胞蚴、母雷蚴、子雷蚴、尾蚴、囊蚴（脱囊后称后尾蚴）、童虫及成虫等阶段。成虫主要寄生于肺，所形成的虫囊往往与支气管相通，虫卵经气管随痰或吞入后随粪便排出。卵入水后，在适宜条件下约经3周发育成熟并孵出毛蚴。毛蚴在水中活动，如遇川卷螺，则侵入并发育，经过胞蚴、母雷蚴、子雷蚴的发育和无性增殖阶段，最后形成许多具有小球形尾的短尾蚴。成熟的尾蚴从螺体逸出后，侵入淡水蟹或蝲蛄，或随螺体一起被吞食而进入第二中间宿主体内。在蟹和蝲蛄肌肉、内脏或腮上形成球形或近球形囊蚴。人吃了含有囊蚴的淡水蟹或蝲蛄而感染。

【器材准备】

选择并殖吸虫病临床症状较典型的养殖场进行实际操作；准备各种驱虫药物；临床检查所需的听诊器、体温计、便携式B超仪、样品及容器；三目体视显微镜、三目生物显微镜；手套、盆、三角瓶、烧杯、塑料袋、记号笔、小桶等。

【操作程序】

1. 养

1）加强饲养管理，注意营养平衡。在疫区特别注意动物性饲料来源的选择和处理。避免食用生虾、生蟹、生蝲蛄，避免用有污染可能的溪水喂犬、猫、猪及观赏动物。

2）对流行区内的人畜粪便要严格管理；猪实行圈养；防止犬、猫到溪边野外散播粪便。开展卫生知识教育，不食用未煮熟的鱼、虾、蟹和未腌透的腌制品，不饮生水。

2. 治

1）硝氯酚（niclolanun）：治疗人肺吸虫病有良好效果，以 2～3mg/kg 体重剂量，一次口服即可治愈。但该药对动物的安全指数小，应严格控制剂量，在治疗过程中应该密切关注不良反应。

2）硫双二氯酚：长程疗法以每天 50mg/kg 体重剂量，分 3 次口服，隔天服药，共服 15～20d，对人的并殖吸虫亦可获满意效果。

3）吡喹酮：15mg/kg 体重剂量一次口服，每天 3 次，连服 2d，总剂量 90mg/kg 体重，对人的并殖吸虫可获一定效果。

项目六　华支睾吸虫病综合防控技术

【概述】

华支睾吸虫病是由后睾科支睾属华支睾吸虫寄生于人、狗、猫、猪及其他一些野生动物的肝脏胆管和胆囊内所引起，虫体寄生可使肝肿大并导致其他肝病变，是一种重要的人兽共患病。主要分布于东南亚诸国，在我国流行极为广泛。

【任务分析】

掌握华支睾吸虫的生活史；认识中间宿主；掌握消灭外界虫卵和幼虫的最佳时机；认识灭虫杀卵的药物，并掌握使用方法；学会定期药物驱虫；学会设计与实施灭吸虫方案；掌握吸虫病的综合防控技术。

【知识点】

华支睾吸虫生活史：受精卵由虫体排出后，到人（或猫、狗）的胆管或胆囊里，经总胆管进入小肠，然后随人（或猫、狗）的粪便排出体外。虫卵产出后便已成熟，里面含有毛蚴。虫卵只有掉入水中，被第一中间宿主（纹沼螺、中华沼螺、长角沼螺等）吞食后，毛蚴即在螺的小肠或直肠内从卵中逸出，穿过肠壁变成胞蚴，大部分的胞蚴不久即移往直肠的淋巴间隙，并在该处继续发育。在胞蚴中的许多胚细胞团形成雷蚴，它们大部分移往肝间隙，其余移往直肠、胃及鳃的淋巴间隙。在感染后的第23天，雷蚴体内的胚细胞团逐渐发育成尾蚴。尾蚴成熟后自螺体逸出，在水中可活1～2d，游动时如遇第二中间宿主，某些淡水鱼或虾则侵入其体内，在宿主体内脱去尾部形成囊蚴。囊蚴椭圆形，排泄囊颇大，无眼点，大多数囊蚴寄生在鱼的肌肉中，也可在皮肤、鳍部及鳞片上。囊蚴是感染期，人或动物吃了未煮熟或生的含有囊蚴的鱼、虾而感染。囊蚴在十二指肠内，囊壁被胃液及胰蛋白酶消化，幼虫逸出，经寄主的总胆管移到肝胆管发育成长，一个月后成长为成虫并开始产卵。因此，人和猫、狗是华支睾吸虫的终末寄主。

【操作程序】

见本任务项目五并殖吸虫病综合防控技术。

【注意事项】

华支睾吸虫病综合防控措施与并殖吸虫相同。所用的驱虫药，吡喹酮为首选，猫、狗按 10～15mg/kg 体重剂量，一次口服，可获良效。六氯酚 20mg/kg 体重剂量口服，硫双二氯酚 80～100mg/kg 体重剂量内服，均有良好效果。

项目七　前殖吸虫病综合防控技术

【概述】

前殖吸虫病是由前殖科（Prosthogonimidae）前殖属（*Prosthogonimus*）的多种吸虫寄生于鸡、鸭、鹅等禽类和鸟类的直肠、泄殖腔、腔上囊和输卵管内引起的，常导致母禽产蛋异常，甚至死亡。

【任务分析】

掌握前殖吸虫的生活史，认识中间宿主；掌握消灭外界虫卵和幼虫的最佳时机；认识灭虫杀卵的药物，并掌握使用方法；学会定期药物驱虫；学会设计与实施灭吸虫方案，掌握吸虫病的综合防控技术。

【知识点】

前殖吸虫生活史：前殖吸虫的生活史需要两个中间宿主，第一中间宿主是淡水螺；第二中间宿主是蜻蜓的幼虫和成虫。成虫在寄生部位产卵后，虫卵随粪便进入水内被淡水螺吞食，依次发育为毛蚴、胞蚴和尾蚴，尾蚴自螺体内逸出在水中进入蜻蜓幼虫，并发育成囊蚴，囊蚴在蜻蜓幼虫或成虫体内长期保持活力，当鸡摄食了蜻蜓幼虫或成虫，囊蚴即进入鸡体内并发育成童虫，童虫运行到泄殖腔、输卵管及法氏囊等处寄生，并发育成成虫。

【器材准备】

选择前殖吸虫病临床症状较典型的养殖场进行实际操作；准备各种驱虫药物；临床检查所需的听诊器、体温计、便携式 B 超仪、样品集容器；三目体视显微镜、三目生物显微镜；手套、盆、三角瓶、烧杯、塑料袋、记号笔、小桶等。

【操作程序】

1. 预防　预防本病首先应消灭中间宿主淡水螺。对主要孳生地如沼泽和低洼地区用硫酸铜、氯硝柳胺等进行灭螺，但鱼塘应禁用氯硝柳胺。再者应在蜻蜓出现的季节防止鸡群啄食蜻蜓及其幼虫。禁止鸡在清晨、傍晚以及雨后到池塘边采食，此时蜻蜓幼虫多在水边，成虫多落地栖息。

2. 治疗

1）四氯化碳用量每只鸡 2～3ml，用小胃管和注射器投服。也可与等量植物油混合后嗉囊注射，或用 4ml 混入面团投服，连用 3d。

2）吡喹酮每千克体重 60mg，一次口服。

3）丙硫苯咪唑每千克体重 100mg，一次口服。

项目八　前后盘吸虫病综合防控技术

【概述】

前后盘吸虫病是由前后盘科的各属吸虫寄生于牛、羊等反刍动物的瘤胃和胆管壁上，童虫在移行过程中寄生于真胃、小肠、胆囊所引起的一种寄生虫病。前后盘吸虫的分布遍及全国各地，在南方的牛只都有不同程度的感染，感染率和感染强度往往都很高，有的虫体可达万个以上。

【任务分析】

掌握前后盘吸虫的生活史；认识中间宿主；掌握消灭外界虫卵和幼虫的最佳时机；认识灭虫杀卵的药物，并掌握使用方法；学会定期药物驱虫；学会设计与实施灭吸虫方案；掌握吸虫病的综合防控技术。

【知识点】

前后盘吸虫生活史：前后盘吸虫的发育史与肝片吸虫相似。成虫在终末宿主的瘤胃内产卵，虫卵进入肠道随粪便排出体外。虫卵在外界适宜的温度（26～30℃）下，发育成为毛蚴，毛蚴孵出后进入水中，遇到中间宿主淡水螺而钻入其体内，发育成为胞蚴、雷蚴、尾蚴。尾蚴具有前后吸盘和一对眼点。尾蚴离开螺体后附着在水草上形成囊蚴。牛、羊吞食含有囊蚴的水草而受感染。囊蚴到达肠道后，童虫从囊内游出，在小肠、胆管、胆囊和真胃内寄生并移行，经过数十天，最后到达瘤胃，逐渐发育为成虫。

【器材准备】

选择前后盘吸虫病临床症状较典型的养殖场进行实际操作；准备各种驱虫药物；临床检查所需的听诊器、体温计、便携式 B 超仪、样品及容器；三目体视显微镜、三目生物显微镜；手套、盆、三角瓶、烧杯、塑料袋、记号笔、小桶等。

【操作程序】

1. 预防　见本任务项目一片形吸虫病综合防控技术。

2. 治疗

（1）氯硝柳胺（灭绦灵）　该药对驱童虫疗效良好。剂量按每千克体重 75～80mg，口服。

（2）硫双二氯酚　驱成虫疗效显著，驱童虫亦有较好的效果。剂量按每千克体重80～100mg，口服。

（3）溴羟替苯胺　　驱成虫、童虫均有较好的疗效。剂量按每千克体重65mg，制成悬浮液，灌服。

任务二　绦虫病综合防控技术

【概述】

绦虫病是由扁形动物门绦虫纲的多节绦虫亚纲所属的各种类型的寄生性绦虫寄生于脊椎动物的消化道内而引起的一类蠕虫病的总称。绦虫也叫带虫，属扁形动物门（Platyhelminthes）绦虫纲（Cestoda）多节绦虫亚纲。在本亚纲所属的目中只有圆叶目和假叶目绦虫对畜禽和人具有感染性。绦虫的幼虫和成虫均可致畜禽和人类患病，主要绦虫病有：棘球蚴病、莫尼茨绦虫病、细颈囊尾蚴病、猪囊尾蚴病、伪裸头绦虫病、膜壳绦虫病、戴文绦虫病、脑多头蚴病、犬猫绦虫病、兔绦虫病、马裸头绦虫病、曲子宫绦虫病、无卵黄腺绦虫病等。绦虫病危害最重的是蚴病，病原多为带科绦虫的囊尾蚴，多寄生在脏器实质内，而成虫多寄生在肠道内。

【任务分析】

清楚了解绦虫的生活史；掌握消灭外界虫卵和幼虫的最佳时机；认识灭虫杀卵的药物，并掌握使用方法；学会定期药物驱虫；学会设计与实施灭吸虫方案；掌握绦虫病的综合防控技术。

【知识拓展】

1. 绦虫的宿主　　绦虫成虫一般寄生于脊椎动物的消化道内，也有寄生于某些无脊椎动物和各类脊椎动物，如人、家畜和鱼及其他野生动物的肝脏、肌肉内，只有个别的绦虫，如核叶目（Caryophyllidea）的原始绦虫的成虫和幼虫是寄生于同一种类的淡水寡毛类的体内。绦虫的幼虫期需要一个或多个中间宿主，这些中间宿主的种类十分广泛，包括无脊椎动物和脊椎动物。无脊椎动物中间宿主主要是环形动物类（annelids）、软体动物类（mollusca）、甲壳类（crustaceans）、昆虫类（insecta）和螨虫类（mites）等。脊椎动物包括野生动物、水生动物、各种家畜家禽和人类。

在其寄生的过程中，有的绦虫只有一个宿主，有的除终末宿主外还需1～2个中间宿主。在中间宿主的各期称为中绦期。

绦虫的终末宿主与中间宿主之间常常表现为捕食与被捕食的关系。

2. 绦虫中绦期阶段分类

（1）圆叶目绦虫中绦期　　囊尾蚴、似囊尾蚴、多头蚴、棘球蚴、细颈囊尾蚴、链尾蚴。

（2）假叶目绦虫中绦期　　原尾蚴和实尾蚴。

3. 绦虫的生长期　　一般都要经过以下生长期。

（1）虫卵期　　绦虫的虫卵分假叶目虫卵和圆叶目虫卵两种类型。假叶目虫卵一般在外界适宜环境的水中，经过一段时期的发育，虫卵形成钩球蚴，成熟的钩球蚴破盖而逸出水中。圆叶目虫卵在成虫的子宫内则已提前发育，受精卵分裂为大、小型胚细胞，大型胚细胞发育过程中消耗萎缩，小型胚细胞发育成熟为六钩蚴。

（2）幼虫期 虫卵发育成的钩球蚴在水中被中间宿主吞食后，钩球蚴外周纤毛板迅速脱落，六钩蚴逸出并穿过肠壁，进入宿主的体腔，经一段时间发育成原尾蚴。原尾蚴被第二宿主吞食后发育为实尾蚴。实尾蚴被终宿主吞食后在消化道内发为成虫。

（3）成虫期 绦虫蚴进入终末宿主的消化道后，宿主的肠消化酶能消耗绦虫蚴的外囊，因而头节得以伸出囊外并吸附在肠壁上发育为成虫。

4. 几中常见绦虫的生活史

（1）细粒棘球绦虫 中间宿主为人，以及牛、羊和骆驼等食草动物，终末宿主为犬、狼、狐狸等食肉动物。幼虫（棘球蚴）可引起中间宿主严重的棘球蚴病。成虫寄生于终末宿主犬科动物的小肠内，以顶突上的小钩和吸盘固着于肠黏膜上，虫卵和孕节随宿主的粪便排出体外，若被中间宿主牛、羊、人等误食沾染虫卵或孕节的草或蔬菜就会感染患病。虫卵内的六钩蚴在消化道内孵化、逸出，钻入肠壁，随着血液或淋巴散布到身体各处，以肝、肺最为常见。经过 3～5 个月发育成直径为 1～3cm 的棘球蚴，经过6～12 个月发育成具有感染性的棘球蚴，随着寄生时间的延长，棘球蚴不断长大，最长可达 30～40cm。如果牛、羊等中间宿主的内脏被终末宿主吞食，经 40～50d 发育成为细粒棘球蚴。终末宿主食入了含有棘球蚴的动物内脏而感染，其所含的每一个原头蚴都可以发育成一条成虫。成虫寿命 5～6 个月（图 8-1）。

图 8-1 细粒棘球蚴生活史

（2）多房棘球蚴 寄生于啮齿类动物的肝，在肝中发育很快。犬、狼、狐狸吞食含有棘球蚴的肝后，经过 30～33d 发育为成虫，成虫的寿命为 3～3.5 个月。多房棘球绦虫的棘球蚴可以不断生长产生新的子囊，从而对中间宿主的内脏器官造成巨大的破坏。

（3）扩展莫尼茨绦虫和贝氏莫尼茨绦虫　　寄生于牛、羊、驼等反刍动物的小肠内。中间宿主为地螨，有30多种地螨可作为莫尼茨绦虫的中间宿主，虫卵和孕节随终末宿主的粪便排出后，被中间宿主吞食，六钩蚴穿过中间宿主消化道，进入体腔，发育成有感染性的似囊尾蚴，牛、羊等动物吃草时吞食了含有似囊尾蚴的螨而感染，在其体内经过45～60d发育为成虫。

（4）细颈囊尾蚴　　寄生于犬、狼、狐狸、猫等食肉动物的小肠中，孕节和虫卵随其粪便排出体外后，污染饲料或水源，被中间宿主猪、牛、羊等动物吞食感染，在消化道内六钩蚴逸出，钻入肠壁，随着血液到达肝实质，再由肝实质移行到肝表面，进入腹腔，附着在肠系膜、大网膜等处，2～3个月后发育成细颈囊尾蚴。含有细颈囊尾蚴的脏器被食肉的终末宿主吞食后，细颈囊尾蚴在其小肠内翻出头节，附着在肠壁上，经约51d发育为成虫，成虫在小肠内可存活1年。

（5）猪带绦虫　　人类是其终末宿主。成虫寄生于人的小肠，受精后每个孕节片含多达4万个具胚体的卵，其孕节不断脱落并随着人的粪便排出体外或自动从宿主肛门爬出，随宿主粪便排出的孕节或虫卵有明显的活力，在外界可存活数周之久，污染地面、饲草饲料或饮水。中间宿主如被犬、骆驼、猪、猴或人（可作为猪带绦虫的中间宿主）等吞食后，在其小肠内受消化液的作用，虫胚膜溶解，六钩蚴孵出，幼虫钻入肠黏膜的血管和淋巴管内，随着血液或淋巴液被带到机体各组织器官中。主要寄生在横纹肌内发育，一般多在肌肉中逐渐形成一个充满液体的囊泡体，之后囊上出现凹陷，并在此处形成头节，长出吸盘和顶突，经60～70d发育成成熟的囊尾蚴。囊尾蚴为卵圆形、乳白色、半透明的囊泡，头节凹陷在泡内，可见有小钩及吸盘。此种具囊尾蚴的肉俗称为米糁肉或豆肉。当猪的这种米糁肉被人吃了后，如果肉中的囊尾蚴未被杀死，那么活囊尾蚴在胃肠消化液作用下，在十二指肠中其头节自囊内翻出，以其吸盘和小钩固定在肠黏膜上发育，从颈节不断长出体节。经2～3个月后发育成熟。成虫寿命较长，猪带绦虫可在人体内寄生数年，有的可活25年以上，其间不断向外排出孕节，成为囊尾蚴病的感染源。

人感染猪囊尾蚴：一是食入被虫卵污染的食物如生的或半生的含有囊尾蚴的猪肉；二是猪带绦虫患者自身感染。患者肠逆蠕动时，如呕吐时，孕节随着肠内容物进入胃，其后果与食入大量虫卵一样，在胃液作用下，六钩蚴逸出，进入血液，再到机体各组织器官发育成囊尾蚴。此外，人误食猪带绦虫虫卵，也可在肌肉、皮下、脑、眼等部位发育成囊尾蚴。由此可知，人不仅是猪带绦虫的终末宿主，也可成为中间宿主。

（6）牛带绦虫　　牛带绦虫的生活史与猪带绦虫极为相似，只是中间宿主为牛，人是其唯一的终末宿主，成虫寄生于人小肠中。孕节能自动地爬出肛门，或随着粪便排出；节片内的虫卵随着节片被破坏，散落于粪便中。虫卵在外界可存活数周之久。虫卵散出，污染饲料、饮水及牧场，中间宿主牛食入虫卵后，受消化液的作用，胚膜溶解，六钩蚴孵出，利用其小钩钻入肠壁，经血流或淋巴流带至全身各部，随着血流到达牛的横纹肌如心肌、肌、嚼肌等各部分肌肉中，经10～12周发育为成熟的囊尾蚴。人食用生的或未煮熟含有囊尾蚴的牛肉后，进入小肠经2～3个月发育为成虫。

（7）多钩槽绦虫生活史　　宽节双叶槽绦虫成虫体长2～12m，最宽达20mm。为绦虫中最大的一种。发育过程需要两个中间宿主：第一中间宿主为剑水蚤；第二中间宿主为鱼。人以及犬科、猫科动物食入含有裂头蚴的生鱼或未熟的鱼而感染，感染后经5～6周发育为成虫。感染的人、犬、猫等的粪便污染水源后，剑水蚤感染，而后蚤类又被鱼吞食感染发育成裂头蚴。

（8）柯氏伪裸头绦虫　中间宿主为鞘翅目的赤拟谷盗等昆虫。这些昆虫大多为贮粮害虫，在米、面、糠麸等堆积处滋生。虫卵被中间宿主采食后，经27～31d，六钩蚴在中间宿主的血腔内发育为似囊尾蚴。人、猪等终末宿主误食后引起感染，在肠道内，似囊尾蚴约经过30d可发育为成虫。

（9）膜壳绦虫　膜壳绦虫有膜壳科剑带属的矛形剑带绦虫、皱褶属的片形皱褶绦虫及膜壳属鸡膜壳绦虫和冠状膜壳绦虫。矛形剑带绦虫的中间宿主为剑水蚤；片形皱褶绦虫的中间宿主为镖水蚤、剑水蚤等；鸡膜壳绦虫中间宿主为食粪便的甲虫和刺蝇；冠状膜壳绦虫的中间宿主为甲壳类和螺类。寄生于禽肠道中的成熟虫体定期脱落孕卵节片，孕节和虫卵随着宿主粪便排出体外，散出的虫卵被中间宿主吞食后，在其体内发育为成熟的似囊尾蚴。禽食入了含似囊尾蚴的中间宿主，似囊尾蚴释出，伸出了头节，借助于附着器官固着于肠黏膜上，发育为成虫。

（10）戴文绦虫　由戴文科赖利属和戴文属的绦虫组成。戴文科赖利属有棘沟赖利绦虫、四角赖利绦虫和有轮赖利绦虫。四角赖利绦虫和棘沟赖利绦虫，蚂蚁为其中间宿主；有轮赖利绦虫的中间宿主为金龟子、蝇类等昆虫。

成虫寄生在小肠，孕节脱落后随着粪便排出，节片在外界破裂，虫卵逸出，四处散播。当虫卵被蚂蚁等中间宿主吞食后，在其体内经2周发育为似囊尾蚴。禽食带有似囊尾蚴的中间宿主而感染。中间宿主被禽消化后，逸出的似囊尾进入小肠，以吸盘和顶突固着于小肠壁上，经2～3周发育为成虫。

戴文科戴文属的节片戴文绦虫，成虫寄生于鸡、鹌鹑、鸽等十二指肠内，孕节随着粪便排出体外，虫卵被陆地蜗牛和蛞蝓等中间宿主吞食。在温暖条件下经3周发育为成熟的似囊尾蚴。鸡食入蛞蝓或蜗牛后，似囊尾在鸡十二指肠约经2周即可发育为成虫并排出孕节和虫卵。

（11）多头带绦虫　寄生于犬科动物的有3种：①多头多头绦虫，其幼虫为脑多头蚴，以绵羊、山羊、黄牛、驼等为中间宿主。②连续多头绦虫，其幼虫为连续多头蚴，中间宿主为兔、松鼠等啮齿类。③斯氏多头绦虫，其幼虫为斯氏多头蚴，寄生于羊、骆驼的肌肉、皮下、胸腔与食管等，也有的寄生在心脏与骨胳肌。寄生在终末宿主体内的成虫，其孕节和虫卵随着宿主粪便排出体外，牛、羊等中间宿主食入虫卵后，六钩蚴在消化道逸出，并钻入肠黏膜血管内，随着血流被带到脑脊髓中，经过2～3个月发育为多头蚴。随着血液到其他器官或部位的六钩蚴则不能继续发育而迅速死亡。含有多头蚴的病畜脑脊髓被食肉的终末宿主犬、狼、狐狸、猫等吞食后，原头蚴附着在小肠壁上逐渐发育，经41～73d发育成熟。成虫在犬小肠中可生存数年。

（12）其他犬、猫绦虫　寄生于犬、猫小肠的绦虫种类很多：①犬复孔绦虫，中间宿主是犬、猫蚤和犬虱。孕节自犬、猫的肛门逸出或随着粪便排出体外，破裂后，虫卵散出，被蚤类食入，在其体内发育成为似囊尾蚴。犬、猫咬食蚤、虱而感染，经3周后发育为成虫。儿童也可因与犬、猫密切地接触或误食蚤、虱而感染。②泡状带绦虫，猪、牛、羊、鹿等为其中间宿主，其幼虫为细颈囊尾蚴。③中线绦虫，寄生于犬、猫的小肠，人偶有寄生。第一中间宿主为地螨，在其体内发育成似囊尾蚴；第二中间宿主为各种啮齿类、禽类、爬虫类和两栖类动物，它们吞食了似囊尾蚴的地螨后，在其体内发育为长1～2cm、具有4个吸盘的四盘蚴，这些中间宿主体内的四盘蚴被终末宿主吞食后，在其小肠内发育为成虫。④曼氏迭宫绦虫，成虫长达40～60cm，寄生在犬科、猫科等肉食动物的小肠内。发育过程需要两个中间宿主：第一中间宿主为剑水蚤，在其体内发育成原尾蚴；第二中间宿主为蛙类（蛇类、鸟类、鱼类、人可作为转续宿主），在其体内发育成裂头蚴。目前也有猪为第二中间宿主的报道。犬科、猫科动物等中间宿主吞食含有裂头蚴的第二中间宿主后，裂头蚴在其小肠发育为成虫。

【器材准备】

解剖镜、显微镜、手套、盆（或桶、玻皿）、载玻片、镊子、盖玻片、三角瓶、烧杯、塑料袋、记号笔、小桶等。

【操作程序】

1. 预防措施

1）护理幼畜、改善畜禽营养条件，提高其自身的抗病能力。

2）加强犬、猫的饲养管理，定期对宿主体检，及时将感染者隔离，加以调教使其定点排粪便，并及时将粪便和垫草进行无害化处理。

2. 药物防治

1）正确选择药物。

2）选定投药方式。

3）在流行区域内，对人和动物进行定期检查和驱虫，以消灭病原体。

3. 常用药物

（1）氯硝柳胺（灭绦灵）　对绵羊和山羊的绦虫以及移行在真胃和小肠中的前后盘吸虫的童虫均有效。对马和牛的绦虫也有作用。用药后1～3h排出虫体。羊对本药的耐药性高，曾给予5～10倍治疗量而不中毒。用药浓度（0.2～0.5μg/ml），能杀死钉螺和钉螺卵，药效较五氯酚钠高10倍。用量牛按每1kg体重60～70mg；绵羊、山羊按每1kg体重75～80mg；马按每1kg体重200～300mg；鸡每1kg体重50～60mg；狗每1kg体重100～125mg，口服。感染有细棘球蚴的狗，可投服4倍的治疗量。口服不吸收，在肠中保持高浓度，可杀死绦虫的头节和体节前段，不良反应轻微。服时将药片充分咬碎后吞下，尽量少饮水以使药物在十二指肠上部达到较高浓度。

（2）硫双二氯酚（别丁）　犬、猫、家禽抗绦虫药，对牛、羊绦虫和胃吸虫有良好的驱虫作用。对肝片吸虫、前后盘吸虫、鸡绦虫及羊莫尼茨绦虫有驱杀作用。其作用机制为阻止腺苷三磷酸的合成，从而导致虫体的能量代谢障碍。毒性较低，应用治疗量不引起毒性反应，剂量增高可出现食欲减退、拉稀等症状，黄牛较水牛敏感。每1kg体重100mg的剂量时，出现较严重的中毒反应（精神沉郁、停食、反刍停止），一般不经处理可逐渐恢复。

可将药品与适量乙醇溶解后加水制成悬浮液灌服，或与精料混合成丸剂投服，亦可将药物拌入饲料内喂服。鸡驱虫时用片剂。牛的剂量为每 1kg 体重 40～60mg；羊每 1kg 体重 80～100mg；马每 1kg 体重 10～20mg；鸡每 1kg 体重 150～200mg；猪每 1kg 体重 80～100mg；狗每 1kg 体重 100mg。

（3）丙硫咪唑　可以用于驱杀棘球原头虫、猪囊尾蚴、似囊尾蚴、戴文绦虫、带绦虫等。

（4）吡喹酮、伊喹酮　治疗囊虫病及绦虫病均有效，驱绦虫的剂量为 10～15mg/kg 体重，顿服。治疗脑囊虫的剂量为每日 20mg/kg 体重，分 3 次服，9 日为一疗程，疗程间隔 3～4 个月。

（5）氢溴酸槟榔碱　常用作犬细粒棘球虫的驱虫药，也用于禽绦虫。槟榔与南瓜子对绦虫有麻痹作用而达驱虫目的。驱猪绦虫，35% 槟榔煎剂 60～120ml 清晨顿服；驱牛绦虫，先服炒熟去皮南瓜子 30～60g，2h 后服上述剂量的槟榔煎剂。一般于服药后 3h 内有完整的虫体排出。

（6）盐酸丁萘脒、羟萘酸丁萘脒　盐酸丁萘脒对犬、猫绦虫具有杀灭作用，而羟萘酸丁萘脒主要用于羊的莫尼茨绦虫病。鸡内服 400mg/kg 体重量羟萘酸丁萘脒，对鸡赖利绦虫灭活率达 94%，且无毒性反应。萘脒的杀绦虫作用可能与抑制虫体对葡萄糖摄取及使绦虫外皮破裂有关。由于丁萘脒具有杀绦虫作用，死亡的虫体通常在宿主肠道内已被消化，因而粪便中不再出现虫体。但当绦虫头节在寄生部位为黏液覆盖（患肠道疾病时）而受保护时，则影响药效而不能驱除头节，使疗效降低。此外，本品对动物无致泻作用。

【操作注意事项及常见错误分析】

1）禁止用中间宿主的畜禽内脏、生鱼、蛙等作为饲料喂犬、猫，人不能将有污染可能的生鲜蔬菜、瓜、果和未熟的牛肉、猪肉及生鱼片等作为食品。

2）粪便处理。贮粪场应远离水源、河道和池塘，防止粪便中的虫卵流入水源内。

3）用药注意事项：①盐酸丁萘脒适口性差，加之犬饱食后影响驱虫效果，因此，用药前应禁食 3～4h，用药后 3h 进食。②盐酸丁萘脒片剂，不可捣碎或溶于液体中，因为药物除对口腔有刺激性外，并因广泛接触口腔黏膜使吸收加速，甚至中毒。③肝病患犬禁用，盐酸丁萘脒对犬的肝有损害作用，并能引起胃肠道反应，但多数能耐受。④丁萘脒致死的主要原因是心室纤维性颤动，因此，用药后的军犬和牧羊犬应避免剧烈运动。

【结果可靠性确认】

通过对比驱虫前后的各项检测结果，来评定驱虫效果。评定项目如下。

1）发病率和死亡率：对比驱虫前后的发病率和死亡率。

2）营养状况：对比驱虫前后营养状况的变化。

3）临床表现：对比驱虫前后临床症状减轻与消失的情况。

4）生产能力：对比驱虫前后的生产性能。

5）寄生虫情况：通过虫卵减少率、虫卵转阴率和驱虫率来确定，必要时进行剖检计算粗计和精计驱虫效果。

任务三 线虫病综合防控技术

【概述】

畜禽线虫病是由寄生于畜禽的多种线虫引起的一类疾病。线虫不仅是家畜、家禽等动物和人体的病原，而且无数线虫还是农作物及各种经济作物的病虫害，带来经济上的巨大损失。线虫病无论在病原种类数量、危害的广度和深度方面都超过其他蠕虫病。据报道，几乎没有一头家畜没有线虫寄生，也几乎没有一种脏器和组织不被线虫寄生。家畜、家禽体内通常不只寄生一种，也不是只寄生几条线虫，常常是几种线虫混合寄生，寄生数量成百上千，线虫不仅在成年禽畜、幼畜幼禽体内寄生，也可让家畜在胚胎期通过胎盘感染，给畜牧业生产造成极大的危害和经济损失。

项目一 直接发育型线虫病综合防控技术

【概述】

这类线虫主要包括蛔科、弓首科、禽蛔科、尖尾科、异刺科、比翼科、鞭虫科、毛细科等。下面以猪和禽蛔虫为例，具体叙述对这类寄生虫的综合防制。

【任务分析】

掌握直接发育型线虫的生活史；掌握消灭外界虫卵和幼虫的最佳时机；认识灭虫杀卵的药物，并掌握使用方法；学会定期药物驱虫；学会设计与实施灭线虫方案；掌握线虫病的综合防控技术。

【知识拓展】

线虫的生活史：线虫由卵孵化出幼虫，幼虫发育为成虫后，大多数需通过两性交配后产卵，完成一个发育循环，即线虫的生活史。线虫的生活史很简单，卵孵化出来的幼虫形态与成虫大致相似。所不同的是生殖系统尚未发育或未充分发育。幼虫发育到一定阶段就蜕皮一次，蜕去原来的角质膜而形成新的角质膜，蜕化后的幼虫大于原来的幼虫。每蜕化一次，线虫就增加一个龄期。线虫的幼虫一般有4个龄期。垫刃目线虫的第一龄幼虫是在卵内发育的，所以从卵内孵化出来的幼虫已是第二龄幼虫（开始侵染寄主，也称侵染性幼虫）。经过最后一次的蜕化形成成虫，这时雌虫和雄虫在形态上已明显不同，生殖系统已充分发育，性器官容易观察。有些线虫的成熟雌虫的虫体膨大。有的线虫在发育过程中，雌虫和雄虫的幼虫在形态上已经有一定的差异。雌虫经过交配后产卵，雄虫交配后死亡。有些线虫的雄虫可以不经与雌虫交配也能产卵繁殖，这种生殖方式称孤雌生殖。在一些定居性的植物寄生线虫（如包囊类线虫和根结线虫等）的生活史中，在寄主植物的营养条件和环境条件适宜时，往往进行孤雌生殖。因此，在线虫的生活史中，一些线虫的雄虫是起作用的，有的似乎不起作用或作用还不清楚。在环境条件适宜的情况下，大多数植物病原线虫完成一个世代一般只需要3~4周，如温度低或其他条件不合适，则所需时间要长一些。线虫在一个生长季节里大多可以发生若干代，发生的代数因线虫种类、环境条件和危害方式而不同。不同线虫种类的生活史长短差异很大，如小麦粒线虫一年完成一代，而一些长针类线虫完成一代所需时间超过一年（图8-2）。

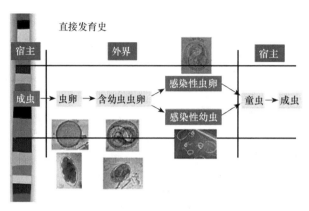

图8-2　线虫直接发育史

【器材准备】

解剖镜、显微镜、手套、盆（或桶、玻皿）、载玻片、镊子、盖玻片、三角瓶、烧杯、塑料袋、记号笔、小桶等。

【操作程序】

以猪和禽蛔虫为例，具体叙述对直接发育型线虫的综合控技术。

1. 猪蛔虫的综合防制　以"养"与"治"为主，"检"与"防"可灵活配合。

（1）治　①蛔虫易侵袭幼龄动物，危害严重。随其宿主年龄的增长其免疫功能也随之增强。所以，蛔虫的防制，重点是幼畜。仔猪吞食感染性虫卵至发育成熟排出虫卵为2～2.5个月，驱虫应掌握在蛔虫成熟期前进行，第1次驱虫可选定在50～60日龄经过50～60d，再进行第2次驱虫。根据驱虫效果检查，必要时对5月龄猪作最后1次驱虫。此种未成熟的蛔虫，其体内的未成熟虫卵不能继续发育为感染性虫卵，从而达到保护仔猪的健康和消灭病原体的目的。②带虫母猪，应于产前2个月进行驱虫。

（2）养　①对仔猪应保持全价饲料给以充分的维生素与矿物质，以增强体质与防御蛔虫感染的能力。②保持饲料、饮水的清洁卫生，防止被虫卵等污染。③哺乳母猪，应经常清洗乳房及相邻部位，保持洁净，防止污染虫卵，使仔猪吮乳时免遭感染。④保持圈舍、运动场地的清洁卫生，把每天清扫的粪便、垫料运至固定贮粪场，进行堆肥发酵或作沼气原料，利用生物热杀灭虫卵。

2. 禽蛔虫的综合防制　对禽蛔虫的防制重点也为"养"与"治"，其综合防制措施如下：①在蛔虫流行的鸡场，成年鸡多为带虫者，故雏鸡与成鸡分开饲养。②在饲料中配合足够的维生素A和维生素B，有适当比例的动物性饲料，以增强抵抗力。③饲槽、用具和鸡舍地面等，每隔10～15d用热碱水消毒1次。④进行有计划地定期驱虫。在雏鸡1月龄时进行第1次驱虫，以驱除肠道内未成熟的虫体，防止虫卵扩散污染饲养场地，以后，每次更换肉鸡群时均在 1 月龄时实行抽查。对蛋鸡群或种鸡群，可每隔 3～4 个月进行定期检查，及时驱虫。⑤药物预防。在雏鸡饲料中加入抗虫添加剂潮霉素 B，浓度为 6～12mg/L，有抑制虫体排卵和驱成虫作用。在整个易感期连续饲喂 8～10 周，可防制蛔虫的感染。

项目二　间接发育型线虫病综合防控技术

【概述】

这类线虫主要包括圆科、普洛勃属、圆形科、夏柏特科、钩口科、盅口科、毛圆科、裂口科、冠尾科、盘头科、网尾科等。防制这类寄生虫的感染，主要针对其生物特点，以"养"、"治"为重点，"检"与"防"灵活配合。

【任务分析】

掌握间接发育型线虫的发育过程；掌握消灭外界虫卵和幼虫的最佳时机；认识灭虫杀卵的药物，并掌握使用方法；学会定期药物驱虫；学会设计与实施灭线虫方案；掌握线虫病的综合防控技术。

【知识点】

线虫幼虫的发育（图 8-3）。

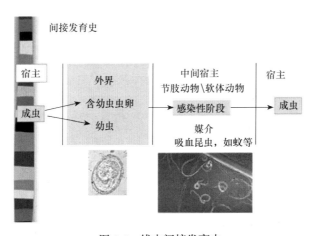

图 8-3　线虫间接发育史

（1）胚胎发育　线虫的受精卵，产出后在适当的温湿度和有氧气的环境条件中，便开始卵裂。发育过程中有桑椹期、囊胚期、原肠期、虫样期和幼虫期。

（2）胚后发育　虫卵发育为幼虫后，自由生活的线虫，幼虫自卵孵出，生活于水中或土壤中，在适当的环境里，经过生长发育，性器官成熟为成虫。

【器材准备】

解剖镜、显微镜、手套、盆（或桶、玻皿）、载玻片、镊子、盖玻片、三角瓶、烧杯、塑料袋、记号笔、小桶等。

【操作程序】

以马的圆形线虫的防控为例，概述如下。

1. 养

1）不在低洼地放牧，避食清晨露水草，不在傍晚、雨后放牧，以防止和减少摄食感染性幼虫。

2）设立卫生饮水处，禁止牲畜饮浅水坑污水。

3）加强科学饲养管理，合理搭配饲料，供给幼畜适量的维生素和矿物质等，以增强其抗病能力。舍饲、圈养期间的粪便，应作无害化处理。

4）在单位面积的草地上，载畜密度不宜过高，若能实行划区轮牧，可减少感染，净化牧场。

5）幼畜与成年畜分开放牧，以减少幼畜的感染机会。

2. 治 主要是进行有计划的定期驱虫，成年马骡每年至少于早冬晚春各驱虫1次。母马第1次驱虫最好在产驹后的1个月左右，幼驹可于感染季节进行3～5次驱虫，视情况而定。药物预防：应用低剂量的硫化二苯胺拌料，每匹马日服2g，每月连用21d。长期喂服，可抑制圆形线虫的发育，影响虫卵的受精，减少产卵量，从而减少外界环境和牧场的污染程度。

项目三　线虫病药物防控技术

【概述】

线虫病的防控主要采取环境防控和药物防控结合的办法，主要的驱虫药有丙硫咪唑、噻唑、左咪唑等。饲料添加硫代二苯胺等药物，长期喂服有一定预防效果。

【任务分析】

掌握线虫驱虫药物的驱虫方法。

【知识点】

1. 四咪唑（驱虫净） 驱虫净是一种广谱而低毒的驱虫药，它对各种家禽的线虫均有良好的驱虫效果，对猪棘头虫也有一定的驱虫作用。

（1）性状 本品为白色或微黄色结晶粉末，无臭，味苦，易溶于水，能溶于甲醇，稍溶于乙醇，性状稳定。

（2）驱虫机制 本品可抑制虫体肌肉中的琥珀酸脱氢酶活性，阻断延胡索酸盐还原为琥珀酸盐。因而影响虫体肌肉的无氧代谢，造成虫体肌肉的麻痹。

（3）作用 四咪唑对家禽的近70种寄生线虫的成虫和幼虫都有很好的驱除效果。特别对猪、牛、羊的肺线虫病有特效。

常用的兽用驱虫净有片剂和针剂两种，其剂量为：

1）牛、羊口服每1kg体重15mg，配成2%水溶液一次灌服，皮下注射为每1kg体重6～8mg，药量在10ml以下时，可一次注完，超过此量时，需分2～3处注入。

2）马口服每 1kg 体重 15mg，配成 2% 水溶液，用胃管投服，注射剂量为每 1kg 体重 5～8mg。

3）猪口服每 1kg 体重 15～20mg，可拌入饲料内投服，注射剂量为每 1kg 体重 10mg。

4）鸡口服每 1kg 体重 40mg，可直接经口服，或拌入饲料内喂服。

（4）毒性　　超过治疗量 3 倍时可引起中毒死亡。中毒症状为肌肉发抖、运动失调、拉稀及呼吸困难等。

2. 左咪唑　　左咪唑为四咪唑的左旋异构体，本品具有剂量小、疗效更高、毒性更低、驱虫迅速和不良反应轻微短暂等优点。

（1）性状　　驱虫作用及应用与四咪唑相似。本品为白色针状结晶或结晶粉末，易溶于水，性状稳定。

（2）毒性　　投服相当于驱虫净半量的左咪唑，可取得驱虫净全量的效果，而中毒剂量大体上与驱虫净相同，这就使左咪唑的安全范围较驱虫净大 1 倍，因此应用本品更为安全。动物中毒及死亡的原因在于该药激起胆碱能神经过度兴奋，使神经对肌肉及腺体（唾液腺）的支配作用失去正常的调节，导致肌肉抽搐，进而全身肌肉及呼吸肌麻痹，因此，左咪唑急性中毒时的解毒，可考虑使用抗胆碱药物，如阿托品等。

（3）用法　　牛、羊、猪口服剂量均按每 1kg 体重 8mg，溶于水灌服、混料喂服或饮水投服。

3. 甲苯咪唑（别名 5- 苯甲酰 -1- 苯并咪唑 -2- 基，氨基甲酸甲酯）

（1）性状　　无味的白色至淡黄色结晶性粉末。

（2）溶解性　　溶于甲醛、甲酸、冰醋酸和苦杏仁油，不溶于水。

甲苯咪唑为一个广谱驱肠虫药，体内或体外试验均证明能直接抑制线虫对葡萄糖的摄入，导致糖原耗竭，使它无法生存，具有显著的杀灭幼虫、抑制虫卵发育的作用，但不影响人体内血糖水平。可用于防治钩虫、蛔虫、蛲虫、鞭虫、粪类圆线虫等肠道寄生虫病。

【操作注意事项及常见错误分析】

1）少数病例可出现轻微头昏、腹泻、腹部不适，偶有蛔虫游走造成腹痛或吐蛔现象（与小剂量噻嘧啶合并应用后可避免发生），但均不影响治疗。

2）除习惯性便秘者外，不需服泻药。

3）动物试验表明本品可致畸胎，故孕妇忌用。

4）严重的不良反应多发生于剂量过大、用药时间过长、间隔时间过短或合用肾上腺皮质激素的病列，应引起注意。

【结果可靠性确认】

通过对比驱虫前后的各项检测结果，来评定驱虫效果。评定项目如下。

1）发病率和死亡率：对比驱虫前后的发病率和死亡率。

2）营养状况：对比驱虫前后营养状况的变化。

3）临床表现：对比驱虫前后临床症状减轻与消失的情况。

4）生产能力：对比驱虫前后的生产性能。

5）寄生虫情况：通过虫卵减少率、虫卵转阴率和驱虫率来确定，必要时进行剖检计算粗计和精计驱虫效果。

任务四　棘头虫病综合防控技术

棘头虫病是由棘头虫动物门原棘头虫纲的寄生虫所引起的一类蠕虫病。分布广泛，危害严重，往往呈地方性流行。家畜棘头虫病的病原主要有：蛭形巨吻棘头虫，寄生于猪的小肠，以成年猪多见，有时也见于犬、猫和人；大多形棘头虫和小多形棘头虫，主要寄生于鸭，也寄生于鹅和多种野生水禽的小肠。

项目一　猪棘头虫病综合防控技术

【概述】

猪棘头虫病由巨吻棘头虫寄生于猪的小肠引起的，有时人、狗也可以感染。当虫卵随粪便排出后，被中间宿主——金龟子的幼虫（蛴螬）吞食，在其体内发育为感染性幼虫。猪吞食含有感染性幼虫的蛴螬或金龟子时而感染。自幼虫浸入猪体到发育为成虫需2～4个月。虫体可在猪体内寄生10～23个月。

【任务分析】

清楚了解猪棘头虫的生活史；掌握消灭外界虫卵和幼虫的最佳时机；认识灭虫杀卵的药物，并掌握使用方法；学会定期药物驱虫；学会设计与实施灭棘头虫方案；掌握棘头虫病的综合防控技术。

【知识拓展】

猪巨吻棘头虫生活史：猪巨吻棘头虫主要寄生在猪和野猪的小肠内，偶尔亦可寄生于人、犬、猫的体内，中间宿主为鞘翅目昆虫。发育过程包括虫卵、棘头蚴、棘头体、感染性棘头体和成虫等阶段。虫卵随宿主粪便排出体外，由于对干旱和寒冷抵抗力强，在土壤中可存活数月至数年。当虫卵被甲虫的幼虫吞食后，卵壳破裂，棘头蚴逸出，并穿破肠壁进入甲虫血腔，在血腔中经过棘头体阶段，最后发育为感染性棘头体，约需3个月。感染性棘头体存活于甲虫发育各阶段的体内，并保持对终宿主的感染力。当猪等动物吞食含有感染性棘头体的甲虫（包括幼虫、蛹或成虫）后，在其小肠内经1～3个月发育为成虫。人则因误食了含有感染性棘头体的甲虫而受到感染，但人不是猪巨吻棘头虫的适宜宿主，故在人体内，棘头虫大多不能发育成熟和产卵。

【器材准备】

解剖镜、显微镜、手套、盆（或桶、玻皿）、载玻片、镊子、盖玻片、三角瓶、烧杯、塑料袋、记号笔、小桶等。

【操作程序】

1. 预防

1）定期驱虫，消灭感染源。驱虫后猪粪应集中发酵，方可作为粪肥使用。

2）在流行区，每年5～8月份甲虫出现较多的季节，猪不宜放牧，改为舍养。猪场内不宜整夜灯光照明，避免招引甲虫。

3）消灭环境中的金龟子。禁用生甲虫喂猪。

2. 治疗

1）硝硫氰醚按每千克体重80mg，一次口服，间隔2d重复喂1次，连续喂3次。

2）丙硫咪唑和吡喹酮合剂按每千克体重50mg，一次口服。

3）左咪唑按每千克体重10mg，喂服或肌肉注射。

项目二　鸭棘头虫病综合防控技术

【概述】

鸭棘头虫病是多形棘头虫和细颈棘头虫寄生于鸭科禽类肠道而引起的寄生虫病，幼鸭主要表现为贫血、衰竭与死亡，成鸭多无明显症状。

【任务分析】

清楚了解鸭棘头虫的生活史；掌握消灭外界虫卵和幼虫的最佳时机；认识灭虫杀卵的药物，并掌握使用方法；学会定期药物驱虫；学会设计与实施灭棘头虫方案；掌握棘头虫病的综合防控技术。

【知识点】

1）大多形棘头虫生活史：大多形棘头虫的中间宿主是甲壳纲、端足目的湖沼钩虾。成熟虫卵随粪排出外界，被湖沼钩虾吞食后，经一昼夜孵化，棘头蚴固着肠壁上，经18～20d发育为椭圆形棘头体，被厚膜包围，游离体腔内。再发育为有感染性卵圆形的棘头囊。自中间宿主吞食虫卵起，约经2个月，发育为感染性幼虫。鸭吞食此类宿主后，约经1个月发育为成虫。

2）鸭细颈棘头虫生活史：生活史的中间宿主为等足类的栉水虱，在其体内，若外界温度为24～26℃，自棘头蚴发育为棘头囊约需25d，在17～19℃下需37～40d，低于17℃时，需时2个月。在鸭体内自棘头囊发育为成虫需29～30d。

【器材准备】

解剖镜、显微镜、手套、盆（或桶、玻皿）、载玻片、镊子、盖玻片、三角瓶、烧杯、塑料袋、记号笔、小桶等。

【操作程序】

1. 预防　　在流行区，对鸭进行预防性驱虫；雏鸭与成年鸭分开饲养；沟塘每年干塘一次，尽量消灭中间宿主；加强饲养管理，饲喂全价饲料。

2. 治疗

1）硝硫氰醚剂量为每千克体重100mg，一次口服，隔3d重复一次。

2）四氯化碳按每千克体重0.5ml，灌服。

任务五　原虫病综合防控技术

原虫病为原虫侵入人或动物机体所致的疾病，如疟疾、锥虫病、利什曼原虫病等。进入机体的原虫可寄生在腔道、体液或内脏组织中，有的则为细胞内寄生。其症状和传播方式因原虫寄生部位不同而表现各异。本病可经口或媒介生物等不同方式传播。对人和动物机体的危害程度也因虫种、寄生部位及寄主免疫状态等而异，通常寄生于组织的原虫比寄生于腔道的危害要大。球虫的防控需重视预防的作用，锥虫病防控的主要措施为发现、治疗患者和消灭舌蝇，梨形虫病的防治必须采取综合措施，包括对病畜进行治疗、消灭家畜体表的蜱、发病季节避免在蜱类孳生地放牧、注意防止或饲草中带入蜱类，以及对外来家畜进行检疫等，也可应用虫苗进行预防接种。

项目一　球虫病综合防控技术

【概述】

球虫病以预防为主。对鸡球虫病常用作饲料添加剂的预防药物有氨丙啉、球痢灵和可爱丹等，抗生素类有莫能霉素、拉萨霉素和盐霉素等。每天给雏鸡吞服少量感染性卵囊，可使之获得免疫力。对兔球虫病可用磺胺类，如复方磺胺二甲氧嘧啶和磺胺噻唑等进行防治。

【任务分析】

掌握消灭外界虫卵和幼虫的最佳时机；认识灭虫杀卵的药物，并掌握使用方法；学会定期药物驱虫；学会设计与实施灭各种球虫的方案；掌握原虫病的综合防控技术。

【知识拓展】

球虫的生活史见第五单元任务一。

【器材准备】

载玻片、盖玻片、显微镜、浮聚瓶、滴管、铜筛、铁丝圈、烧杯、离心机、搅拌棒、离心管、纱布、金属圈、注射器、剪刀、镊子、培养皿、三角瓶、滴管。

【操作程序】

一、预防（以鸡球虫病的防治为例）

（1）搞好环境卫生　　自然状态下，鸡球虫病一般流行于4～9月的温暖潮湿季节，其中7～8月最严重。在温暖潮湿的育雏器中，一年四季都有发病的可能。鸡舍内阴凉潮湿、卫生条件不良、消毒不严、饲养管理不善等因素是造成球虫病流行的主要诱发因素。温暖、潮湿的环境有利于球虫卵囊的发育和扩散，而圈舍通风好、饲养管理强、粪便及时清除、定期消毒、圈舍干燥和适当的饲养密度等则可有效防止该病的发生。因此，要搞好环境卫生，保持鸡舍干燥、通风和鸡场卫生，定期清除粪便，防止球虫卵囊的扩散。

（2）加强饲养管理　　要保持饲料、饮水清洁，笼具、料槽、水槽定期消毒，一般每周一次，可用沸水、热蒸汽或3%～5% 热碱水等处理。用球杀灵和1：200的农乐溶液消毒鸡场及运动场，均对球虫卵囊有强大杀灭作用。每千克日粮中添加0.25～0.5mg 硒可增强鸡对球虫的抵抗力。补充足够的维生素K和给予3～7倍推荐量的维生素A可加速鸡患球虫病后的康复。

（3）做好免疫预防　　目前，用于鸡场计划免疫的球虫活苗有早熟、中熟、晚熟及早、中、晚熟系联合球虫苗四类。球虫活苗的免疫方法有滴口法、喷料法、饮水法及喷雾法等，以滴口法为最佳，可确保100% 免疫，但对于大鸡场则有些不便且应激大；喷雾法较适用于设备先进的孵化室，饮水法和喷料法是大鸡场较为适用的免疫方法。

二、治疗

（1）连续用药　　在一定时期内，在鸡的整个生长期连续不断地使用一种作用效果较为明显的抗球虫药物，以完全抑制球虫卵囊的形成，从而预防和控制球虫病的发生。这种方法一般适用于抗球虫指数高、产生耐药性较慢的抗球虫药物，并适宜在饲养周期较短的肉用仔鸡和新饲养场应用，但使用时间不能过长，以防止较快产生耐药性。

（2）轮换用药　　使用一种抗球虫药物一段时间以后换用另一种药物，一般以鸡的批次或3个月至半年为期限进行轮换。轮换用药的原则是替换药物之间不能有交叉耐药性，其化学结构不能相似，作用方式不要相同，药物的作用峰期也不要相同。一般在化学合成药物和聚醚类抗生素之间轮换，或者聚醚类抗生素中的单价离子药物和双价离子药物之间轮换。短期轮换则可在抑制球虫第一代裂殖体的药物和抑制第二代裂殖体的药物之间轮换。轮换用药法一般应有3～4种以上的药物轮换使用。例如，饲养的第一批鸡使用氯苯胍，第二批鸡使用马杜拉霉素，第三批鸡使用拉西洛菌素。轮换用药是通过改变不同化学背景的药物来预防和控制球虫病，因而能较大限度地阻止球虫产生耐药性，作用效果也较好。

（3）穿梭用药　　在同一饲养期内不同的生长阶段交替使用不同的药物。一般在同一批鸡的育雏阶段和生长阶段进行二药穿梭或在小鸡、中鸡和大鸡饲养中进行三药穿梭。穿梭用药使用的抗球虫药物的化学结构和作用方式不要相同，并且要在球虫高发阶段使用高效抗球虫药物，低发阶段使用低效抗球虫药物。例如，在育雏阶段使用盐霉素，生长阶段使用球痢灵；或者雏鸡饲料使用氯羟吡啶，青年鸡饲料使用莫能菌素，成鸡饲料使用球痢灵。

（4）综合用药　　将轮换用药和穿梭用药结合起来使用，一定时间内替换穿梭用药中的药物种类。例如，第一批鸡用盐霉素和氯苯胍进行穿梭，第二批鸡再用尼卡巴嗪和杀球灵进行替换穿梭。这种方式是最广泛使用的方法，也是最有效的方法。综合用药能较好预防和控制球虫病，并能最大限度地延缓球虫耐药性的产生，延长药物的使用期限，但使用药物的种类较多，且较难操作。

（5）联合用药　　一个饲养期内同时应用两种或两种以上的抗球虫药物。联合用的抗球虫药物应作用于球虫的不同代谢环节，才能产生协同作用或相加作用，这些药物还不能有耐药性和交叉耐药性。联合用药时，一种药物可以弥补另一种药物的不足，所以能扩大抗球虫谱，延缓球虫耐药性的产生，从而提高作用效果和药物的使用期限。例如，氨丙啉只对柔嫩艾美耳球虫、毒害艾美耳球虫和巨型艾美耳球虫有效。若与乙氧酰胺苯甲酯联用，除对以上 3 种球虫有效外，对堆型艾美耳球虫和布氏艾美耳球虫也有效，扩大了抗球虫谱。另外，二胺嘧啶与其他磺胺类药物，氯羟吡啶与苯甲氧喹啉联用，也有较好的作用和效果。联合用药较适宜于春季等球虫高发季节和球虫高发地区。

（6）应用新药　抗球虫药物种类繁多，每年都有新药物上市。一些新药比较高效，抗球虫谱广和毒性低，其抗球虫指数高，且不易产生耐药性。例如，杀球灵就是一种新型广谱抗球虫药物，具有高效、用量低、毒性低等特点，在饲料中以 1mg/kg 的用量，就能有效地抑制和杀灭各种球虫，且对增重和饲料转化率无不良影响，其作用效果优于多种常规的抗球虫药物，是目前用药浓度最低，作用效果最好的一种抗球虫药物。因此在使用常规药物的同时，有计划、有间隔地使用新药物，能起到很好的作用。

三、常用药物

1. 仅有预防作用无治疗意义的药物　本类药物影响宿主的免疫力，且只作用于球虫第一代裂殖体，禽类中仅能应用于肉鸡。此类药物包括聚醚类抗生素、氯羟吡啶、氨丙啉等。其中聚醚类抗生素如莫能菌素、盐霉素、马杜霉素与单价阳离子亲和力大；拉沙菌素则除了与单价阳离子结合外，尚可与二价阳离子（Mg^{2+}/Ca^{2+}）结合；另外药物在进入宿主细胞前先浓缩于球虫子孢子及裂殖子，引起球虫细胞内离子浓度过高，水通过渗透作用进入细胞内，从而使子孢子及裂殖子膨胀、破裂而杀死球虫。同时球虫细胞为了排除细胞内多余的离子，能量耗尽，也是其死亡原因之一。此类药物作用谱广，对多种球虫有效。但本类药物对宿主的毒性较大，使用时用量必须精确计算，以防中毒。

1）莫能菌素：是本类药物中第一个被分离出来作为抗球虫药物，对鸡柔嫩、毒害、堆型等 6 种常见球虫均有杀灭作用，作用峰期为感染后的第 2 天。除了杀球虫作用外，还对动物体内产气荚膜芽孢梭菌有抑制作用，可作预防坏死性肠炎药物。该药物难溶于水，一般混饲，对肉牛有促生长作用。用于家禽、牛、羊，产蛋期禁用，禁与泰妙菌素、竹桃霉素及其他抗球虫药配伍使用。禽类用量为 90～110mg/kg 饲料；兔类用量为 20～40mg/kg 饲料。

2）盐霉素：抗球虫、促生长，应用同莫能菌素，对无性生殖的裂殖体有较强的抑制作用，与抗球虫药增效剂乙氧酰胺苯甲酯合用，治疗球虫效果较好，但毒性比后者强。该药安全范围较窄，若浓度过大或使用时间过长，会出现采食下降、体重减轻、共济失调和腿无力等不良反应。毒性稍强，禽类用量为 60mg/kg 饲料。

3）拉沙菌素：为二价聚醚类抗生素，在本类药物中毒性最小，可与泰妙菌素合用，但由于该药对二价阳离子代谢影响，很易引起宿主水分排泄量增加，故使用较大剂量时，垫料易湿。混饲每 100kg 饲料 7.5～12.5g。

4）那拉菌素（甲基盐霉素）：作用谱、配伍禁忌与盐霉素相似，但毒性强于后者。与尼卡巴嗪配伍合用，药效较好。混饲每 100kg 饲料 6～8g，仅用于肉鸡。

5）马杜霉素：作用机制与莫能菌素相似，但作用于对其他聚醚类抗生素产生耐药性的球虫，尤其对鸭球虫有较好的预防效果。毒性比其他的药物都大，安全范围较窄，仅用于肉鸡，与其他化学合成抗球虫药无交叉耐药性，混饲每 100kg 饲料 0.5g。

6）海南霉素：是我国独创的聚醚类抗球虫药，但毒性是本类药物中毒性最大的一种抗球虫药，限用于肉鸡，与其他抗球虫药有配伍禁忌，混饲每 100kg 饲料 0.50～0.75g。本类药物中还有赛杜霉素、腐霉素、罗奴霉素等，均具有预防球虫的作用。

2. 具有预防作用和治疗意义的药物　本类药物不影响宿主的免疫力，作用于球虫第一代和第二代裂殖体，有的是治疗作用大于预防作用，在禽类中可用于蛋鸡和肉用种鸡。这类药物主要有三嗪类、二硝基类、磺胺类药物等。

（1）三嗪类

1）地克珠利：又名氯嗪苯乙氰，抗球虫效果优于作用于第一代裂殖体的聚醚类药物和其他抗球虫药物，具备高效、低毒特点，为典型的理想抗寄生虫药物。本药缺点是半衰期短，需要连续用药，但又易产生耐药性。混饮每 100kg 水 0.05～0.1g；混饲每 100kg 饲料 0.1g。如果和中药配伍使用效果将更好。

2）妥曲珠利：又名甲苯三嗪酮、百球清，抗球虫谱较广，可作用于球虫发育的各个阶段，对耐其他球虫药的球虫也有较好的作用，且毒性较低，用 10 倍剂量时用药动物仍无危险，不影响球虫产生免疫力。在仔鸡可食性组织中残留时间很长。连续用药易产生耐药性。混饮每 1kg 水 25mg。

（2）二硝基类

1）二硝托胺：又名球痢灵，作用谱较广，对多种球虫均有作用，且不影响宿主免疫力，适用于蛋鸡和肉用种鸡，产蛋期禁用。与硝基呋喃类药物有交叉耐药性。本类药物不宜用糖类作辅料，易使糖类变色。混饲每 100kg 饲料 12.5g。

2）尼卡巴嗪：作用于球虫第二代裂殖体，不影响宿主产生免疫力，适用于蛋鸡和肉用种鸡，产蛋期禁用。球虫对本类药物产生耐药性速度较慢；本类药物不宜用糖类作辅料，易使糖类变色。产蛋期禁用，高温季节慎用，混饲每 100kg 饲料 12.5g。

（3）磺胺类药物

1）磺胺喹噁啉：属抗球虫专用磺胺药，机制主要是干扰叶酸代谢而抑制其生长繁殖，不宜长期使用，尤其不适用于肾脏有疾病的畜禽，常与氨丙啉配伍使用，扩大抗虫谱。混饮每 100kg 水 12.5g；混饲每 100kg 饲料 25g，不可长期连用。

2）磺胺氯吡嗪：属抗球虫专用磺胺药，本药是市场常用的为三字球虫粉的主要成分，配合安络血或维生素 K_3 对症治疗药，治疗畜禽球虫暴发。本药还有较强的抗菌作用，可用于治疗禽霍乱和鸡伤寒。混饮每 100kg 水 30g；混饲每 100kg 饲料 60g，连用 3d。

3）磺胺二甲嘧啶：该药即可用于球虫感染也可用于细菌感染，适合治疗球虫和细菌混合感染性疾病的治疗。如大肠杆菌和球虫混合感染的治疗等。混饮每 100kg 水 100～150g；混饲每 100kg 饲料 200～300g，连用 3d，停用 2d，然后再继续用药 3d。当出现肾脏疾病时，合用小苏打效果更好一些。

4）磺胺间甲氧嘧啶：用法同磺胺二甲嘧啶相似，混饮每 100kg 水 30g；混饲每 100kg 饲料 30～50g，连用 3d。

（4）其他　氯苯胍属胍基衍生物；乙氧酰胺苯甲酯为抗球虫药增效剂，作用峰期为第 4 天，多与氨丙啉、磺胺喹噁啉和尼卡巴嗪配成预混剂使用。常山酮为喹唑酮类物质，对子孢子、第 1 和第 2 代裂殖体均有抑杀作用，安全范围窄。混料：鸡 3mg/kg 饲料。氯羟吡啶为吡啶类抗球虫药，仅用于预防，易产生耐药性，产蛋期禁用。混料：鸡125mg/kg饲料；兔200mg/kg饲料。氨丙啉高效、安全、低毒、不易产生耐药性，与乙氧酰胺苯甲酯和磺胺喹恶啉合用。作用于第1代裂殖体，对有性繁殖阶段和子孢子也有一定的抑制作用，可能导致硫胺素缺乏症。

项目二 隐孢子虫病综合防控技术

【概述】

由微小隐孢子虫引起的疾病称隐孢子虫病（cryptosporidiosis），是一种以腹泻为主要临床表现的人畜共患性原虫病。

【任务分析】

掌握消灭外界虫卵和幼虫的最佳时机；认识灭虫杀卵的药物，并掌握使用方法；学会定期药物驱虫；学会设计与实施灭各种肠道原虫和血液原虫的方案；掌握原虫病的综合防控技术。

【知识点】

隐孢子虫生活史见第五单元任务二隐孢子虫检查技术。

【器材准备】

载玻片、盖玻片、显微镜、浮聚瓶、滴管、铜筛、铁丝圈、烧杯、离心机、搅拌棒、离心管、纱布、金属圈、注射器、剪刀、镊子、培养皿、三角瓶、滴管。

【操作程序】

1. 预防 隐孢子虫病为人畜共患病，预防本病应防止病人、病畜的粪便污染食物和饮水，注意个人卫生，保护免疫功能缺陷或低下的人，增强其免疫力，避免与病人、病畜接触。卵囊对外界的抵抗力强，常用的消毒剂不能将其杀死，10%甲醛溶液、5%氨水，加热（65～70℃）30min，可杀死卵囊。

2. 治疗 因目前尚未找到治疗隐孢子虫病的特效药物，故治疗的重点应为防治脱水、纠正电解质紊乱、加强营养和止泻等。对腹泻严重者可试用前列腺素抑制剂，如吲哚美辛（消炎痛）。腹泻较轻而免疫功能正常的患者一般无需治疗，适当进食水果和饮料；螺旋霉素对症状改善有一定疗效。口服大蒜素每次20～40mg，首次加倍，每天4次，6d为一疗程，1～3疗程后粪检时卵囊大多转为阴性。

项目三 伊氏锥虫病综合防控技术

【概述】

伊氏锥虫病（又称苏拉病）是由伊氏锥虫引起的一种血液原虫病。对于本病的治疗应抓住三个要点，即早期治疗、药量要足、观察时间要长。

【任务分析】

掌握消灭外界虫卵和幼虫的最佳时机；认识灭虫杀卵的药物，并掌握使用方法；学会定期药物驱虫；学会设计与实施灭各种肠道原虫和血液原虫的方案；掌握原虫病的综合防控技术。

【知识点】

伊氏锥虫生活史见第六单元任务二项目一伊氏锥虫形态学观察。

【器材准备】

载玻片、盖玻片、显微镜、浮聚瓶、滴管、铜筛、铁丝圈、烧杯、离心机、搅拌棒、离心管、纱布、金属圈、注射器、剪刀、镊子、培养皿、三角瓶、滴管。

【操作程序】

1. 预防　在疫区及早发现病畜和带虫动物，进行隔离治疗，控制传染源，同时定期喷洒杀虫药，尽量消灭吸血昆虫，对控制疫情发展有一定效果。必要时可进行药物预防。

2. 治疗　萘磺苯酰脲（那加宁、拜耳-205）为白色或带浅红色粉末，易溶于水，对马、牛、骆驼的伊氏锥虫和马媾疫锥虫均有效，对牛的泰勒焦虫亦有效。萘磺苯酰脲能使虫体崩解破坏而死亡，对机体的网状内皮系统也有重要的作用。用药后24h虫体消失、体温下降、食欲改善。马属动物较敏感，毒性大；水牛及骆驼反应轻微，同时应用氯化钙、安钠加可减轻不良反应，并提高疗效；心、肾、肺有病患畜禁用。

喹嘧胺（安锥赛）包括甲基硫酸喹嘧胺和氯化喹嘧胺，前者易溶于水，吸收迅速，分布广泛，维持药效可达数周，主要用于治疗；后者难溶于水，吸收缓慢，主要用于预防。

喹嘧胺通过阻断虫体蛋白质的合成而杀虫，对伊氏锥虫、马媾疫锥虫等均有效，临床用于治疗马、牛、骆驼的锥虫病。牛在注射局部有暂时肿胀；马属动物较敏感，反应严重者可用阿托品解救。

项目四　梨形虫病综合防控技术

【概述】

梨形虫病为由顶复亚门（Apicomplexa）梨形虫纲（Piroplasmea）的原虫寄生家畜内所引起的疾病。对本病的防治必须采取综合措施，包括对病畜进行治疗、消灭家畜体表的蜱、发病季节避免在蜱类孳生地放牧、注意防止或饲草中带入蜱类，以及对外来家畜进行检疫等。也可应用虫苗进行预防接种。

【任务分析】

掌握消灭外界虫卵和幼虫的最佳时机；认识灭虫杀卵的药物，并掌握使用方法；学会定期药物驱虫；学会设计与实施灭各种肠道原虫和血液原虫的方案；掌握原虫病的综合防控技术。

【知识点】

梨形虫生活史见第六单元任务二项目二梨形虫形态学观察。

【器材准备】

载玻片、盖玻片、显微镜、浮聚瓶、滴管、铜筛、铁丝圈、烧杯、离心机、搅拌棒、离心管、纱布、金属圈、注射器、剪刀、镊子、培养皿、三角瓶、滴管。

【操作程序】

1. 预防　　预防措施包括消灭家畜体表的蜱、发病季节避免在蜱类孳生地放牧、注意防止或饲草中带入蜱类，以及对外来家畜进行检疫等。也可应用虫苗进行预防接种。

2. 治疗　　三氮脒（贝尼尔）对家畜焦虫（又称血孢子虫及梨形虫）和锥虫均有效，对马焦虫、牛双芽焦虫、巴贝斯焦虫柯契卡巴贝斯焦虫、羊焦虫效果明显，对牛环形泰勒焦虫和边缘边虫亦有一定疗效但不适用于骆驼伊氏锥虫病的治疗。三氮脒对血孢子虫病既可治疗，又是防治锥虫及猪附红细胞体病的有效药物，但剂量不足，虫体易产生耐药性。肌注局部有刺激性；静注马、牛均有一定反应，但可自行恢复，严重者用阿托品缓解症状。骆驼对本品敏感，不宜应用。

咪唑苯脲，属于均二苯基脲的衍生物，是一种动物专用的抗原虫化学药物。对牛、羊双芽焦虫、巴贝斯属焦虫所致病不仅疗效显著，而且有一定的预防作用，预防期至少可达 30d，且不影响牛产生自然免疫力。咪唑苯脲有一定毒性，治疗剂量即可出现胆碱酯酶抑制症状，10mg/kg 可致死；注射局部有明显的刺激反应，且维持时间长。休药期 40～45d。

硫酸喹啉脲（抗焦虫素）对巴贝斯属焦虫有特效。临床用于马、牛、羊、猪、犬的焦虫病。其特点是显效快（6～12h），通常用药一次即可，若给药后 24h 体温上升则重复一次。毒性大，可抑制胆碱酯酶，为减轻或防止不良反应，可同时或用药前给予阿托品。

青蒿素是我国 1972 年从黄花蒿中提取的单体成分，临床用青蒿素及其衍生物青蒿琥珀酯、蒿甲醚，医学临床用于杀灭疟原虫，兽医界用于治疗牛、羊泰勒虫病及双芽焦虫病、鸡球虫病、耕牛血吸虫病及独小袋纤毛虫病。

任务六　体表寄生虫综合防控技术

项目一　螨虫病综合防控技术

【概述】

畜禽的螨病是由于直接接触螨病的畜禽或间接接触被螨所污染的器物或场地引起感染而迅速蔓延的一种皮肤病。从其病性可以明确防控的重点是"养"与"治"，即做好畜禽的饲养管理，就可防止或避免畜禽的感染，一旦感染，随即隔离治疗，消灭病原，就可预防其扩散蔓延。

【任务分析】

掌握螨虫的生活史和螨虫病的综合防控技术。

【知识点】

螨虫的生活史见第三单元任务二。

【操作程序】

1. 预防

（1）加强饲养管理，遵守防疫制度　螨病一般都在秋后入冬季节，在密集的畜群中迅速蔓延，故在此季节应特别注意螨病的防范，畜禽圈舍不宜过于拥挤，要求场地干燥，通风良好，避免潮湿。营养不良的畜禽患病严重，故必须加强幼弱畜禽的精心饲养，增强其抗病能力。

平时加强注意，防止外来畜（禽）混入畜（禽）群；外来人员出入圈舍应进行消毒；新引进的畜（禽）应隔离观察15d，确认无螨才能进入健康畜（禽）圈舍饲养。

（2）早期发现，彻底治疗　每天饲喂或清洁圈舍场地时，注意观察畜（禽）群，疑为螨病，如被毛纠结、脱毛、摩擦或啃咬痒部等初期症状，应即进行隔离检查，如确诊为螨病，隔离治疗。必须彻底治愈，消灭病原（螨、若虫、幼虫、虫卵），方可进入健康畜（禽）圈舍饲养。

（3）可疑畜（禽）群，实行圈禁　对已发现螨病的畜（禽）实行圈禁，固定活动范围，不得与其他健康畜（禽）接触，病畜继续加强观察，经过严密观察与检查，确认安全无螨，方可解除圈禁。

可疑畜（禽）群饲养人员，未经消毒不得进入健康畜（禽）饲养场地，饲养器皿、清扫工具也不得带入。

（4）加强消毒，严防扩散　对于养过螨病畜（禽）的圈舍场地、用具［可疑畜（禽）群也同样］等，以及有可能被螨及其若虫、虫卵污染的地方与器物，均应立即清扫、消毒，消灭病原，严防扩散。

对于接触过螨病畜（禽）的器物、用具，均可用500mg/L的溴氰菊酯水溶液进行浸泡灭螨，铁制物也可用喷灯进行火焰消毒灭螨，对场地、墙壁可用2.5%溴氰菊酯可湿性粉剂喷洒，每平方米用量5～20mg。

2. 治疗

（1）牛、羊、猪螨病的防治　应用50mg/L的溴氰菊酯水溶液作药浴或喷淋，间隔8～10d再治疗1次，对牛、羊、痒螨，猪疥螨均可痊愈，药浴后60d不再感染。

（2）绵羊痒螨的治疗　除溴氰菊酯外，应用50～250mg/L赛夫丁进行药浴，或应用辛硫磷药浴，浓度为500mg/L，间隔7d再药浴1次，也可获良效。

伊维菌素（ivermeetin）按体重200mg/kg肌肉注射，对牛、羊的螨病均有较高疗效，但不宜用于母牛怀孕的最后28d，对所产奶为供人消费的奶牛、奶羊均不宜用本品治疗。

（3）兔螨的防治　　应用 20% 橘皮油对各种兔螨均有良效。对耳螨病兔可将 20% 橘皮油滴入耳内 1～2ml 后，用手轻揉耳可使药液与病变部位充分接触。对足螨、体螨病兔，可在患部剪毛，用温水或 0.1% 高锰酸钾水浸敷患部，洗净除痂，涂碘伏后，再涂 20% 橘皮油或 10% 橘皮油膏，间隔 5～7d 再涂药 1 次，即可痊愈。

（4）鸡膝螨病的治疗　　可用松焦油搽剂，即松焦油、升华硫磺各 1 份，软肥皂、95% 乙醇各 2 份混合配成擦剂。

（5）犬蠕形螨病的治疗　　可用毒鱼酮（rotenone）擦剂，即纯毒鱼酮 5g、丙酮 125ml、80% 乙醇 370ml 混合配成擦剂。每次可擦涂动物身体 1/3～1/2，间隔 4～5d 再涂擦 1 次，于 6～8 周内继续进行治疗。对脓疱型病犬应并用作用于球菌的抗生素药物。

项目二　蜱综合防控技术

【概述】

蜱又名蜱虫、壁虱、扁虱、草爬子，是一种体形极小的蛛形纲蜱螨亚纲蜱总科的节肢动物寄生虫。宿主包括哺乳类、鸟类、爬虫类和两栖类动物，大多以吸食血液为生，叮咬的同时会造成刺伤处的发炎。蜱在宿主的寄生部位常有一定的选择性，一般在皮肤较薄，不易被搔动的部位。

【任务分析】

掌握蜱的综合防控技术。

【知识点】

蜱的生活史见第三单元任务三。

【操作程序】

1）环境防制：草原地带采用牧场轮换和牧场隔离办法灭蜱。结合垦荒，清除灌木杂草，清理禽畜圈舍，堵洞嵌缝以防蜱类孳生；捕杀啮齿动物。

2）化学防制：蜱类栖息及越冬场所可喷洒敌敌畏、马拉硫磷、杀螟硫磷等。林区用六六六烟雾剂收效良好，牲畜可定期药浴杀蜱（六六六粉是禁止使用的农药）。

3）皮肤涂抹或居室喷洒罗浮山百草油，能有效预防蜱虫叮咬。

4）生物防治：由于蜱虫主要栖息在草地、树林中，用生物农药狂扫喷洒主要发生蜱虫的地面，持效期特长，对人畜无害；也可用藻盖杀（0.12% 藻酸丙二醇酯）物理防治，无色无味，对人体无毒、无害、无污染。

5）个人防护：进入有蜱地区要穿五紧服，长袜长靴，戴防护帽。外露部位要涂布驱避剂，离开时应相互检查，勿将蜱带出疫区。

第九单元 寄生虫免疫学检查技术

任务一　间接血凝试验

【概述】

间接血凝试验（indirect haemagglutination test，IHA）是以红细胞凝集读数的血清学方法。最常用是醛化的绵羊或人（O型）红细胞。IHA操作简便，敏感性高，适于现场使用，可作为辅助论断病畜、流行病学调查及综合查病方法。先后在多种寄生虫感染中应用，如血吸虫、疟疾、猪囊虫、旋毛虫、肺吸虫、阿米巴、弓形虫、肝吸虫等。有些已制成商品诊断药盒。不足之处是不能提供检测抗体的亚型类别，容易发生异常的非特异凝集。另外，抗原的标准化、操作方法规范化急待解决，以提高其诊断效果和可比性。

【任务分析】

熟练掌握血凝试验的原理和操作方法，能够进行简单的实验结果判定和实验结果分析。

【知识点】

血凝试验（hemagglutination test）是红细胞凝集试验的简称。间接血凝试验是以红细胞作为载体的间接凝集试验，在兽医寄生虫检查中应用广泛，下面简述其操作过程（图9-1）。

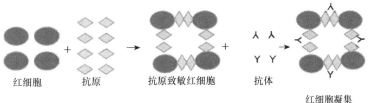

红细胞　　抗原　　抗原致敏红细胞　　抗体　　红细胞凝集

图9-1　间接血凝实验图

1. 载体　　红细胞是大小均一的载体颗粒，最常用的为绵羊、家兔、鸡的红细胞及O型人红细胞。新鲜红细胞能吸附多糖类抗原，但吸附蛋白质抗原或抗体的能力较差。致敏的新鲜红细胞保存时间短，且易变脆、溶血和污染，只能使用2～3d。为此，一般在致敏前先将红细胞醛化，可长期保存而不溶血，常用的醛类有甲醛、戊二醛、丙酮醛等。红细胞经醛化后体积略有增大，两面突起呈圆盘状。

醛化红细胞具有较强的吸附蛋白质抗原或抗体的能力，血凝反应的效果基本上与新鲜红细胞相似。如用两种不同醛类处理效果更佳，也可先用戊二醛，再用鞣酸处理。醛化红细胞能耐60℃加热，并可反复冻融不破碎，在4℃可保存3～6个月，在−20℃可保存1年以上。

2. 致敏　　致敏用的抗原或抗体要求纯度高，并保持良好的免疫活性。用蛋白质致敏红细胞的方法有直接法和间接法。直接法只需在低 pH、低离子浓度下，用醛化红细胞直接吸附即可。间接法则需用偶联剂将蛋白质结合到红细胞上。常用偶联剂为双偶氮联苯胺（bidiazotizedbenzidine，BDB）和氯化铬。前者通过共价键，后者通过金属阳离子静电作用使蛋白质与红细胞表面结合而达到致敏的目的。

3. 血凝试验 血凝试验可在微量滴定板或试管中进行，将标本倍比稀释，一般为 1∶64，同时设不含标本的稀释液为对照孔。在含稀释标本 1 滴的板孔（或试管）中，加入 0.5% 致敏红细胞悬液 1 滴，充分混匀，置室温 1～2h，即可观察结果。凡红细胞沉积于孔底，集中呈一圆点的为不凝集（－）；如红细胞凝集，则分布于孔底周围。根据红细胞凝集的程度判断阳性反应的强弱，以＋＋凝集的孔为滴度终点（图 9-2）。

$$-\qquad +\qquad ++\qquad +++\qquad ++++\qquad ++++$$

图 9-2　血凝反应强度示意图

将可溶性抗原（或抗体）先吸附于适当大小的颗粒性载体的表面，然后与相应抗体（或抗原）作用，在适宜的电解质存在的条件下，出现特异性凝集现象，称间接凝集反应（indirect agglutination）或被动凝集反应（passive agglutination）。这种反应适用于各种抗体和可溶性抗原的检测，其敏感度高于沉淀反应，因此被广泛应用于临床检验。

根据致敏载体用的是抗原或抗体以及凝集反应的方式，间接凝集反应可分为以下几种。

（1）正向间接凝集反应　用抗原致敏载体以检测标本中的相应抗体（图 9-3）。

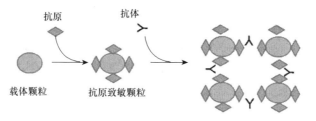

图 9-3　正向间接凝集反应原理示意图

（2）反向间接凝集反应　用特异性抗体致敏载体以检测标本中的相应抗原（图 9-4）。

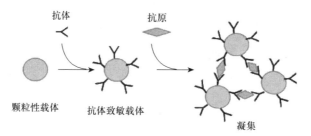

图 9-4　反向间接凝集反应原理示意图

（3）间接凝集抑制反应　诊断试剂为抗原致敏的颗粒载体及相应的抗体，用于检测标本中是否存在与致敏抗原相同的抗原。检测方法为将标本先与抗体试剂作用，然后再加入致敏的载体，若出现凝集现象，说明标本中不存在相同抗原，抗体试剂未被结合，因此仍与载体上的抗原起作用。如标本中存在相同抗原，则凝集反应被抑制。同理可用抗体致敏的载体及相应的抗原作为诊断试剂，以检测标本中的抗体，此时称反向间接凝集抑制反应（图9-5）。

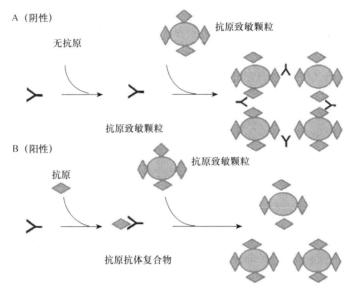

图 9-5　间接凝集抑制反应原理示意图

（4）协同凝集反应　　协同凝集反应（co-agglutination）与间接凝集反应的原理相类似，但所用载体既非天然的红细胞，也非人工合成的聚合物颗粒，而是一种金黄色葡萄球菌 A 蛋白（staphylococcus protein A，SPA）。SPA 具有与 IgG 的 Fc 段结合的特性，因此当这种葡萄球菌与 IgG 抗体连接时，就成为抗体致敏的颗粒载体。如与相应抗原接触，即出现反向间接凝集反应。协同凝集反应也适用于细菌的直接检测。

在间接凝集反应中，可用作载体的颗粒种类很多，常用的有动物或人红细胞、细菌和多种惰性颗粒如聚苯乙烯胶乳（polystyrenelatex）、皂土（bentonite）及明胶颗粒、活性炭、火棉胶等。在临床检验中最常用的为间接血凝试验和胶乳凝集试验。

自身红细胞凝集试验（auto-erythrocyte agglutination test）与一般间接血凝试验不同之处为反应中的红细胞是未经致敏的受检者新鲜红细胞。主要试剂材料为抗人 O 型红细胞的单克隆抗体，这种抗体能与任何血型的红细胞结合，但不引起凝集反应。当这种抗体与另一特异性抗体连接成双功能抗体，可以形成网络而导致红细胞凝集。该方法可用于检测标本中的抗原；如与特异性抗原连接，则可用于检测标本中的抗体。反应中的标本为受检者的全血。

试验的过程如下：在白色塑料片上加血液标本 1 滴和上述试剂 1 滴，混匀；2min 后观察结果，出现红细胞凝集为阳性。

血液标本中的红细胞和抗原（或抗体）分别与试剂中的抗红细胞单克隆抗体和特异性抗体（或抗原）反应，形成网络而导致红细胞的凝集。

【器材准备】

96 孔 110°～120° "V" 形医用血凝板、与血凝板大小相同的玻板、微量移液器与吸头、抗原、对照阴性血清、对照阳性血清、稀释液、待检血清（被检血清）。

【操作程序】

（1）红细胞鞣化和致敏　　①用 PBS 离心洗涤醛化红细胞 2 次，并用 PBS 配成 2.5% 悬液；②加等量 1∶2000 鞣酸溶液 37℃孵育 20min，经常摇动；③离心去上清，PBS 洗 1 次，再用 0.15mol/L，pH6.4 PBS 配成 10% 悬液；④每份悬液加等量适当稀释的抗原液，置于 37℃水浴箱中 30min（每 5min 振动一次），离心去上清，pH7.2 PBS 洗 2 次，再用含 1% 正常兔血清、10% 蔗糖缓冲液配成 5% 细胞悬液。加 1‰ 叠氮钠防腐，存 4℃或减压冻干备用，每批致敏细胞均需用已知阳性和阴性血清滴定灵敏度或特异性。阳性滴度在 1∶640 以上，阴性血清不出现反应者可用。

（2）微量血凝试验　　在 "U" 形（或 "V" 形）微量血凝板上，将被试血清用 1% BSA 生理盐水作倍比系列稀释，每孔含稀释血清 0.05ml。每孔加 0.01ml 致敏红细胞悬液，充分振荡摇匀，加盖于室温静置 1～2h 读取结果。

（3）根据红细胞在孔底的沉积类型而定　　"－"，红细胞沉于管底，呈圆点形，外周光滑；"±"，红细胞沉于管底，周围不光滑或中心有白色小点；"＋"，红细胞沉积范围很小，呈较明显的环形圈；"＋＋"，红细胞沉积范围较小，其中可出现淡淡的环形圈；"＋＋＋"，红细胞布满管底呈毛玻璃状；"＋＋＋＋"，红细胞呈片状凝集或边缘卷曲。呈明显阳性反应（＋）的最高稀释度为该血清的滴度或效价。

【结果可靠性确认】

移去玻板，将血凝板放在白纸上，先观察阴性对照血清 1∶16 孔、稀释液对照孔，应无凝集，或仅出现 "＋" 凝集。

阳性血清对照（1∶2）～（1∶256）各孔应出现 "＋＋～＋＋＋＋" 凝集为合格。

在对照孔合格的前提下，再观察待检血清各孔，以呈现 "＋＋" 凝集的最大稀释倍数为该份血清的抗体效价。例如，1 号待检血清 1～5 孔呈现 "＋＋～＋＋＋＋" 凝集，6～7 孔呈现 "＋＋" 凝集，第 8 孔呈现 "＋" 凝集，第 9 孔无凝集，那么就可判定该份血清的抗体效价为 1∶128。

待检血清 O 型抗体效价达到 1∶128（或 1∶128 以上）为免疫合格。

【操作注意事项及常见错误分析】

1）试验前，必须仔细阅读试剂盒内的说明书。

2）严重溶血或严重污染的血清样品不宜检测，以免发生非特异性反应。

3）为确保试验判断准确，不得使用 90° 和 130° 血凝板。

4）血凝板用后应及时在水龙头下冲净血球，再用蒸馏水或去离子水冲洗 3 次，甩干水分放 37℃恒温箱内干燥备用。检测用具应煮沸消毒，再置于 37℃恒温箱内干燥备用。

5）每次检测做一份阴性、阳性和稀释液对照即可。

任务二　免疫荧光技术

【概述】

免疫荧光法（immunofluorescent assay，IFA）是借抗原抗体反应进行特异荧光染色的诊断技术。最常用的荧光素为异硫氰基荧光素（fluorescein isothiocynate，FITC）。该法具有较高的敏感性、特异性和重现性。国内外广泛应用于寄生虫病的血清学诊断方法，血清流行病学调查和监测疫情的方法，如主要用于诊断疟疾、丝虫病及血吸虫病，也有用于肺吸虫病、华支睾吸虫病、包虫病及弓形虫病的血清学诊断。常用于寄生虫感染的荧光抗体染色方法有直接法与间接法。

【任务分析】

熟练掌握免疫荧光技术的原理和操作方法，能够进行简单的实验结果判定和实验结果分析。

【知识点】

（1）免疫荧光技术基本原理　　免疫荧光技术是将抗原抗体反应的特异性和敏感性与显微示踪的精确性相结合的一项技术，以荧光素作为标记物，与已知的抗体或抗原结合，但不影响其免疫学特性。然后将荧光素标记的抗体作为标准试剂，用于检测和鉴定未知的抗原。在荧光显微镜下，可以直接观察呈现特异性荧光的抗原-抗体复合物及其存在的部位。在实际工作中，由于荧光素标记抗体检查抗原的方法较为常用，所以一般通称为荧光抗体技术。

（2）荧光的产生　　物质吸收外界能量进入激发状态，再回到稳定基态时，多余的能量会以电磁辐射的形式释放，即发出荧光，这类物质被称为荧光素。

（3）合适荧光素的选择　　具有与蛋白质形成共价键的化学基团；荧光效率高，标记后下降不明显；荧光与背景的色泽对比鲜明；标记后能保持生物学活性和免疫活性；标记方法简单、快速、安全无毒。

（4）免疫荧光技术的主要优缺点

1）优点：特异性强、敏感性高、速度快。

2）缺点：存在非特异性染色，结果判定的客观性不足，技术程序也较复杂。

（5）直接法　　将荧光标记的特异性抗体（抗原）直接加在抗原（抗体）上，经一定的温度和时间染色，水洗→干燥→封片→镜检。其优点是操作简便、特异性高、非特异性染色少、敏感性低。用于检测抗原，其缺点是每查一种抗原必须制备与其相应的荧光标记的抗体（图9-6）。

（6）间接法　　将抗原与未标记的特异性抗

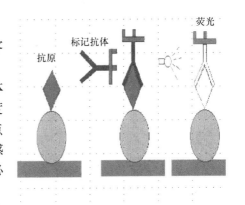

图9-6　免疫荧光技术直接法

体结合，然后使之与荧光标记的抗免疫球蛋白抗体（抗抗体）结合，三者的复合物可发出荧光。本法的优点是制备一种荧光标记的抗体，可以用于多种抗原，抗体系统的检查，即可用以测定抗原，也可用来测定抗体。IFA 的抗原可用虫体或含虫体的组织切片或涂片，经充分干燥后低温长期保存备用（图 9-7）。

（7）补体法　利用补体反应，通过形成抗原 - 抗体 - 补体复合物发射荧光（图 9-8）。

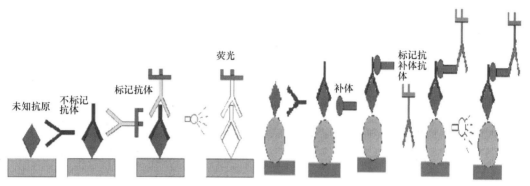

图 9-7　免疫荧光技术间接法　　　　图 9-8　免疫荧光技术补体法

【器材准备】

1）各种特异性单克隆抗体。

2）荧光标记的羊抗鼠或兔抗鼠第二抗体、灭活正常兔血清。

3）10% FCS RPMI1640、磷酸盐缓冲液、洗涤液、固定液。

4）玻璃管、塑料管、离心机、荧光显微镜等。

【操作程序】

1）抗原标本：用记号笔将各个抗原位点围圈隔离。

2）在每个抗原位置滴加已稀释的血清样本，使样本液充满圈内，置湿匣 37℃孵育 30min。

3）用 pH8.0，0.01mol/L PBS 冲洗后，再在同样 PBS 中浸泡 5min，不时摇动，如此 2 遍，然后取出吹干。

4）在抗原位点滴加经 pH8.0 PBS 适当稀释的羊抗人 IgG 荧光抗体，使完全覆盖抗原膜，置湿盒 37℃孵育 30min。

5）经洗涤（同 3）后用 0.1‰伊文思蓝液复染 10min，然后以 PBS 流水冲洗 0.5～1min，风干。

6）用 pH8.5 或 pH8.0 碳酸（或磷酸）缓冲甘油封片，也可加一小滴 PBS（pH8.0）覆以盖片镜检。镜检应及时进行避免荧光衰变。可使用荧光光源或轻便荧光光源，配以适合的激发滤片和吸收滤片，在低倍或高倍镜下检查。以见有符合被检物形态结构的黄绿色清晰荧光发光体、而阴性对照不可见者为阳性反应。根据荧光亮度及被检物形态轮廓的清晰度把反应强度按 5 级区别（＋＋＋，＋＋，＋，±，－）。＋以上的荧光强度为阳性。

【操作注意事项及常见错误分析】

1）整个操作在4℃下进行，洗涤液中加有比常规防腐剂量高10倍的NaN₃，上述实验条件是防止一抗结合细胞膜抗原后发生交联、脱落。

2）洗涤要充分，以避免游离抗体封闭二抗与细胞膜上一抗相结合，出现假阴性。

3）加适量正常兔血清可封闭某些细胞表面免疫球蛋白Fc受体，降低和防止非特异性染色。

4）细胞活性要好，否则易发生非特异性荧光染色。

任务三　免疫酶技术

【概述】

酶联免疫吸附试验（enzyme-linked immunosorbent assay，ELISA）简称酶联试验，已广泛用于多种寄生虫感染的宿主体液（血清、脑脊液等），以及排泄分泌物内（尿、乳、粪便等）特异抗体或抗原微粒的检测。根据检测要求，试验可分多种类型，常用者有：用于检测抗体的间接法、检测IgM的双夹心法、检测抗原的双抗体夹心法、以固相抗体检测抗原的竞争法及竞争抑制法等。

酶联试验为高灵敏检测技术，结果可定量表示，可检测抗体、抗原或特异性免疫复合物，微量滴定板法消耗样本试剂少，能供全自动操作，适用批量样本检测，因此在寄生虫感染的研究和诊断领域乃至血清流行病学均被广泛应用。国内外有多种寄生虫感染的酶联药剂出售，包括有血吸虫病、弓形虫病、阿米巴病、丝虫病、蛔虫病、旋毛虫病和犬蛔虫病等，ELISA可用作辅助诊断患者、血清流行病学调查和监测疫情的方法。酶联试验操作程序的简单快速不如IHA，但方法具有很大的改良潜力和适应范围。判断结果需用分光光度计，限制了扩大应用；另外，应用抗原及酶结合物尚需进一步标准化，操作方法也应规范化。

酶联试验的方法根据所用载体、酶底物系统、观察反应结果等不同而有很大差别。目前最常用的固相载体为聚苯乙烯微量滴定板，具有需样量少、敏感、重演性好、使用方便等优点。酶底物系统也有多种，常用的有辣根过氧化物酶邻苯二胺（HRP-OPD）、碱性磷酸酯酶硝酚磷酸盐（AKP-PNP）等，具有较好的生物放大效应。其中HRP由于价廉、易得，而被广泛应用。

【任务分析】

在实验环境下，掌握酶联免疫吸附试验实验原理、实验方法；熟练掌握虫体样品采集、血片或染片制作、显微镜观察和虫体识别等操作步骤，并了解常见动物血液原虫的形态特征、生活史、致病性和防治手段，从而进一步掌握血液原虫病的防控技术。

【知识点】

1. 酶联免疫吸附试验原理　　ELISA必须遵守以下3个核心原理：①抗原或抗体能吸附于固相载体表面，并保持其免疫学活性；②抗原或抗体可通过共价键与酶连接形成酶结合物，而此种酶结合物仍能保持其免疫学和酶学活性；③酶结合物与相应抗原或抗体结合后，可根据加入底物的颜色反应来判定是否有免疫反应的存在，而且颜色反应的深浅是与标本中相应抗原或抗体的量成正比例的，可根据已知浓度的抗原或抗体的颜色反应的深浅绘制标准曲线并依此计算出未知样品中抗体或抗原的浓度。在 ELISA 中酶起到很关键的作用，常用于 ELISA 法的酶有辣根过氧化物酶，碱性磷酸酯酶等，其中尤以辣根过氧化物酶为多。酶结合物是酶与抗体或抗原，半抗原在交联剂作用下联结的产物，它不仅具有抗体抗原特异的免疫反应，还能催化酶促反应，显示出生物放大作用。

2. 酶联免疫吸附应用方向　　ELISA 应用的范围很广，而且正在不断地扩大，原则上 ELISA 可用于检测一切抗原、抗体及半抗原，可以直接定量测定体液中的可溶性抗原。在实际应用方面可用于疾病的临床诊断、疾病监察、疾病普查、法医检查、兽医及农业上的植物病害的诊断检定等。因此，它和生物化学、免疫学、微生物学、药理学、流行病学及传染病学等方面密切相关。按照待测物性质的不同，ELISA 反应可以分为抗原检测反应及抗体检测反应。

在医学领域上，能够进行检测的抗原包括：内分泌方面的雌性激素、绒毛膜促性腺激素、黄体素、胰岛素、皮质醇、促甲状腺素和孕酮等；血液学方面的凝固因子（如第Ⅷ凝固因子）、红细胞抗原及结合球蛋白（hapto globin）等；肿瘤方面已试用检查甲胎蛋白（AFP）、癌胚抗原（CEA），此外还有霍乱弧菌、大肠杆菌、绿脓杆菌和破伤风梭菌毒素；脑膜炎球菌及淋球菌抗原；检测免疫抑制患者中常见的白色念殊菌抗原，检测患者或病兽的粪便中的轮状病毒；检测甲肝病毒、疱疹病毒、麻疹病毒、流感、呼吸道融合及巨细胞病毒等。

而用 ELISA 检测抗体，已获得对多种传染病和寄生虫病的血清学诊断，亦开始广泛用于现场流行病学调查。在寄生虫病方面，它用于对疟原虫、阿米巴、利什曼原虫、锥虫、血吸虫、囊虫、弓浆虫、肺吸虫、肝吸虫、血丝虫、旋毛虫病等血清学诊断，这对人医和兽医都很重要。在病原微生物方面已用于检测链球菌、沙门氏菌、布氏杆菌、结核杆菌、麻风杆菌、霍乱弧菌、淋球菌、假丝酵母菌等的抗体，还可用于破伤风抗毒素和霍乱弧菌抗毒素的测定，以及检测斑疹伤寒立克次氏体感染后的抗体作诊断，也可用于对立克次氏体的种属鉴别，还有用于检测鹦鹉热衣原体抗体的报道。ELISA 也可应用于以下病毒抗体检测：流感病毒、腮腺炎病毒、麻疹、风疹、轮状病毒、疱疹病毒、巨细胞病毒、EB 病毒、腺病毒、肠道病毒、脑炎病毒、黄热病毒、狂犬病毒和脊髓灰质炎病毒等，其敏感性都超过目前常用的检测方法。此外，还可用于鉴定病毒型别，如疱疹病毒。在免疫性疾病方面有试用作自身疫病抗体测定以及对过敏的诊断，例如，检测各种过敏原的抗体、DNA 抗体及甲状腺球蛋白抗体、红斑性痕疮抗体等。在卫生学方面，可用于检测食品中葡萄球菌肠毒素及沙门氏菌毒素等。

【试剂准备】

固相抗原或抗体、免疫吸附剂、酶标记的抗原或抗体、酶结合物、酶反应的底物、底物。

【操作程序】

1. 双抗体夹心法检测抗原　　双抗体夹心法是检测抗原最常用的方法，但要注意的是在一步法（待测抗原与酶标抗体一起加入反应）测定中，当标本中受检抗原的含量很高时，过量抗原分别和固相抗体及酶标抗体结合，而不再形成"夹心复合物"出现钩状效应，甚至可不显色而出现假阴性结果。因此在使用一步法试剂测定标本中含量可异常增高的物质（如血清中 HBsAg、AFP 和尿液 hCG 等）时，应注意可测范围的最高值。用高亲和力的单克隆抗体制备此类试剂可削弱钩状效应。双抗体夹心法测抗原的另一注意点是类风湿因子（RF）的干扰。RF 是一种自身抗体，多为 IgM 型，能和多种动物 IgG 的 Fc 段结合。用作双抗体夹心法检测的血清标本中如含有 RF，它可充当抗原成分，同时与固相抗体和酶标抗体结合，表现出假阳性反应。双抗体夹心法适用于测定二价或二价以上的大分子抗原，但不适用于测定半抗原及小分子单价抗原，因其不能形成两位点夹心。

双抗体夹心法的简要操作步骤为：

1）先加入抗体，使抗体固定结合于载体表面。

2）再加样品，使目标检测抗原形成抗原 - 抗体复合物。

3）加酶标抗抗体（第二种动物抗抗原的酶标抗体）。

4）加入酶促反应底物，发生显色反应，显色的深浅与待测抗原的量成正比。

2. 竞争法检测抗原　　当小分子抗原或半抗原因缺乏可作夹心法的两个以上的抗体结合位点，因此不能用双抗体夹心法进行测定，可以采用竞争法模式。抗原经洗涤后分成两组：一组加酶标记抗原和被测抗原的混合液，而另一组只加酶标记抗原，再经孵育洗涤后加底物显色，这两组底物降解量之差，即为所要测定的未知抗原的量。小分子激素、药物等 ELISA 测定多用此法。

竞争法的简要操作步骤：

1）先加入抗体，使抗体固定结合于载体表面。

2）加入梯度浓度比例的待测样品与酶标抗原混合物，同时做只加酶标抗原的对照组。

3）加入酶促反应底物，发生显色反应，对比实验组及对照组的显色差异，计算未知抗原的量。

3. 双抗原夹心法检测抗体　　双抗原夹心法的反应模式与双抗体夹心法类似。用特异性抗原进行包被和制备酶结合物，以检测相应的抗体。与间接法测抗体的不同之处为以酶标抗原代替酶标抗抗体。此法中受检标本不需稀释，可直接用于测定，因此其敏感度相对高于间接法。乙肝标志物中抗 HBs 的检测常采用本法。本法关键在于酶标抗原的制备，应根据抗原结构的不同，寻找合适的标记方法。

双抗原夹心法的简要操作步骤为：

1）先加入抗原，使抗体固定结合于载体表面。

2）再加样品，使目标检测抗体形成抗原 - 抗体复合物。

3）加酶标抗原。

4）加入酶促反应底物，发生显色反应，显色的深浅与待测抗体的量成正比。

4. 间接法检测抗体　　间接法是检测抗体常用的方法。其原理为利用酶标记的抗抗体（辣根过氧化物酶标记的兔抗人免疫球蛋白抗体）以检测与固相抗原结合的受检抗体（人免疫球蛋白），故称为间接法。本法主要用于对病原体抗体的检测而进行传染病的诊断。间接法的优点是只要变换包被抗原就可利用同一酶标抗抗体建立检测相应抗体的方法。

间接法的简要操作步骤：

1）将特异性抗原与固相载体联结，形成固相抗原。

2）加稀释的受检血清，保温反应。血清中的特异抗体与固相抗原结合，形成固相抗原 - 抗体复合物。

3）加酶标抗抗体。

4）加入酶促反应底物，发生显色反应，显色的深浅与待测抗体的量成正比。

5. 竞争法检测抗体　　竞争法测抗体的反应模式与竞争法测抗原类似。用特异性抗原进行包被和制备酶结合物，以检测相应的抗体。当抗原材料中的干扰物质不易除去，或不易得到足够的纯化抗原时，可用此法检测特异性抗体。其原理为标本中的抗体和一定量的酶标抗体竞争与固相抗原结合。标本中抗体量越多，结合在固相上的酶标抗体愈少，因此阳性反应呈色浅于阴性反应。如抗原为高纯度的，可直接包被固相。竞争法测抗体有多种模式，可将标本和酶标抗体与固相抗原竞争结合，抗 HBc ELISA 一般采用此法。另一种模式为将标本与抗原一起加入到固相抗体中进行竞争结合，洗涤后再加入酶标抗体，与结合在固相上的抗原反应。抗 HBe 的检测一般采用此法。

竞争法的简要操作步骤：

1）先加入特异性抗原，使抗原固定结合于载体表面。

2）加入梯度浓度比例的待测样品与酶标抗体混合物，并做只加酶标抗体的对照组。

3）加入酶促反应底物，发生显色反应，对比实验组及对照组的显色差异，计算未知抗体的量。

6. 捕获包被法检测抗体　　捕获包被法（亦称反向间接法）ELISA，主要用于血清中某种抗体亚型成分（如 IgM）的测定。以目前最常用的 IgM 测定为例，因血清中针对某种抗原的特异性 IgM 和 IgG 同时存在，则后者可干扰 IgM 的测定。因此先将所有血清 IgM（包括异性 IgM 和非特异性 IgM）固定在固相上，在去除 IgG 后再测定特异性 IgM。IgM 抗体的检测用于传染病的早期诊断。先用抗人 IgM 抗体包被固相，以捕获血清标本中的 IgM（其中包括针对抗原的特异性 IgM 抗体和非特异性的 IgM）。然后加入抗原，此抗原仅与特异性 IgM 相结合。继而加酶标记针对抗原的特异性抗体。再与底物作用，呈色即与标本中的 IgM 成正相关。此法常用于病毒性感染的早期诊断。类风湿因子（RF）同样能干扰捕获包被法测定 IgM 抗体，导致假阳性反应。因此中和 IgG 的间接法近来颇受青睐，用这类试剂检测抗 CMV IgGM 和抗弓形虫 IgM 抗体已获成功。

捕获法测抗体的简要操作步骤：

1）特异性捕获抗体的包被，先把能特异性结合待测抗原的抗体固定于固相载体表面。

2）加入待测样品，通过固定在载体表面的针对该抗原的抗体固定于载体表面。

3）加入特异性抗原以及针对该特异性抗原的酶标抗体。

4）加入酶促反应底物，发生显色反应，显色的深浅与待测抗体的量成正比。

7. ABS-ELISA 法　　除以上 6 种 ELISA 测试方法外，近年在亲和素 - 生物素系统上又发展出 ABS-ELISA 法。亲和素是一种糖蛋白，每个分子由 4 个能和生物素结合的亚基组成，生物素为小分子化合物。用化学方法制成的衍生物素 - 羟基琥珀酰亚胺酯可与抗体或酶形成生物素标记产物，标记方法颇为简便，并且不影响抗体或酶原有的生物学活性。亲和素生物素系统（avidin-biotin system，ABS）。由于亲和素与生物素间的亲和力极强，结合迅速，且极其稳定，使 ABS 标记技术比常规酶联免疫、放射免疫及荧光免疫技术有着更高的灵敏度，为微量抗原、抗体的检测开辟了新的途径，大大提高了检测的灵敏度，但该方法比普通 ELISA 多用了两种试剂，增加了操作步骤，因此在临床检验中 ABS-ELISA 应用不多。ABS-ELISA 法可分为酶标记亲和素 - 生物素（LAB）法和桥联亲和素 - 生物素（ABC）法两种类型。两者均以生物素标记的抗体（或抗原）代替原 ELISA 系统中的酶标抗体（抗原）。

在 LAB 法中，将特异性抗体生物素化、酶分子标记在亲和素分子上，生物素化抗体与被检抗原结合后，再借 ABS 的高度亲和力将酶分子联结到抗原分子上，经酶促反应即可检出抗原，因此提高检测的敏感度。

ABC 法同样将特异性抗体生物素化、酶分子标在生物素上，亲和素和酶标生物素需要先按一定比例形成 ABC 复合物，这种网络结构结合了大量的酶分子，当亲和素尚未被酶标生物素饱和时，生物素化抗体即可与之结合，使被检抗原、生物素化抗体和酶标生物素联成一体。

酶联试验的基本操作过程可分为：①固相包被；②温育洗涤；③加样；④酶结合物反应；⑤底物显色；⑥终止反应读取结果等若干步骤。温育和洗涤需贯穿在每两个步骤之间，用以去除多余的反应物。以下为临床上最常用的间接法（检测抗体）和双抗体夹心法（检测抗原）的操作程序。

（1）间接法

1）以包被液（碳酸钠 - 碳酸氢钠缓冲液 0.05mol/L，pH9.6）稀释抗原（常用 5～10μg/ml），每孔 0.1（或 0.2）ml 包被反应板，37℃湿盒温育 2～3h 或 4℃过夜。

2）弃去包被液，反应板用去离子水或 PBS-Tween 液（0.005mol/L PBS 含 0.05% Tween-20）冲洗 3 次，甩干。

3）用样本稀释液（0.05mol/L PBS 含 0.05% Tween-20）稀释样本（起始浓度 ≥ 0.01），用样本稀释液，每孔 0.1（或 0.2）ml，温育 1h。

4）弃去样液，如上冲洗，甩干，加稀释结合物（市售品常稀释至 0.01，用样本稀释液），每孔 0.1（或 0.2）ml，温育 1～2h。

5）如上冲洗甩干后即刻加入新鲜配制的底物系统，每孔 0.1（或 0.2）ml，置暗盒室温 15min。

6）终止反应：HRP-OPD 系统每孔加 1mol/L H_2SO_4 50μl。

7）目测或用分光光度计在 400μm 波段测定吸收值来判断。

（2）双抗体夹心法

1）以包被液稀释抗体（如兔抗血吸虫虫卵可溶性抗原的抗体，抗 SEA-IgG）包被反应板（1～1000μg/ml），方法同间接法包被抗原。

2）冲洗，甩干，加样温育同前。

3）加结合物（如抗 SEA-IgG-HRP），适宜工作浓度需先经方阵滴定确定。

4）以下各步同间接法。

若包被抗体与第二抗体来自不同种的供体则可应用市售抗免疫球蛋白结合物。例如，包被抗体为羊抗 SEA，二抗用兔抗 SEA 则在未标记的二抗温育洗涤后加羊抗兔 IgG 结合物（GAP-HRP）。

【操作注意事项及常见错误分析】

（1）阴性对照出现阳性结果的原因

1）试剂或样品可能被污染，或者由于孔之间的溅洒出现交叉污染。应当更换使用试剂，小心操作。

2）酶标板洗板不彻底。尝试用洗液充满板孔确保每孔被充分洗涤，洗板前确保所有的剩余抗体溶液被倒净。

3）抗体量过多导致非特异结合。应该根据推荐用量使用抗体，尽量使用较少的抗体。

4）夹心法、捕获法中检测抗体与包被抗体 / 抗原反应。确定使用的是正确的包被抗体和检测抗体，两者之间不会互相反应。

（2）酶标板整体背景高的原因

1）抗体非特异性结合。应确保进行了封闭并且使用的是恰当的封闭液，最好使用5%～10% 的与二抗同种动物来源的血清或牛血清，确保板孔经过预处理以防止非特异结合，使用亲和力强、纯度高的抗体，最好经过了预吸收处理。

2）底物结合浓度过高或反应时间过长。应调整底物的浓度，当酶标板显色足够进行吸光度读数时立即使用终止液终止反应。

3）底物溶液不新鲜或被污染。应检测底物溶液，正常的底物溶液应该是清亮透明的，如果变黄或其他颜色则是被污染的标志。

4）底物孵育过程没有避光。底物孵育应该在避光环境下进行。

（3）吸光度数值偏高或偏低的原因

1）样品中待检抗原含量太低会导致测试结果偏低。可尝试增加样品的使用量或者更换一个检测更灵敏的方法。

2）加入抗体量不合适也会造成结果偏低或偏高。应确定使用的是建议抗体用量，或者为了使结果更好尽可能调整抗体的最适用量。

3）孵育时间不够长会导致检测结果偏低。应适当延长抗体或抗原的孵育时间，确保待测样品与检测抗体能充分结合。

4）孵育温度不适合。应保证抗体在最适宜并且稳定的温度下孵育，一般是室温（25℃）。

任务四　胶体金诊断技术

【概述】

胶体金免疫技术的特点是以胶体金作为标记物。这一技术在 20 世纪 70 年代初期由Faulk 和 Taylor 始创，最初用于免疫电镜技术。迄今为止，金标记仍主要用于免疫组织化学中。在免疫测定中，金标记常与膜载体配合，形成特定的测定模式，典型的如斑点免疫渗滤试验和斑点免疫层析试验等，已是目前应用广泛的简便、快速检验方法。

【任务分析】

在实验环境下，掌握胶体金技术的原理、方法、操作过程。

【知识点】

1. 胶体金的结构 胶体金（colloidalgold）也称金溶胶（goldsol），是由金盐被还原成原金后形成的金颗粒悬液。胶体金颗粒由一个基础金核（原子金 Au）及包围在外的双离子层构成，紧连在金核表面的是内层负离子（$AuCl_2^-$），外层离子层 H^+ 则分散在胶体间溶液中，以维持胶体金游离于溶胶间的悬液状态。胶体金颗粒的基础金核并非是理想的圆球核，较小的胶体金颗粒基本是圆球形的，较大的胶体金颗粒（一般指大于 30nm以上的）多呈椭圆形。在电子显微镜下可观察胶体金的颗粒形态。

2. 胶体金的特性

1）胶体性质胶体金颗粒大小多在 1～100nm，微小金颗粒稳定地、均匀地、呈单一分散状态悬浮在液体中，成为胶体金溶液。胶体金因而具有胶体的多种特性，特别是对电解质的敏感性。电解质能破坏胶体金颗粒的外周水化层，从而打破胶体的稳定状态，使分散的单一金颗粒凝聚成大颗粒，而从液体中沉淀下来。某些蛋白质等大分子物质有保护胶体金、加强其稳定性的作用。

2）呈色性微小颗粒胶体呈红色，但不同大小的胶体呈色有一定的差别。最小的胶体金（2～5nm）是橙黄色的，中等大小的胶体金（10～20nm）是酒红色的，较大颗粒的胶体金（30～80nm）则是紫红色的。根据这一特点，用肉眼观察胶体金的颜色可粗略估计金颗粒的大小。

3）光吸收性胶体金在可见光范围内有一单一光吸收峰，这个光吸收峰的波长（λ_{max}）在 510～550nm，随胶体金颗粒大小而变化，大颗粒胶体金的 λ_{max} 偏向长波长，反之，小颗粒胶体金的 λ_{max} 则偏于短波长。

【器材准备】

1. 玻璃器皿的清洁 制备胶体金的成功与失败除试剂因素以外，玻璃器皿清洁是非常关键的一步。如果玻璃器皿内不干净或者有灰尘落入就会干扰胶体金颗粒的生成，形成的颗粒大小不一，颜色微红、无色或混浊不透明。我们的经验是制备胶体金的所有玻璃器皿先用自来水把玻璃器皿上的灰尘流水冲洗干净，加入清洁液（重铬酸钾 1000g，加入浓硫酸 2500ml，加蒸馏水至 10 000ml）浸泡 24h，自来水洗净清洁液，然后每个玻璃器皿用洗洁剂洗 3～4 次，自来水冲洗掉洗洁剂，用蒸馏水洗 3～4 次，再用双蒸水把每个器皿洗 3～4 次，烤箱干燥后备用。通过此方法的处理玻璃器皿不需要硅化处理，而直接制备胶体金。也可用已经制备的胶体金溶液，用同等大小颗粒的金溶液去包被所用的玻璃器皿的表面，然后弃去，再用双蒸水洗净，即可使用，这样效果更好，因为减少了金颗粒的吸附作用。

2. 试剂的配制要求

1）所有配制试剂的容器均按以上要求酸处理洗净，配制试剂用双蒸馏水或三蒸馏水。

2）氯化金水溶液的配制：将 1g 的氯化金一次溶解于双蒸水中配成 1% 的水溶液。放在 4℃冰箱内保存长达几个月至 1 年，仍保持稳定。

3）白磷或黄磷乙醚溶液的配制：白磷在空气中易燃烧，要格外小心操作。把白磷在双蒸水中切成小块，放在滤纸上吸干水分后，迅速放入已准备好的乙醚中去，轻轻摇动，等完全溶解后即得饱和溶液。储藏于棕色密闭瓶内，放在阴凉处保存。

【操作程序】

1. 蛋白质的处理（胶体金标记蛋白的制备） 胶体金对蛋白的吸附主要取决于pH，在接近蛋白质的等电点或偏碱的条件下，二者容易形成牢固的结合物。如果胶体金的 pH 低于蛋白质的等电点时，则会聚集而失去结合能力。除此以外胶体金颗粒的大小、离子强度、蛋白质的分子质量等都影响胶体金与蛋白质的结合。

1）待标记蛋白溶液的制备：将待标记蛋白预先在 0.005mol/L pH7.0 NaCl 溶液中 4℃透析过夜，以除去多余的盐离子，然后 4℃下 100 000r/min 离心 1h，去除聚合物。

2）待标胶体金溶液的准备：以 0.1mol/L K_2CO_3 或 0.1mol/L HCl 调胶体金液的 pH。标记 IgG 时，调至 9.0；标记 McAb 时，调至 8.2；标记亲和层析抗体时，调至 7.6；标记 SPA 时，调至 5.9～6.2；标记 ConA 时，调至 8.0；标记亲和素时，调至 9～10。

由于胶体金溶液可能损坏 pH 计的电板，因此，在调节 pH 时，采用精密 pH 试纸测定为宜。

由于盐类成分能影响金溶胶对蛋白质的吸附，并可使溶胶聚沉，故致敏前应先对低离子强度的水透析。必须注意，蛋白质溶液应绝对澄清无细小微粒，否则应先用微孔滤膜或超速离心除去。

一般情况下应避免磷酸根离子和硼酸根离子的存在，因为它们都可吸附于颗粒表面而减弱胶体金对蛋白质的吸附。

2. 蛋白质最适用量的选择（胶体金与标记蛋白用量之比的确定）

1）根据待标记蛋白的要求，将胶体金调好 pH 之后，分装 10 管，每管 1ml。

2）将标记蛋白 pH9.0 硼酸盐缓冲液（0.005mol/L）做系列稀释到浓度为 5～50μg/ml，分别取 1ml，加入上列金胶溶液中，混匀。对照管只加 1ml 稀释液。

3）5min 后，在上述各管中加入 0.1ml 10% NaCl 溶液，混匀后静置 2h，观察结果。

4）结果观察，对照管（未加蛋白质）和加入蛋白质的量不足以稳定胶体金的各管，均呈现出由红变蓝的聚沉现象；而加入蛋白量达到或超过最低稳定量的各管仍保持红色不变。以稳定 1ml 胶体金溶液红色不变的最低蛋白质用量，即为该标记蛋白质的最低用量，在实际工作中，可适当增加 10%～20%。

将待标记的蛋白质储存液作系列稀释后，分别取 0.1ml（含蛋白质 5～40μg）加到1ml 胶体金溶液中，另设一管不加蛋白质的对照管，5min 后加入 0.1ml 10% NaCl 溶液，混匀后静置 2h，不稳定的金溶胶将发生聚沉，能使胶体金稳定的最适蛋白量再加 10% 即为最佳标记蛋白量。

3. 标记［胶体金与蛋白质（IgG）的结合］ 将胶体金和 IgG 溶液分别以 0.1mol/L K_2CO_3 调 pH 至 9.0，电磁搅拌 IgG 溶液，加入胶体金溶液，继续搅拌 10min，加入一定量的稳定剂以防止抗体蛋白与胶体金聚合发生沉淀。常用稳定剂是 5% 胎牛血清（BSA）和1% 聚乙二醇（分子质量 20kDa）。加入的量：5% BSA 使溶液终浓度为 1%；1% 聚乙二醇加至总溶液的 1/10。

在接近并略为高于蛋白质等电点的条件下标记是比较合适的，在此情况下蛋白质分子在金颗粒表面的吸附量最大。

下述标记步骤最为常见：

1）用 0.1mol/L K$_2$CO$_3$ 或 0.1mol/L HCl 调节金溶胶至所需 pH（标记 SPA 时调到 pH6.0）。

2）于 100ml 金溶胶中加入最佳标记量的蛋白质溶液（体积为 2~3ml），搅拌 2~3min。

3）加入 5ml 1% PEG20000 溶液。

4）于 10 000~100 000r/min 离心 30~60min（根据粒径大小选择不同离心条件），小心吸去上清液（切忌倾倒）。

5）将沉淀悬浮于一定体积含 0.2~0.5mg/ml PEG20000 的缓冲液中，离心沉淀后，再用同一缓冲液恢复，浓度以 1cm 厚度该溶液的吸光度为 1.5 左右为宜，以 0.5mg/ml 叠氮钠防腐，置 4℃保存。

6）包被后的金溶胶也可浓缩后于 Sephadex G-200 柱进行凝胶层析分离纯化，以含 0.1% BSA 的缓冲溶液洗脱。通常用 IgG 包被的金溶胶洗脱液 pH 为 8.2，以 A 蛋白包被的金溶胶洗脱液为 pH7.0。

以上操作中应注意，一切溶液中不应含杂质微粒，可用高速离心或微孔滤膜预处理。

4. 胶体金标记蛋白的纯化

1）超速离心法：根据胶体金颗粒的大小，标记蛋白的种类及稳定剂的不同选用不同的离心速度和离心时间。

用 BSA 做稳定剂的胶体金 - 羊抗兔 IgG 结合物可先低速离心（20nm 金胶粒用 1200r/min，5nm 金胶粒用 1800r/min）20min，弃去凝聚的沉淀。然后将 5nm 胶体金结合物用 6000r/min，4℃离心 1h；20~40nm 胶体金结合物，14 000r/min，4℃离心 1h。仔细吸出上清，沉淀物用含 1% BSA 的 PB 液（含 0.02% NaN$_3$），将沉淀重悬为原体积的 1/10，4℃保存。如在结合物内加 50% 甘油可贮存于 −18℃保存一年以上。

为了得到颗粒均一的免疫金试剂，可将上述初步纯化的结合物再进一步用 10%~30% 蔗糖或甘油进行密度梯度离心，分带收集不同梯度的胶体金与蛋白的结合物。

2）凝胶过滤法：此法只适用于以 BSA 作稳定剂的胶体金蛋白结合物的纯化。将胶体金蛋白结合物装入透析袋，在硅胶中脱水浓缩至原体积的 1/10~1/5。再经 1500r/min 离心 20min。取上清加至 Sephacryl S-400（丙烯葡聚糖凝胶 S-400）层析柱分别纯化。层析柱为 0.8cm×20cm，加样量为床体积的 1/10，以 0.02mol/L PBS 洗脱（内含 0.1% BSA，0.05% NaN$_3$，pH8.2 者用 IgG 标记物），流速为 8ml/h。按红色深浅分管收集洗脱液。一般先滤出的液体为微黄色，有时略混浊，内含大颗粒聚合物等杂质。继之为纯化的胶体金蛋白结合物，随浓度的增加而红色逐渐加深，清亮透明，最后洗脱出略带黄色的为标记的蛋白组分。将纯化的胶体金蛋白结合物过滤除菌、分装，4℃保存。最终可得到 70%~80% 的产量。

【结果可靠性验证】

1）胶体金颗粒平均直径的测量：用支持膜的镍网（铜网也可）蘸取金标蛋白试剂，

自然干燥后直接在透射电镜下观察。或用乙酸铀复染后观察。计算 100 个金颗粒的平均直径。

2）胶体金溶液的 OD_{520} 值测定：胶体金颗粒在波长 510～550nm 出现最大吸收值峰。用 0.02mol/L pH8.2 PBS（含 1% BSA，0.02% NaN_3）将胶体金蛋白试剂作 1∶20 稀释，OD_{520}＝0.25 左右。一般应用液的 OD_{520} 应为 0.2～0.4。

3）金标记蛋白的特异性与敏感性测定：采用微孔滤膜免疫金银染色法（MF-IGSSA）。将可溶性抗原（或抗体）吸附于载体上（滤纸、硝酸纤维膜、微孔滤膜），用胶体金标记的抗体（或抗原）以直接或间接染色法并经银显影来检测相应的抗原或抗体，对金标记蛋白的特异性和敏感性进行鉴定。

【操作注意事项及常见错误分析】

1）氯金酸易潮解，应干燥、避光保存。

2）氯金酸对金属有强烈的腐蚀性，因此在配制氯金酸水溶液时，不应使用金属药匙称量氯金酸。

3）用于制备胶体金的蒸馏水应是双蒸水或三蒸水，或者是高质量的去离子水。

4）是以制备胶体金的玻璃容器必须是绝对清洁的，用前应先经酸洗并用蒸馏水冲净。最好是经硅化处理的，硅化方法可用 5% 二氯甲硅烷的氯仿溶液浸泡数分钟，用蒸馏水冲净后干燥备用。

5）胶体金的鉴定和保存：胶体金的制备并不难，但要制好高质量的胶体金却也并非易事。因此对每次制好的胶体金应加以检定，主要检查指标有颗粒大小、粒径的均一程度及有无凝集颗粒等。

肉眼观察是最基本也是最简单和方便的检定方法，但需要一定的经验。良好的胶体金应该是清亮透明的，若制备的胶体金混浊或液体表面有漂浮物，提示此次制备的胶体金有较多的凝集颗粒。在日光下仔细观察比较胶体金的颜色，可以粗略估计制得的金颗粒的大小。当然也可用分光光度计扫描 λ_{max} 来估计金颗粒的粒径。结制备的胶体金最好作电镜观察，并选一些代表性的作显微摄影，可以比较精确地测定胶体金的平均粒径。

胶体金在洁净的玻璃器皿中可较长时间保存，加入少许防腐剂（如 0.02% NaN_3）可有利于保存。保存不当时会有细菌生长或有凝集颗粒形成。少量凝集颗粒并不影响以后胶体金的标记，使用时为提高标记效率可先低速离心去除凝集颗粒。

第十单元 寄生虫分子生物学诊断技术

任务一 寄生虫基因组 DNA 的提取及纯化技术

【概述】

寄生虫基因组 DNA 的提取可应用于构建基因组文库、Southern 杂交、寄生虫病诊断及特异性虫株的检测、寄生虫基因水平的基础研究等。寄生虫虫体的各个部位都可以作为基因组 DNA 的抽提材料，如果虫体较大的话可取其中部而保存其头部及尾部，以备形态学鉴定以验证其种类。如果虫体较小（小于 1cm），则应使用整条虫体抽取 DNA。若虫体特别细小（如幼虫），可用多条虫体来提取 DNA。为了获得高含量、高纯度的 DNA，最好使用新鲜材料。从冻干或 50%～70% 乙醇保存的寄生虫材料中也可较容易地提取 DNA。

【任务分析】

熟练掌握多种寄生虫基因组 DNA 提取的操作方法。

【知识点】

寄生虫基因组特性如下。

（1）寄生虫基因组大小　　寄生虫染色体基因组的大小差别较大，其中，微孢子虫（microsporidia）基因组的大小不到 10Mb，在整个真核生物中最小；血吸虫基因组为 270Mb，相当于人类基因组的 1/10，为最大。

（2）重复序列　　寄生虫基因组还含有高度、中度和单拷贝重复序列，只是不同的寄生虫重复序列所占的比例不同，利什曼原虫基因组中重复序列较小，如杜氏利什曼原虫高度重复序列占核基因组的 2%，中度重复序列占 13%，其余为单拷贝序列。

（3）碱基含量　　寄生虫基因组碱基 G＋C 含量在 30%～40%，A＋T 含量丰富。

（4）密码子的偏好性　　寄生虫基因组在密码子 3 个不同位置上的碱基利用情况存在偏好性，据统计，在疟原虫中，多数密码子的第三位以 A 或 T 最常见，而在表达水平较高的基因中，则多选择 C，这就使疟原虫基因在体外难以克隆表达。

（5）多态性　　如利什曼原虫种内、种间染色体多态性相当高，主要是由于染色体大小改变所致，变化程度可以达到染色体长度的 25%，微孢子虫的基因多态性也非常显著，其核糖体内转录间隔区（internal transcribed spacer，ITS）的多态性在不同种间差异明显，此外，其他多种寄生虫 ITS 序列、核型及染色体数目也呈多态性。

【器材准备】

（1）虫体材料　　单个虫体或虫体卵囊。

（2）器具　　超净工作台、恒温培养箱、TGL-16G 高速台式离心机、漩涡振荡器、微量取液器及配套吸头、微量离心管、一次性注射器、微型眼科镊、微型眼科剪刀、玻璃平皿、滴管、有机架等。

（3）试剂

1）乙二胺四乙酸（ethylene diaminetetra acetic acid，EDTA）、十二烷基磺酸钠（sodiumdodecyl sulfate，SDS）、三（羟甲基）氨基甲烷 - 盐酸（Tris-HCl）、氯化钠、蛋白酶 K（25μg/μl）、异丙醇（80%）、双蒸水、灭菌超纯水等。

2）DNA 裂解液：500mmol/L NaCl 70μl、100mmol/L Tris-HCl（pH8.0）30μl、50mmol/L EDTA（pH8.0）150μl、10% SDS 30μl。

3）WizardTM DNA Clean-Up 试剂盒或类似的 DNA 提取试剂盒。

【操作程序】

（1）虫体材料的处理（若为新鲜或冻干保存的虫体，则不需要此步骤） 若虫体较大，用镊子将保存在 70% 的乙醇溶液中的虫体材料取出，剪取其中部，保存其头端或尾端部分。用双蒸水反复吹打冲洗 2 次后，再用超纯水反复冲洗 2~3 次，置于一新的 1.5ml 的离心管中。若虫体较小，取一整条虫体经如上洗涤处理。对于鸡球虫，将保存在 2.5% 重铬酸钾溶液的卵囊悬液以 2000r/min 离心 10min，弃重铬酸钾溶液。以双蒸水重悬，同法离心洗涤 3 次后，用 20% 次氯酸钠处理卵囊 20min，2000r/min 离心沉淀卵囊，用适量饱和盐水重悬卵囊沉淀，1500r/min 离心 10min，上清液加入 4 倍体积的灭菌双蒸水，3000r/min 离心 10min。卵囊沉淀再用上述方法重新漂浮、洗涤一次。用少量灭菌双蒸水重悬卵囊沉淀，然后将其轻轻地加在 0.6mol/L 无菌蔗糖溶液之上，2000r/min 离心 5min，取上层卵囊加 5 倍体积的水，3000r/min 离心 10min，沉淀再用无菌蔗糖溶液漂浮一次，即可得纯净的卵囊，可立即用于裂解以提取 DNA。

（2）虫体材料的裂解 用灭菌且经紫外灯照射过的微型眼科剪刀将虫体组织剪碎，加入 280μl 的 SDS 裂解缓冲液，轻轻混匀，再加入 20μl（25μg/μl）的蛋白酶 K 溶液。对于原虫如鸡球虫、隐孢子虫，将纯化好的卵囊 3000r/min 离心 10min，去掉大部分上清后加入与卵囊体积相同的玻璃珠，漩涡振荡直到有 95% 卵囊破壁后，即可加入 SDS 裂解缓冲液及蛋白酶 K 溶液。混匀后，放于恒温培养箱中，37℃作用 12~48h，期间不时摇动离心管，使虫体组织裂解充分。

（3）虫体 DNA 的抽提和纯化 首先进行虫体 DNA 提取，然后按 Promega 公司试剂盒 Wizard™ DNA Clean-Up System 使用说明对 DNA 进行纯化。方法如下：

1）取出于恒温培养箱中作用了约 20h 的离心管，漩涡振荡器振荡混匀，10 000r/min 离心 2min，上清即为虫体 DNA 溶液。将上清转移至一新的离心管中，加入 1ml 清洗树脂（按 50~500μl 悬液 /1ml 清洗树脂的比例），漩涡振荡混匀。

2）取一支 5ml 的一次性注射器，去针头，拔出注射器内芯推液筒，接上 Wizard™ 微型柱。

3）将 DNA- 树脂混合液全部转移到注射器中，用注射器内芯推液筒，慢慢地将 DNA- 树脂混合液推过微型柱，排出废液。

4）将注射器从微型柱上拔出后，拿去注射器内芯推液筒，再将注射器套在微型柱上，向注射器内加入 2ml 柱洗溶液（80% 的异丙醇），用注射器内芯推液筒慢慢将洗柱液通过微型柱，以洗涤 DNA- 树脂样品。

5）拔去注射器，将微型柱套在洁净的 1.5ml 离心管上，10 000r/min 离心 20s，以除去残留的异丙醇。

6）将微型柱从注射器上转移到一新的离心管上，在柱中央加入 30～50μl 预热（60～70℃）的超纯水或 1×TE 缓冲液，静置 1min，10 000r/min 离心 20s。离心管内的液体即为 DNA 溶液。可将 DNA 溶液转移至 0.5ml 离心管中于－20℃冰箱保存备用。

【操作注意事项及常见错误分析】

1）操作中所使用的镊子和剪刀一定要事先灭菌并于超净工作台中紫外照射 1～1.5h，以保证没有污染其他 DNA。

2）吸取上清液时，应注意勿将下层沉淀物吸入以免带入杂质，但也不要余下太多上清液，致使 DNA 损失较多。

3）整个操作过程中，一定要注意不要交叉污染。如同时进行多个虫体 DNA 的提取时一定要做好标记。操作完毕后，台面要用乙醇擦拭数次；镊子和剪刀经清洗后先用乙醇消毒，再用紫外灯照射 1～2h 以破坏或降解残余的 DNA，以免污染其他实验。

任务二　寄生虫基因组 DNA 的 PCR 扩增及电泳技术

【概述】

聚合酶链反应（polymerase chain reaction，PCR）技术是一种既敏感又特异的 DNA 体外扩增技术，它可将一小段目的 DNA 扩增上百万倍，其扩增效率使得该方法可检测到单个虫体或仅部分虫体的微量 DNA。PCR 技术对于寄生虫系统发育学、流行病学、免疫学、宿主-寄生虫相互作用、重组 DNA 疫苗研制、通过 DNA 直接测序、表达序列标签（EST）、通过迅速发展的功能蛋白组学进行全基因组分析等均具有重要影响。通过设计种、株特异的引物，可扩增出种、株特异的 PCR 产物，具有很高的特异性。PCR 技术的操作过程相对简便快捷，无需对病原进行分离纯化；同时，可以克服抗原和抗体持续存在的干扰，直接检测到病原体的 DNA，既可用于虫种、株的鉴别及动物寄生虫病的临床诊断，又可用于动物寄生虫病的分子流行病学调查。随着 PCR 技术的不断完善与发展，它已广泛应用于分子生物学、生物技术、临床医学等各个领域，具有广泛的应用前景。

【任务分析】

掌握 PCR 诊断技术所涉及实验的基本原理；全面熟悉 PCR 诊断技术的操作过程、PCR 引物的设计、PCR 条件的优化、对目的片断的扩增、琼脂糖凝胶电泳及结果分析等。

【知识点】

1. PCR 技术简史　　核酸研究已有 100 多年的历史，20 世纪 60 年代末 70 年代初人们致力于研究基因的体外分离技术，Korana 于 1971 年最早提出核酸体外扩增的设想："经过 DNA 变性，与合适的引物杂交，用 DNA 聚合酶延伸引物，并不断重复该过程便可克隆 tRNA 基因"。

2. PCR 技术基本原理　　PCR 技术的基本原理类似于 DNA 的天然复制过程，其特异性依赖于与靶序列两端互补的寡核苷酸引物。PCR 由变性—退火—延伸三个基本反应步骤构成：①模板 DNA 的变性。模板 DNA 经加热至 93℃左右一定时间后，使模板 DNA 双链或经 PCR 扩增形成的双链 DNA 解离，使之成为单链，以便它与引物结合，为下轮反应做准备。②模板 DNA 与引物的退火（复性）。模板 DNA 经加热变性成单链后，温度降至 55℃左右，引物与模板 DNA 单链的互补序列配对结合。③引物的延伸。DNA 模板 - 引物结合物在 *Taq* DNA 聚合酶的作用下，以 dNTP 为反应原料，靶序列为模板，按碱基配对与半保留复制原理，合成一条新的与模板 DNA 链互补的半保留复制链重复循环变性—退火—延伸三过程，就可获得更多的"半保留复制链"，而且这种新链又可成为下次循环的模板。每完成一个循环需 2～4min，2～3h 就能将待扩目的基因扩增放大几百万倍。到达平台期（plateau）所需循环次数取决于样品中模板的拷贝。

3. PCR 反应体系与反应条件　　标准的 PCR 反应体系：10× 扩增缓冲液 10μl、4 种 dNTP 混合物各 200μmol/L、引物各 10～100pmol、模板 DNA 0.1～2μg、*Taq* DNA 聚合酶 2.5U、Mg^{2+} 1.5mmol/L，加双蒸水或三蒸水至 100μl。

4. PCR 反应五要素　　参加 PCR 反应的物质主要有 5 种，即引物、酶、dNTP、模板和 Mg^{2+}。

（1）引物　　引物是 PCR 特异性反应的关键，PCR 产物的特异性取决于引物与模板 DNA 互补的程度。理论上，只要知道任何一段模板 DNA 序列，就能按其设计互补的寡核苷酸链做引物，利用 PCR 就可将模板 DNA 在体外大量扩增。

（2）PCR 引物设计　　PCR 反应成功扩增的一个关键条件在于寡核苷酸引物的正确设计。PCR 引物设计的目的是找到一对合适的寡核苷酸片段，使其能有效地与目的片段两端的序列互补。设计引物时要遵循以下原则。

1）长度不能太长，也不能太短，一般在 18～25 个碱基。

2）G+C 含量及 T_m 值：引物的 G+C 含量以 40%～60% 为宜。引物的 T_m 值是指寡核苷酸的解链温度，即在一定盐浓度条件下 50% 寡核苷酸双链的解链温度。PCR 引物应保持合理的 G+C 含量。含有 50% G+C 的 20 个碱基的引物其 T_m 值为 56～62℃，这可为有效退火提供足够的温度。由于 G+C 间的氢键数较 A+T 间多，因此，G+C 含量高的 DNA 片段其 T_m 值也高。对于短于 20 个碱基的引物，T_m 值可按 $T_m = 4(G+C) + 2(A+T)$ 计算。而对于较长的引物，T_m 值的计算较为复杂。由于 PCR 扩增的特异性取决于两条引物与相应模板的结合，因此，反应中退火温度应根据两个 T_m 值折衷选择。

3）碱基的组成尽量随机，尽量不要有聚嘌呤或聚嘧啶的存在；尤其是 3′端不应超过 3 个连续的 G 或 C。

4）引物内部不应有互补序列，否则引物自身会折叠形成发夹结构或引物本身复性。这样二级结构会因空间位阻而影响引物与模板的复性结合。若引物自身连续互补碱基达 3 个以上，就容易形成发夹结构。

5）两个引物之间不能互补，尤其应避免 3′端的互补重叠以防止形成引物二聚体。两个引物不应有 4 个以上的碱基连续相同或互补。

6）引物的 3′端应与目的片段完全相配。这对于获得好的扩增结果非常重要。如果能确定一个保守氨基酸，可将其密码子的前 2 个碱基作为 3′端。

7）引物的 5′ 端可不与目的片段互补，可被修饰而不影响扩增的特异性。引物的 5′ 端修饰包括：加酶切位点、标记生物素、荧光、同位素、地高辛等。还可引入蛋白质结合 DNA 序列、引入突变位点、引入翻译起始密码子、启动子序列等。所附加的限制性酶切位点应是不会在引物以外的 DNA 上切割的。为了有效地切割限制性酶切位点，在限制性酶识别序列的 5′ 端常需添加 2～3 个非特异的额外碱基。

8）若是设计种或株特异性引物，引物与非特异序列的相似性不能超过 70% 或有连续 8 个以上的互补碱基相同。可用 DNAstar、MegAlign 软件比较相似性，用 Oligo5.0 来设计引物。

（3）酶及其浓度　　目前有两种 *Taq* DNA 聚合酶供应，一种是从栖热水生杆菌中提纯的天然酶，另一种为大肠菌合成的基因工程酶。催化一典型的 PCR 反应约需酶量 2.5U（指总反应体积为 100μl 时），浓度过高可引起非特异性扩增，浓度过低则合成产物量减少。dNTP 的质量与浓度 dNTP 的质量与浓度和 PCR 扩增效率有密切关系，dNTP 粉呈颗粒状，如保存不当易变性失去生物学活性。dNTP 溶液呈酸性，使用时应配成高浓度后，以 1mol/L NaOH 或 1mol/L Tris. HCL 的缓冲液将其 pH 调节到 7.0～7.5，小量分装，－20℃ 冰冻保存。多次冻融会使 dNTP 降解。在 PCR 反应中，dNTP 应为 50～200μmol/L，尤其是注意 4 种 dNTP 的浓度要相等（等摩尔配制），如其中任何一种浓度不同于其他几种时（偏高或偏低），就会引起错配。浓度过低又会降低 PCR 产物的产量。dNTP 能与 Mg^{2+} 结合，使游离的 Mg^{2+} 浓度降低。

（4）模板（靶基因）核酸　　模板核酸的量与纯化程度，是 PCR 成败与否的关键环节之一，传统的 DNA 纯化方法通常采用 SDS 和蛋白酶 K 来消化处理标本。SDS 的主要功能是：溶解细胞膜上的脂类与蛋白质，因而溶解膜蛋白而破坏细胞膜，并解离细胞中的核蛋白，SDS 还能与蛋白质结合而沉淀；蛋白酶 K 能水解消化蛋白质，特别是与 DNA 结合的组蛋白，再用有机溶剂酚与氯仿抽提掉蛋白质和其他细胞组分，用乙醇或异丙醇沉淀核酸。提取的核酸即可作为模板用于 PCR 反应。一般临床检测标本，可采用快速简便的方法溶解细胞，裂解病原体，消化除去染色体的蛋白质使靶基因游离，直接用于 PCR 扩增。RNA 模板提取一般采用异硫氰酸胍或蛋白酶 K 法，要防止 RNase 降解 RNA。

（5）Mg^{2+} 浓度　　Mg^{2+} 对 PCR 扩增的特异性和产量有显著的影响，在一般的 PCR 反应中，各种 dNTP 浓度为 200μmol/L 时，Mg^{2+} 浓度为 1.5～2.0mmol/L 为宜。Mg^{2+} 浓度过高，反应特异性降低，出现非特异扩增，浓度过低会降低 *Taq* DNA 聚合酶的活性，使反应产物减少。

5. PCR 反应条件的选择　　PCR 反应条件为温度、时间和循环次数。温度与时间的设置：基于 PCR 原理三步骤而设置变性—退火—延伸三个温度点。在标准反应中采用三温度点法，双链 DNA 在 90～95℃ 变性，再迅速冷却至 40～60℃，引物退火并结合到靶序列上，然后快速升温至 70～75℃，在 *Taq* DNA 聚合酶的作用下，使引物链沿模板延伸。对于较短靶基因（长度为 100～300bp 时）可采用二温度点法，除变性温度外、退火与延伸温度可合二为一，一般采用 94℃ 变性，65℃ 左右退火与延伸（此温度 *Taq* DNA 酶仍有较高的催化活性）。

1）变性温度与时间。变性温度低，解链不完全是导致 PCR 失败的最主要原因。一一般情况下，93～94℃下 1min 足以使模板 DNA 变性，若低于 93℃则需延长时间。但温度不能过高，因为高温环境对酶的活性有影响。此步若不能使靶基因模板或 PCR 产物完全变性，就会导致 PCR 失败。

2）退火（复性）温度与时间。退火温度是影响 PCR 特异性的较重要因素。变性后温度快速冷却至 40～60℃，可使引物和模板发生结合。由于模板 DNA 比引物复杂得多，引物和模板之间的碰撞结合机会远远高于模板互补链之间的碰撞。退火温度与时间，取决于引物的长度、碱基组成及其浓度，还有靶序列的长度。对于 20 个核苷酸，G+C 含量约 50% 的引物，55℃为选择最适退火温度的起点较为理想。引物的复性温度可通过以下公式帮助选择合适的温度：T_m 值（解链温度）=4（G+C）+2（A+T）；复性温度=T_m 值−（5～10℃）。在 T_m 值允许范围内，选择较高的复性温度可大大减少引物和模板间的非特异性结合，提高 PCR 反应的特异性。复性时间一般为 30～60s，足以使引物与模板之间完全结合。

3）延伸温度与时间。*Taq* DNA 聚合酶的生物学活性：70～80℃ 150bp/（s·酶分子）；70℃ 60bp/（s·酶分子）；55℃ 24 核苷酸/秒/酶分子。高于 90℃时，DNA 合成几乎不能进行。PCR 反应的延伸温度一般选择在 70～75℃，常用温度为 72℃，过高的延伸温度不利于引物和模板的结合。PCR 延伸反应的时间，可根据待扩增片段的长度而定，一般 1kb 以内的 DNA 片段，延伸时间 1min 是足够的。3～4kb 的靶序列需 3～4min；扩增 10kb 需延伸至 15min。延伸时间过长会导致非特异性扩增带的出现。对低浓度模板的扩增，延伸时间要稍长些。

4）循环次数。循环次数决定 PCR 扩增程度。PCR 循环次数主要取决于模板 DNA 的浓度。一般的循环次数选在 30～40 次，循环次数越多，非特异性产物的量亦随之增多。

6. PCR 反应特点

（1）特异性强　　PCR 反应的特异性决定因素为：①引物与模板 DNA 特异正确的结合；②碱基配对原则；③ *Taq* DNA 聚合酶合成反应的忠实性；④靶基因的特异性与保守性。其中引物与模板的正确结合是关键。引物与模板的结合及引物链的延伸是遵循碱基配对原则的。聚合酶合成反应的忠实性及 *Taq* DNA 聚合酶耐高温性，使反应中模板与引物的结合（复性）可以在较高的温度下进行，结合的特异性大大增加，被扩增的靶基因片段也就能保持很高的正确度。再通过选择特异性和保守性高的靶基因区，其特异性程度就更高。

（2）灵敏度高　　PCR 产物的生成量是以指数方式增加的，能将皮克（pg=10^{-12}g）量级的起始待测模板扩增到微克（μg=10^{-6}g）水平。能从 100 万个细胞中检出一个靶细胞；在病毒的检测中，PCR 的灵敏度可达 3 个 RFU（空斑形成单位）；在细菌学中最小检出率为 3 个细菌。

（3）简便、快速　　PCR 反应用耐高温的 *Taq* DNA 聚合酶，一次性地将反应液加好后，即在 DNA 扩增液和水浴锅上进行变性—退火—延伸反应，一般在 2～4h 完成扩增反应。扩增产物一般用电泳分析（不一定要用同位素），无放射性污染、易推广。

（4）对标本的纯度要求低　　不需要分离病毒或细菌及培养细胞，DNA 粗制品及总 RNA 均可作为扩增模板。可直接用临床标本如血液、体腔液、洗漱液、毛发、细胞、活组织等粗制的 DNA 扩增检测。

7. 琼脂糖凝胶的性质　　琼脂糖是从海藻中提取的一种直链多糖，是由 D- 半乳糖和 3，6- 脱水 -L- 半乳糖的残基交替排列组成的线型多聚糖。当琼脂糖加热至 $90\sim100℃$，即可形成清亮透明的液体。浇在模板上冷却至 $40\sim45℃$ 时，凝固形成凝胶。琼脂糖带有亲水性，不含有带电荷的基团，不引起 DNA 变性，又不吸附被分离的物质，因此它是一种很好的凝胶剂。琼脂糖凝胶可区分相差 100bp 的 DNA 片段。

8. DNA 分子的迁移率　　DNA 分子在电泳中的迁移率的因素是多方面的，除了决定于 DNA 分子大小与构型外，还有琼脂糖凝胶的浓度、电压大小、缓冲液 pH 和电泳时的温度等。

9. 琼脂糖电泳的基本原理　　琼脂糖是一种天然聚合长链状分子，于沸水中溶解，$45℃$ 开始形成多孔性滤孔，凝胶孔径的大小决定于琼脂糖的浓度。DNA 分子在碱性环境中带负电荷，在外加电场的作用下向正极泳动。DNA 分子在琼脂糖凝胶中泳动时，有电荷效应与分子筛效应。不同的 DNA，其分子质量大小及构型不同，电泳时的泳动率就不同，从而分出不同的区带。琼脂糖凝胶电泳法分离 DNA，主要是利用分子筛效应，迁移速度与分子质量的对数值成反比关系。溴化乙锭（EB）为扁平状分子，在紫外光照射下发射荧光。EB 可与 DNA 分子形成 EB-DNA 复合物，其发射的荧光强度较游离状态 EB 发射的荧光强度大 10 倍以上，且荧光强度与 DNA 含量成正比。

【器材准备】

（1）材料　　提纯的虫体 DNA。

（2）器具　　超净工作台、微型高速台式离心机、微量取液器（2μl/20μl/200μl/1000μl）、PCR 扩增仪、琼脂糖电泳系统、凝胶成像系统、微波炉、$4℃$ /−20℃ 冰箱、紫外透射仪、微型离心管（200μl/500μl/1500μl）、有机架、一次性手套、透明胶带、量筒（100ml）、三角瓶（500ml）等。

（3）试剂

1）$10\times$ PCR Buffer（无 Mg^{2+}）、dNTPs（2.5mmol/L each）、ddH_2O、$MgCl_2$（25mmol/L）、引物、Ex *Taq* DNA 聚合酶（5U/L）、琼脂糖、EB（10mg/ml）、Tris 碱、硼酸（boric acid）、去离子水、EDTA（0.5mol/L，pH8.0）、$10\times$ 载样缓冲液。

2）$0.5\times$ TBE 缓冲液：准确称取 Tris 碱 5.4g、硼酸 2.75g，充分溶解于 800ml 去离子水中，加 10ml 0.5mol/L EDTA（pH8.0），用去离子水定容至 1000ml。

【操作程序】

1. PCR 扩增　　先按单倍扩增体系中各试剂的量计算好 n 倍（除去模板 DNA 量）扩增体系中各试剂相对应的量，然后在适合体积的离心管中依次加入试剂（如 $n\times2.5$μl $10\times$ PCR Buffer、$n\times2$μl dNTP、$n\times4$μl $MgCl_2$、$n\times0.5$μl 正向引物、$n\times0.5$μl 反向引物、$n\times14.4$μl ddH_2O、$n\times0.125$μl Ex *Taq* DNA 聚合酶，最后总体积为 $n\times24$μl），经离心混匀后，分装至 n 个 200μl 的离心管中（包括阴阳性对照），在各管中加入模板 DNA（如扩增体系为 25μl，则加入 1μl 模板 DNA），混匀后于 PCR 扩增仪中按已设好的 PCR 扩增条件进行扩增。如细胞色素 c 氧化酶第一亚基（cytochrome c oxidase subunit 1，cox1）基因的扩增体系为：

试剂	体积/μl
ddH₂O	14.375
10×PCR Buffer	2.5
MgCl₂（25mmol/L）	4.0
dNTPs（2.5mmol/L each）	2
正向引物（100pmol/L，JB3）	0.5
反向引物（100pmol/L，JB4.5）	0.5
Ex *Taq* DNA聚合酶（5U/L）	0.125
模板（DNA）	1
总量	25

cox1 基因的 PCR 扩增条件：

94℃变性 5min
94℃变性 30s
55℃复性 30s ⎫ 30 个循环
72℃延伸 30s ⎭
72℃延伸 5min

扩增完毕后，取出 PCR 扩增产物于 4℃／－20℃冰箱保存备用。

2. 琼脂糖凝胶电泳

（1）制备凝胶　　胶浓度视具体情况而定。以配制 0.8% 琼脂糖凝胶为例，准确称取 0.8g 琼脂糖加入至 100ml 0.5×TBE 电泳缓冲液，于微波炉中或经高压熔化均匀，冷却至 50℃左右，加入溴化乙锭（EB）（10mg/ml，加入量为 8.3μl EB/100ml 琼脂糖凝胶液），混匀后倒入已封好的凝胶灌制胶模中，插上样品梳。待胶凝固后，从胶模上除去封带，拔出梳子放入电泳槽中，加入足够量的电泳缓冲液（要求缓冲液液面高出凝胶表面约 1mm）。

（2）点样　　取 PCR 扩增产物 3～5μl，与适量的加样缓冲液（loading buffer，LB）混匀（若为 6×LB，3～5μl 扩增产物加 1μl 6×LB），然后用取液器将样品加入点样孔中，同时设以适宜的 DNA 分子质量标准物（marker）作为参照。

（3）电泳　　接通电极，使 DNA 向阳极移动，在 1～10V/cm 凝胶的电压下（常用 100V）进行电泳。当加样缓冲液中的溴酚蓝迁移至足够分离 DNA 片段的距离时，关闭电源。

（4）结果观察　　将电泳好的琼脂糖胶置于紫外透射仪中，打开紫外灯，若看到橙红色的核酸条带，则说明有扩增的 PCR 产物；根据条带粗细，可粗略估计该条带的 DNA 量；根据已知分子质量的标准 DNA 对照，通过线性 DNA 条带的相对位置可初步估计扩增产物的分子质量。如果仅出现预期分子质量大小的条带而无非特异性条带，则说明扩增的特异性较好。如果扩增结果比较满意，则用凝胶成像系统进行摄影，保存图像。

【操作注意事项及常见错误分析】

1）在 PCR 扩增操作过程中，一定要注意每加完一种试剂后，要换一次枪头，以免试剂被污染，且加试剂时一定要注意不要加错、重加或漏加，最后加模板 DNA 时要用记号笔在管上做好标记，以免结果混淆。

2）用微波炉煮胶时，胶液的量不要超过三角瓶容量的 1/3，否则易溢出。

3）煮好的胶应冷却至50℃左右时再倒入胶模中，以免胶模变形，并减少漏胶的机会。

4）倒胶注意厚度（4~6mm），充分凝固后再拔出梳子，以保持齿孔形状完好。也可待胶稍凝固后，放入4℃冰箱10多分钟，以加速胶的凝固。

5）加样前需赶走点样孔中的气泡，点样时吸管头垂直，切勿碰坏凝胶孔壁，以免使带型不整齐。

6）凝胶中含有EB（有潜在的致癌性），不要直接用手接触凝胶，操作时要戴上手套。废弃胶应集中处理，切勿乱丢。

7）加热溶解琼脂糖时应不断地摇动容器，使附于壁上的颗粒也完全溶解。

8）溴化乙锭是一种强致癌剂，并有中度毒性，因此必须十分谨慎小心。操作时一定要戴手套，用过的手套要及时将手套顺手翻过来，让污染有溴化乙锭的面朝里。

9）用254nm波长的紫外光进行观察的效果比366nm清晰，但产生的切口DNA量也较高。紫外光对眼睛有害，观察时应戴上眼镜或防护面罩。

【结果可靠性确认】

PCR扩增产物分析：PCR产物是否为特异性扩增，其结果是否准确可靠，必须对其进行严格的分析与鉴定，才能得出正确的结论。PCR产物的分析，可依据研究对象和目的不同而采用不同的分析方法。

1. 假阴性，不出现扩增条带　　PCR反应的关键环节有：①模板核酸的制备；②引物的质量与特异性；③酶的质量；④PCR循环条件。寻找原因亦应针对上述环节进行分析研究。

（1）模板　　①模板中含有Taq酶抑制剂；②在提取制备模板时丢失过多，或吸入酚；③模板核酸变性不彻底。在酶和引物质量好时，不出现扩增带，有可能是模板核酸提取过程出了毛病，可使用阳性对照的DNA模板配合检查模板质量。

（2）酶失活　　需更换新酶，或新旧两种酶同时使用，以分析是否因酶的活性丧失或不够而导致假阴性。

（3）引物　　引物质量、引物的浓度、两条引物的浓度是否对称，是PCR失败或扩增条带不理想、容易弥散的常见原因。有些批号的引物合成质量有问题，两条引物一条浓度高，一条浓度低，造成低效率的不对称扩增，对策为：①选定一个好的引物合成单位。②引物的浓度不仅要看OD值，更要注重引物原液做琼脂糖凝胶电泳，一定要有引物条带出现，而且两引物带的亮度应大体一致，如一条引物有条带，一条引物无条带，此时做PCR有可能失败，应和引物合成单位协商解决；如一条引物亮度高，一条亮度低，在稀释引物时要平衡其浓度。③引物应高浓度小量分装保存，防止多次冻融或长期放冰箱冷藏，导致引物变质降解失效。④引物设计不合理，如引物长度不够，引物之间形成二聚体等。

（4）Mg^{2+}浓度　　Mg^{2+}浓度对PCR扩增效率影响很大，浓度过高可降低PCR扩增的特异性，浓度过低则影响PCR扩增产量甚至使PCR扩增失败而不出扩增条带。

（5）反应体积的改变　　通常进行PCR扩增采用的体积为20μl、30μl、50μl或100μl，应用多大体积进行PCR扩增，是根据科研和临床检测不同目的而设定，在做小体积如 20μl 后，再做大体积时，一定要摸索条件，否则容易失败。

（6）物理原因　变性对 PCR 扩增来说相当重要，如变性温度低，变性时间短，极有可能出现假阴性；退火温度过低，可致非特异性扩增而降低特异性扩增效率，退火温度过高影响引物与模板的结合而降低 PCR 扩增效率。有时还有必要用标准的温度计，检测一下扩增仪或水溶锅内的变性、退火和延伸温度，这些因素也可能是 PCR 失败的原因之一。

（7）靶序列变异　如靶序列发生突变或缺失，影响引物与模板特异性结合，或因靶序列某段缺失使引物与模板失去互补序列，其 PCR 扩增是不会成功的。

2. 假阳性　假阳性出现的 PCR 扩增条带与目的靶序列条带一致，有时其条带更整齐，亮度更高。

1）引物设计不合适。选择的扩增序列与非目的扩增序列有同源性，因而在进行 PCR 扩增时，扩增出的 PCR 产物为非目的性的序列。靶序列太短或引物太短，容易出现假阳性，需重新设计引物。

2）靶序列或扩增产物的交叉污染。这种污染有两种原因：一是整个基因组或大片段的交叉污染，导致假阳性。这种假阳性可用以下方法解决：①操作时应小心轻柔，防止将靶序列吸入加样枪内或溅出离心管外。②除酶及不能耐高温的物质外，所有试剂或器材均应高压消毒。所用离心管及进样枪头等均应一次性使用。③必要时，在加标本前，反应管和试剂用紫外线照射，以破坏存在的核酸。二是空气中的小片段核酸污染，这些小片段比靶序列短，但有一定的同源性，可互相拼接，与引物互补后，可扩增出 PCR 产物，而导致假阳性的产生，可用巢式 PCR 方法来减轻或消除。

3. 出现非特异性扩增带　PCR 扩增后出现的条带与预计的大小不一致，或大或小，或者同时出现特异性扩增带与非特异性扩增带。非特异性条带的出现，其原因：一是引物与靶序列不完全互补或引物聚合形成二聚体。二是 Mg^{2+} 浓度过高、退火温度过低，以及 PCR 循环次数过多有关。三是酶的质和量，往往一些来源的酶易出现非特异条带而另一来源的酶则不出现，酶量过多有时也会出现非特异性扩增。其对策有：①必要时重新设计引物。②减低酶量或调换另一来源的酶。③降低引物量，适当增加模板量，减少循环次数。④适当提高退火温度或采用二温度点法（93℃变性，65℃左右退火与延伸）。

4. 出现片状拖带或涂抹带　PCR 扩增有时出现涂抹带或片状带或地毯样带。其原因往往由于酶量过多或酶的质量差、dNTP 浓度过高、Mg^{2+} 浓度过高、退火温度过低、循环次数过多。其对策有：①减少酶量，或调换另一来源的酶；②减少 dNTP 的浓度；③适当降低 Mg^{2+} 浓度；④增加模板量，减少循环次数。

任务三　PCR 扩增产物的纯化技术

【概述】

为验证 PCR 扩增产物的种或株特异性，往往需对 PCR 扩增产物进行测序验证。为了建立种、株特异的 PCR 诊断技术，需要确定种、株特异的遗传标记。在这样的情况下，往往需要将 PCR 产物进行纯化，连接到克隆载体，转化宿主菌，然后经菌落 PCR 及限制性内切核酸酶酶切鉴定筛选阳性菌落进行测序。获得纯度高的 PCR 产物是进行连接、转化、测序的前提条件。PCR 产物的纯化方法一般有两种：一种是切胶回收，另一种是 PCR 产物直接回收。切胶回收的原理就是通过琼脂糖凝胶电泳，将要回收的目的片段从凝胶上切下来，然后再通过 DNA 胶回收试剂盒进行纯化，以去除 DNA 样品中除了目的基因片段外的所有杂质。而 PCR 产物直接回收法则是将扩增的 PCR 产物直接用 PCR 产物纯化试剂盒进行纯化。两种方法各有利弊，切胶纯化的纯度较高，但回收率低；PCR 产物直接纯化，回收率高，但纯度较低。如果 PCR 扩增产物很特异，且引物长度小于 60bp，则两种方法都可选用，但如果有非特异性条带或引物长度大于 60bp 时，就必须用切胶纯化的方法。

【任务分析】

掌握 PCR 产物纯化的方法步骤。

【知识点】

1）DNA 序列多态性：基因组 DNA 核苷酸序列在不同个体间最本质的遗传差异，在特定的基因座上不同个体的等位基因之间由碱基序列差异构成的 DNA 多态性叫做序列多态性。

2）DNA 片段的回收：DNA 片断的分离与回收是基因工程操作中的一项重要技术，如可收集特定酶切片断用于克隆或制备探针，回收 PCR 产物用于再次鉴定等。回收实验中两个最重要的技术指标是纯度和回收率：前者未达标时会严重影响以后的酶切、连接、标记等酶参与的反应；后者不理想时往往会大大增加前期的工作量。

【器材准备】

1）材料：PCR 扩增产物。

2）器具：TGL-16G 高速台式离心机、三用电热恒温水箱、微量取液器（2μl/20μl/200μl/1000μl）、琼脂糖电泳系统、微波炉、电子天平、4℃ /－20℃冰箱、紫外透射仪、微型离心管（500μl/1500μl）、有机架、透明胶带、一次性注射器、量筒（100ml）、三角瓶（500ml）、手术刀、保鲜纸等。

3）试剂：琼脂糖、0.5×TBE 缓冲液、UNIQ-10 柱式 DNA 胶回收试剂盒、UNIQ-10 柱式 PCR 产物纯化试剂盒、异丙醇（80%）等。

【操作程序】

（1）切胶纯化法（按生工生物工程有限公司 UNIQ-5 柱式 DNA 胶回收试剂盒说明进行）

1）取 40～50μl PCR 产物于 0.8% 的琼脂糖凝胶中电泳 40～50min（可适当缩短电泳时间以提高回收效率）。注意：必须将电泳槽用自来水充分冲洗，电泳缓冲液一定要换新鲜干净的，以保证不会有其他 DNA 污染。

2）于紫外透射仪中铺上一块新鲜的保鲜纸，将凝胶放在保鲜纸上（以尽量提高

DNA 回收的纯度），打开长波紫外灯用干净的手术刀快速将目的片段从琼脂糖凝胶上切下来（尽可能去除多余的琼脂糖胶）。切下来的胶块放入一新鲜、灭菌的 1.5ml 的离心管中，用电子天平称重并做好记录。

3）按每 100mg 琼脂糖凝胶或 100μl 的 DNA 溶液加入 400μl Binding Buffer 的量来计算，加入相应体积的 Binding Buffer，混匀后置于 50～60℃水浴中 10min，使胶彻底融化（加热融胶时，每 2min 混匀一次）。

4）将融化的胶溶液转移到套放于 2ml 收集管的 UNIQ-10 柱中，室温放置 2min，用台式离心机高速（8000r/min）离心 1min。适当降低离心转速有助于提高 DNA 结合率。

5）取下 UNIQ-10 柱，倒掉收集管中的废液，将 UNIQ-10 柱放回收集管中，加入 500μl Wash Solution，高速离心（10 000r/min）30s。

6）重复步骤 5）一次。

7）取下 UNIQ-10 柱，倒掉收集管中的废液，将 UNIQ-10 柱放回收集管中，高速离心（10 000r/min）1min。

8）将 UNIQ-10 柱放入一新鲜洁净的 1.5ml 离心管中，在柱膜中央加 30μl Elution Buffer 或双蒸水（pH＞7.0）到 UNIQ-10 柱中，室温或 37℃放置 2min（提高洗脱温度至 55～80℃有利于提高 DNA 的洗脱效率）。

9）10 000r/min 高速离心 1min，离心管中的液体即为回收的 DNA 片段，可立即使用或保存于－20℃备用。

10）取 3～5μl PCR 纯化产物加适量加样缓冲液混合，琼脂糖电泳检查回收率，可根据带的亮度估算 DNA 回收纯化后的浓度。

（2）PCR 产物直接纯化法（按生工生物工程有限公司 UNIQ-5 柱式 PCR 产物纯化试剂盒说明进行）

1）取 PCR 产物 40～50μl，加入 3 倍体积的 Binding Buffer，混匀。

2）把混合液转移到套放于 2ml 收集管的 UNIQ-10 柱中，室温放置 2min，用台式离心机高速（8000r/min）离心 1min。适当降低离心转速有助于提高 DNA 结合率。

3）倒掉收集管中的废液，将 UNIQ-10 柱放入同一收集管中，加入 500μl Wash Solution，高速离心（10 000r/min）30s。

4）重复步骤 3）一次。

5）倒掉收集管中的废液，将 UNIQ-10 柱放回收集管中，高速离心（10 000r/min）1min。

6）将 UNIQ-10 柱放入一根新鲜洁净的 1.5ml 离心管中，在柱膜中央加入 30μl Elution Buffer 或双蒸水（pH＞7.0）到 UNIQ-10 柱中，室温或 37℃放置 2min（提高洗脱温度至 55～80℃有利于提高 DNA 的洗脱效率）。

7）10 000r/min 高速离心 1min，离心管中的液体即为回收的 DNA 片段，可立即使用或保存于－20℃备用。

8）取 5～10μl PCR 纯化产物加适量加样缓冲液混合，电泳检查回收率，可根据带的亮度估算 DNA 回收纯化后的浓度。

【操作注意事项及常见错误分析】

1）试剂盒首次使用前，必须按说明书在 Wash Solution 瓶中加入 4 倍体积的无水乙醇，充分混匀后使用。每次使用后一定要将瓶盖拧紧，以保持 Wash Solution 中的乙醇含量。

2）切胶回收时，于紫外透射仪中切胶的时间应尽可能短，以减少凝胶在紫外光照射下的时间。

3）切胶回收时，对于高浓度的胶（1.5%～2%），每 100mg 凝胶加入 700μl Binding Buffer，融胶时间可以延长至 15min，以保证凝胶全部融化。

4）切胶回收时的琼脂糖凝胶电泳，必须将电泳槽用自来水充分冲洗，其电泳缓冲液一定要换新鲜干净的，以保证不会有其他 DNA 污染。

5）PCR 产物直接纯化时，扩增产物的特异性必须非常高，对于特异性差的反应，应从琼脂糖凝胶中回收目的片段，引物的长度如大于 60bp，同样要求用胶回收法来回收扩增的 DNA 片段。

6）使用 PCR 产物纯化试剂盒时，模板 DNA 的存在不影响下游工作，而对于质粒模板则要特别小心。

任务四　RNA 提取技术

【概述】

在做 Northern 等杂交实验、构建 cDNA 文库、获取能够编码真核生物蛋白的基因、获得 RNA 病毒基因时，会用到 RNA 提取和 RT-PCR 技术。真核生物的基因组是 DNA，因为真核生物的基因含有大量的非编码区，称为内元（intron），真正编码蛋白的区段是被这些内元隔开的，这些编码区叫做外元（exon）。真核生物的 DNA 转录成为 RNA 之后，经过剪切和拼接，去掉这些非编码区，才形成成熟的 mRNA，由 mRNA 再翻译成蛋白质。所以，如果直接从真核生物的基因组 DNA 获取目的基因，克隆再表达，试图获取目的蛋白的思路是行不通的，因为获取的 DNA 里面会含有非编码区。要表达真核生物的基因并表达出相应的蛋白，只能通过提取其 mRNA 并 RT-PCR 这条颇费周折的途径。

【任务分析】

掌握 RNA 提取的方法步骤。

【知识点】

1）RNA 提取的原理。异硫氰酸胍 / 苯酚法：异硫氰酸胍能使核蛋白复合体解离，并将 RNA 释放到溶液中，采用酸性酚 / 氯仿混合液抽提，低 pH 的酚将使 RNA 进入水相，而蛋白质和 DNA 仍留在有机相，从而可以完成 RNA 的提取工作。

2）提取 RNA 过程中防止 RNA 酶污染所采取的措施有：①所有的玻璃器皿在烘箱（186℃）中烘烤 4～6h，不能高温灭菌的，用 0.1% DEPC 水溶液处理，再用洁净的蒸馏水冲洗；②所用的水先用 0.1% DEPC 37℃处理 12h 以上，再经过高压灭菌；③全部试验过程中戴手套、口罩操作，并经常更换。

【器材准备】

氯仿、异丙醇、75% 乙醇、无 RNase 的水或 0.5% SDS（溶液均需用 DEPC 处理过的水配制）。

【操作程序】

1）匀浆处理：①组织。将组织在液氮中磨碎，每 50～100mg 组织加入 1ml TRIzol，用匀浆仪进行匀浆处理。样品体积不应超过 TRIzol 体积 10%。②单层培养细胞。直接在培养板中加入 TRIzol 裂解细胞，每 10cm^2 面积（即 3.5cm 直径的培养板）加 1ml，用移液器吸打几次。TRIzol 的用量应根据培养板面积而定，不取决于细胞数。TRIzol 加量不足可能导致提取的 RNA 有 DNA 污染。③细胞悬液离心收集细胞，每（5～10）×10^6 动物、植物、酵母细胞或 1×10^7 细菌细胞加入 1ml TRIzol，反复吸打。加 TRIzol 之前不要洗涤细胞以免 mRNA 降解。一些酵母和细菌细胞需用匀浆仪处理。

2）将匀浆样品在室温（15～30℃）放置 5min，使核酸蛋白复合物完全分离。

3）可选步骤：如样品中含有较多蛋白质，脂肪，多糖或胞外物质（肌肉，植物结节部分等）可于 2～8℃下 10 000r/min 离心 10min，取上清。离心得到的沉淀中包括细胞外膜，多糖，高分子质量 DNA，上清中含有 RNA。处理脂肪组织时，上层有大量油脂应去除。取澄清的匀浆液进行下一步操作。

4）每使用 1ml TRIzol 加入 0.2ml 氯仿，剧烈振荡 15s，室温放置 3min。

5）2～8℃下 10 000r/min 离心 15min。样品分为三层：底层为黄色有机相，上层为无色水相和一个中间层。RNA 主要在水相中，水相体积约为所用 TRIzol 试剂的 60%。

6）把水相转移到新管中，如要分离 DNA 和蛋白质可保留有机相，进一步操作见后。用异丙醇沉淀水相中的 RNA。每使用 1ml TRIzol 加入 0.5ml 异丙醇，室温放置 10min。

7）2～8℃下 10 000r/min 离心 10min，离心前看不出 RNA 沉淀，离心后在管侧和管底出现胶状沉淀。移去上清。

8）用 75% 乙醇洗涤 RNA 沉淀。每使用 1ml TRIzol 至少加 1ml 75% 乙醇。2～8℃不超过 7500r/min 离心 5min，弃上清。

9）室温放置干燥或真空抽干 RNA 沉淀，晾 5～10min 即可。不要真空离心干燥，过于干燥会导致 RNA 的溶解性大大降低。加入 25～200μl 无 RNase 的水或 0.5% SDS，用枪头吸打几次，55～60℃放置 10min 使 RNA 溶解，如 RNA 用于酶切反应，勿使用 SDS 溶液。RNA 也可用 100% 的去离子甲酰胺溶解，-70℃保存。

【结果可靠性确认】

1. 检测 RNA 溶液的吸光度（方法一）   280nm、320nm、230nm、260nm 下的吸光度分别代表了核酸、背景（溶液浑浊度）、盐浓度和蛋白等有机物的值。一般的，我们只看 OD_{260}/OD_{280}（R 值）为 1.8～2.0 时，认为 RNA 中蛋白或者其他有机物的污染是可以容忍的，不过要注意，当用 Tris 作为缓冲液检测吸光度时，R 值可能会大于 2（一般应该是 <2.2 的）。当 R<1.8 时，溶液中蛋白或者时其他有机物的污染比较明显，可以根据自己的需要决定这份 RNA 的命运。当 R>2.2 时，说明 RNA 已经水解成单核酸了。

2. RNA 的电泳图谱（方法二）　　一般的，RNA 的电泳都是用变性胶进行的，但是如果仅仅是为了检测 RNA 的质量是没有必要进行如此麻烦的实验的，用普通的琼脂糖胶就可以了。电泳的目的是在于检测 28S 和 18S 条带的完整性和它们的比值，或者是 mRNA 的完整性。一般的，如果 28S 和 18S 条带明亮、清晰、条带锐利（指条带的边缘清晰），并且 28S 的亮度在 18S 条带的两倍以上，我们认为 RNA 的质量是好。以上是常用的两种方法，但是这两种方法都无法明确地告诉我们 RNA 溶液中有没有残留的 RNA 酶。如果溶液中有非常微量的 RNA 酶，用以上方法很难察觉，但是大部分后续的酶学反应都是在 37℃ 以上并且是长时间进行的。这样，如果 RNA 溶液中有非常微量的 RNA 酶，那么在后续的实验中就会有非常适合的环境和时间发挥它们的作用了，当然这时实验也就做完了。下面，介绍一个可以确认 RNA 溶液中有没有残留的 RNA 酶的方法。

3. 保温试验（方法三）　　按照样品浓度，从 RNA 溶液中吸取两份 1000ng 的 RNA 加入至 0.5ml 的离心管中，并且用 pH7.0 的 Tris 缓冲液补充到 10μl 的总体积，然后密闭管盖。把其中一份放入 70℃ 的恒温水浴中，保温 1h。另一份放置在 −20℃ 冰箱中保存 1h。时间到了之后，取出两份样本进行电泳。电泳完成后，比较两者的电泳条带。如果两者的条带一致或者无明显差别（当然，它们的条带也要符合方法二中的条件），则说明 RNA 溶液中没有残留的 RNA 酶污染，RNA 的质量很好。相反的，如果 70℃ 保温的样本有明显的降解，则说明 RNA 溶液中有 RNA 酶污染。

【操作注意事项及常见错误分析】

1）实验室应专门辟出 RNA 操作区，离心机、移液器、试剂等均应专用。RNA 操作区应保持清洁，并定期行除菌。

2）在超净台中按照细胞培养的要求进行操作，可以有效避免操作中引起的 RNA 酶污染。

3）操作过程中应始终戴一次性橡胶手套，并经常更换，以防止手、臂上的细菌和真菌，以及人体自身分泌的 RNA 酶带到试管或污染用具，尽避免使用一次性塑料手套。塑料手套不但常常造成操作不便，且塑料手套的多出部分常常在器具的 RNase 污染处和 RNase-free 处传递 RNase，扩大污染。

4）避免在操作中说话聊天。也可以戴口罩以防止引起 RNA 酶污染。

5）尽量使用一次性的塑料制品，尽量避免共用器具如滤纸、贴条、试管等，以防交叉污染。例如，从事 RNA 探针工作的研究者经常使用 RNase H、T1 等，在操作过程中极有可能造成移液器、离心机等的污染。而这些污染了的器具是 RNA 操作的大敌。

6）关于一次性塑料制品，建议使用厂家供应的出厂前已经灭菌的 tips 和 tubes 等。多数厂家供应的无菌塑料制品很少有 RNA 酶污染，买来后可直接用于 RNA 操作。许多研究者用 DEPC 等处理的塑料制品，往往由于二次污染而带有 RNA 酶，从而导致实验失败。

7）配制溶液用的乙醇、异丙醇、Tris 等应采用未开封的新瓶。

8）所有旧塑料制品都必须用 0.5mol/L 的 NaOH 处理 10min，用双蒸水彻底冲洗，DEPC-H_2O 浸泡过夜后灭菌。

9）无法用 DEPC 处理的用具可用氯仿擦拭若干次，这样通常可以消除 RNA 酶的活性。但氯仿会溶解某些塑料制品，应当注意。

10）RNase AwayTM 试剂可以替代 DEPC，操作简单，价格低，且无毒性。只需将 RNase AwayTM 直接倒在玻璃器皿和塑料器皿的表面，浸泡后用水冲洗去除，即可以快速去除器皿表面的 RNase，并且不会残留而干扰后继实验。

11）如果需要远距离运输或长期储藏 RNA 样品，建议先将标本（细胞、组织）保存在 RNA 保存液（RNAwait、RNAlater）中，使细胞内的 RNA 与 RNA 酶分离，在室温可以保存 7d,4℃可以保存 4 周，−20℃、−80℃可以长期存档保存标本,RNA 质量不受影响，用各类方法抽提仍可以获得高质量的 RNA。

参 考 文 献

艾山江·塔斯坦，何晓杰，王一明，等. 2011. 绵羊棘球蚴病间接血凝试验. 中国畜牧兽医文摘，(6)：45～47

蔡正才，树荣友，孔霞，等. 2008. 家兔球虫病的防治. 中国养兔杂志，4：15～16

常正山. 2006. 寄生虫标本的采集和保存. 中国寄生虫学与寄生虫病杂志，24：76～81

陈克伟，胡哲，郭奎，等. 2021. 马泰勒虫和弩巴贝斯虫双重荧光定量 PCR 检测方法的建立. 中国预防兽医学报，43
　（12）：1282～1286，1292

陈涛，任晓燕，尤平. 2009. 寄生虫基因组学研究进展. 四川动物，28（6）：941～944

程功煌. 2014. 绦虫学. 北京：军事医学科学出版社

程正文. 2015. 牛羊常见寄生虫病及防治措施. 湖北畜牧兽医，(8)：10

范堃. 2009. 羊球虫病的诊治. 畜牧与饲料科学，30（5）：135～136

韩晓晖，王雅华. 2008. 宠物寄生虫病. 北京：中国农业科学技术出版社

侯义龙. 2005. PCR 特异产物回收纯化方法的比较. 生物技术，(4)：36～37

姜新. 1993. 免疫酶技术的一些进展. 辽宁畜牧兽医，(3)：41～42

荆雯雯，程训佳. 2022. 多学科交叉新型检测技术在寄生虫感染诊断中的应用和展望. 中国寄生虫学与寄生虫病杂志，40
　（01）：20～27，35

孔繁德，黄印尧，赖清金. 2002. 免疫胶体金技术及其发展前景. 福建畜牧兽医，(07)：42～45

孔繁瑶. 2010. 家畜寄生虫学. 2 版. 北京：中国农业大学出版社

李国清. 2006. 兽医寄生虫学（双语版）. 北京：中国农业大学出版社

梁春南，索勋. 2004. 柔嫩艾美耳球虫晚熟系选育及其部分生物学特性研究 // 中国畜牧兽医学会家畜寄生虫学分会第五
　次代表大会暨第八次学术研讨会论文集

廖文军，吴健敏，谭攀，等. 2010. 猪伪狂犬病病毒 gE 抗体胶体金免疫层析检测方法的建立及应用. 动物医学进展，
　（9）：12～26

刘可，黄海斌，杨桂连. 2018. miRNA 在寄生虫宿主免疫调控中的研究进展. 中国寄生虫学与寄生虫病杂志，36（04）：
　405～408

刘贤勇，索勋. 2006. 鸡球虫病及其控制策略. 中国农业科技导报，8（5）：31～37

罗联辉，舒宝屏. 2002. 马伊氏锥虫病的诊治. 四川畜牧兽医，(7)：49

孟盟，曹池，陈汉忠，等. 2011. 水牛伊氏锥虫病免疫胶体金试纸条的研制及初步应用. 畜牧兽医学报，(7)：986～993

欧小兰. 2015. 畜禽寄生虫病的流行和综合防控措施. 中国畜牧兽医文摘，(9)：108

秦建华，李国清. 2005. 动物寄生虫病学实验教程. 北京：中国农业大学出版社

秦建华，张龙现. 2008. 动物寄生虫病学. 石家庄：河北人民出版社

屈伸，刘志国. 2010. 分子生物学实验技术. 北京：化学工业出版社

曲祖乙. 2011. 动物吸虫病. 北京：中国农业出版社

师帅，沙伟，李磊，等. 2007. 六种回收纯化差异显示 PCR 产物方法的比较. 生物技术，(4)：41～42

史耀东. 2007. 畜禽寄生虫病防治技术. 北京：中国农业出版社

宋铭祈，张龙现. 2009. 兽医寄生虫学. 北京：科学出版社

孙卫平. 2004. 包头地区奶牛球虫病和隐孢子虫病的流行病学调查. 呼和浩特：内蒙古农业大学硕士学位论文

索勋，蔡建平. 2004. 禽球虫病. 北京：中国农业出版社

索勋. 2005. 高级寄生虫学实验指导. 北京：中国农业科学技术出版社

唐崇惕，唐仲璋. 2005. 中国吸虫学. 福州：福建科学技术出版社

王荟，仇昊，仇锦波. 2010. 广州管圆线虫病的传播与流行研究进展. 实验与检验医学，(4)：377～378

王瑞. 2021. 猪棘头虫病的预防和治疗. 吉林畜牧兽医，42（07）：24，26

王小环，杨莲如，赵林立，等. 2012. 免疫荧光检测技术及其在寄生虫检测中的应用进展. 中国畜牧兽医，(3)：81～84

王重庆. 2001. 高级生物化学实验教程. 北京：北京大学出版社

魏子贡, 蔡旭旺, 金梅林, 等. 2006. 副猪嗜血杆菌抗体间接血凝检测方法的建立及应用. 中国兽医科学, (9): 713~718

吴传敬. 2021. 牛伊氏锥虫病的防控. 养殖与饲料, 20 (07): 82~83

项海涛, 骆学农, 温峰琴. 2016. 畜禽寄生虫病检验技术. 北京: 中国农业科学技术出版社

谢拥军, 崔平. 2009. 动物寄生虫病防治技术. 北京: 化学工业出版社

闫文朝, 王天奇, 索勋, 等. 2010. 家兔球虫病的研究进展. 中国兽医科学, (11): 1200~1205

杨虎, 徐兴莉. 2010. 猪球虫病的最新研究进展. 养殖与饲料, (10): 56~57

杨俊兴. 2004. 猪旋毛虫病快速诊断试纸条的制备及应用研究. 郑州: 河南农业大学硕士学位论文

尧蒙. 2005. 禽流感免疫胶体金快速检测技术研究. 重庆: 西南农业大学硕士学位论文

张龙现, 蒋金书. 2001. 隐孢子虫和隐孢子虫病研究进展. 寄生虫与医学昆虫学报, 8 (3): 184~191

张西臣, 李建华. 2021. 动物寄生虫病学. 4版. 北京: 科学出版社

张险朋, 王自强, 李永福, 等. 2022. 弓形虫实验室诊断技术研究进展. 中国动物检疫, 39 (04): 99~107

张霄霄, 崔立云, 杨毅梅. 2011. 免疫胶体金技术在寄生虫病诊断中的应用. 中国寄生虫学与寄生虫病杂志, (4): 305~309

张振亚, 梅兴国. 2006. 现代荧光免疫分析技术应用及其新发展. 生物技术通讯, (4): 677~680

周康凤, 姜立民, 黄海鹰, 等. 2006. 间接免疫荧光技术检测狂犬病毒感染性滴度的可行性研究. 国际流行病学传染病学杂志, (6): 365~368

周孝明, 张延涛. 2021. 胶体金免疫层析技术在动物疫病诊断中的应用. 畜牧兽医科技信, (03): 56

朱俊勇, 刘昌军, 董惠芬. 2011. "学导式"教学法在人体医生虫学实验课教学中的应用与体会. 西北医学教育, 9 (4): 238~239

诸欣平, 苏川. 2018. 人体寄生虫学. 9版. 北京: 人民卫生出版社

邹艳波, 迟秀娟, 王芳. 2006. 鼠疫间接血凝药盒制备技术探讨. 中国地方病防治杂志, (1): 27~29

Ausubel F M, Kingston R E, Brent R. 2005. 精编分子生物学实验指南. 马学军等, 译. 北京: 科学出版社

Coudert P. 1995. Guidelines on techniques in coccidiosis research. European Commission, Directorate-General XII, Science, Research and Development Environment Research Programme

Desmettre P. 1999. Diagnosis and prevention of equineinfectious diseases: present status, potential,and challenges for the future. Advances in Veterinary Medicine, 41: 359~377

Didier E S,Rogers L B, Brush A D, et al. 1996. Diagnosis of disseminated microsporidian *Encephalitozoon hellem* infection by PCR-Southern analysis and successful trea-tment with albendazoleand fum agillin. Journal of Clinical Microbiology, 34 (4): 947~952

Nehaz Muhammad. 2020. 六种棘头虫的分子鉴定和线粒体基因组研究. 北京: 中国农业科学院博士学位论文

Martin R J, Schallig H D F H. 2000. Veterinary Parasitology. Cambridge: Cambridge University Press

Michal P, Lenka H. 2007. The reproduction of *Eimeria flavescens* and *Eimeria intestinalis* in suckling rabbits. Parasitology Research, 101 (5): 1435~1437

Ryan U, Power M. 2012. Crvptosporidium species in Australian wildlife and domestic animals. Parasitology, 139 (13): l673~1688

Tyzzer E E. 1912. *Cryptosporidium parvum* (sp. nov.), a coccidium found in the small intestine of the common mouse. Arch Protistenkd, 26: 394~412